安全保卫工作系列·职业能力培训教材

XIAOFANG ANQUAN BAOWEI

消防安全保卫

主 编 任清杰

U0195201

西北工业大学出版社

西 安

图书在版编目(CIP)数据

消防安全保卫/任清杰主编 . —西安:西北工业
大学出版社,2018.6(2020.9重印)
ISBN 978 - 7 - 5612 - 6111 - 8

Ⅰ.①消…　Ⅱ.①任…　Ⅲ.①消防—安全技术
Ⅳ.①TU998.1

中国版本图书馆 CIP 数据核字(2018)第 156620 号

策划编辑:付高明
责任编辑:李文乾

出版发行:西北工业大学出版社
通信地址:西安市友谊西路 127 号　　邮编:710072
电　　话:(029)88493844　88491757
网　　址:www.nwpup.com
印　刷　者:兴平市博闻印务有限公司
开　　本:727 mm×960 mm　　1/16
印　　张:21.25
字　　数:367 千字
版　　次:2018 年 6 月第 1 版　2020 年 9 月第 2 次印刷
定　　价:85.00 元

安全保卫工作系列·职业能力培训教材
编　委　会

主　任

　　李向阳　陕西省公安厅副厅长

委　员

　　薛文才　民生银行西安分行党委书记、行长，陕西省保卫
　　　　　　协会会长

　　李东平　陕西省决策咨询委员会委员、陕西省保卫协会
　　　　　　执行副会长

　　刘　涛　陕西省公安厅经济文化保卫总队总队长

　　李三省　陕西省公安厅经济文化保卫总队政委

　　李西安　陕西省人力资源与社会保障厅职业能力建设处
　　　　　　处长

　　朱兆利　陕西省保卫协会原秘书长、高级保卫师

　　张建昌　陕西延长石油（集团）公司保卫部部长、陕西省
　　　　　　保卫协会副会长、高级保卫师

　　谢建洲　民生银行西安分行工会副主席、办公室主任，陕
　　　　　　西省保卫协会秘书长，高级保卫师

　　黄立新　陕西省保卫协会常务副秘书长兼培训中心主
　　　　　　任、高级保卫师

1

蒋建予　西安市公安局经济保卫支队原支队长、高级保
卫师

肖周录　西北工业大学人文与经法学院教授、博士生导师

任清杰　陕西省公安消防总队原副总工程师、高级工程师

李天銮　中国兵器工业集团第212研究所研究员

申军民　武警工程大学副教授

组织编写

陕西省公安厅经济文化保卫总队

陕西省企业事业单位保卫协会

序

借"安全保卫工作系列·职业能力培训教材"付梓之际，我谨代表陕西省公安厅党委，向多年来在全省内部治安保卫（以下简称"内保"）战线付出辛勤汗水的广大公安民警和企事业单位内保人员致以亲切的慰问！

企事业单位内部治安保卫工作是维护国家安全稳定的重要组成部分。加强内保工作，是保持企事业单位正常生产经营、公务活动和教学科研秩序，预防和减少单位内部各类案件，保护公民人身财产安全和社会公共安全的重要屏障。近年来，随着全国企事业单位内保工作向好的趋势，我省的内保队伍建设得到不断加强，装备水平明显提升，工作实际效能显著增强。进入新时代，面对新形势、新情况、新问题，内保工作同样面临着新挑战、新机遇，我们必须与时俱进，锐意创新，以习近平新时代中国特色社会主义思想为指导，全面提升内保工作水平。

加强内保人员职业能力教育，是提升内保工作的谋事之基、成事之道。《中共中央关于制定国民经济和社会发展第十三个五年规划的建议》明确提出要把"推行劳动者终身职业技能培训制度"纳入国民经济和社会发展的五年规划，为加强内保人员职业能力建设和思想业务素质培养指明了方向。2013年8月，陕西省公安厅、陕西省人力资源和社会保障厅联合颁发《在全省开展保卫人员职业能力培训的实施意见》，全面启动了陕西省内保人员职业能力培训工作。为了使企事业单位内保人员职业能力培训工作走上制度化、正规化、系统化的轨道，由陕西省企业事业单位保卫协会组织有关专家学者编写了"安全保卫工作系列·职业能力培训教材"。其内容涉及了企事业单位内保工作的各个方面，它既是安全保卫工作理论研究成果的汇集，也是全省内保工作实践经验的总结。本套书的出版，为开展内保人员职业能力培训提供了系统化、规范化的依据。

在编写过程中,编委会得到了公安部、人力资源和社会保障部的大力支持,中国人民公安大学还专门组织人员对内容进行了审核把关。值此,谨向提供帮助的单位和个人致以衷心的感谢!

全省各企事业单位一定要用足、用好这套教材,进一步提升思维层次,提高业务能力素质,加强内保队伍建设水平,努力推动陕西省企事业单位内保工作迈上新台阶、实现新跨越。

陕西省副省长、公安厅厅长　胡明朗

2018 年 3 月

前　言

消防安全工作是社会安全的重要方面。同火灾作斗争是人类有史以来弥久不衰的话题，它不仅体现在火灾对人类社会财富的毁灭，对生灵的涂炭，有时对整个社会的稳定和发展也会带来很大的影响，特别是在现今人们的生产、生活高度社会化、信息化，社会财富大幅提高，我国社会即将全面进入小康阶段的情况下，人们对安全的需求也普遍提升，作为对人们生命和财产安全威胁最大灾害之一的火灾也越来越受到全社会的关注，消防安全尤显重要。

火灾作为一种灾害，它既有自然的属性，如雷击引发的火灾以及其他自然灾害产生的次生效应导致的火灾，也有人为的因素；从火灾发生的概率看，人为因素还居于主要地位。在人们的日常活动中，任何安全意识的缺失、工作生活中的疏忽、日常管理上的漏洞都可能导致火灾的发生，造成无法弥补的损失。因此，无论从各级政府、行业部门、机关团体、企事业单位，还是全体公民个人，无论从社会舆论、新闻媒体、宣传教育，还是社会行政管理、规划设计、资金投入，都应当高度关注、支持、做好消防工作，真正形成政府统一领导、部门依法监管、单位全面负责、公民积极参与的消防安全工作社会化管理格局，全面贯彻"预防为主、防消结合"的方针，坚决遏制重特大火灾，最大限度地减少一般火灾的发生，着力打造一个安全、稳定、和谐的社会环境，保障人民群众安居乐业，促进经济、社会的健康发展。

近年来，在各级党委和政府的统一领导下，消防事业得到跨越式的发展。以公共消防基础设施建设为例，大重型消防车从无到有，救援、个人防护装备日趋完善，微型站、卫星站得到普及。随着这些新装备、新技术的应用，灭火救援能力大大提高；在消防管理上不断探索新的管理模式和方法，诸如推行以单位负主体责任的消防安全责任制，加强单位消防安全四个能力建设，构筑单位消防安全"防火墙"，推行单位消防安全培训和持证上岗，发展以互联网为载体的智慧消防等举措，有效带动和提高了单位的消防安全主体意识、责任意识；社会基层消防安全管理水平和防控能力显著提升,重特大火灾得到了一定程度的遏制。但随着经济社会的发展,火灾隐患在某些行业领域还会突出存在,同火灾作斗争仍需付出长期不懈的努力,万万不可掉以轻心。

单位,作为社会的基层组织和基本单元,应当履行消防安全主体责任者的职责,单位的保卫人员作为单位消防安全的具体执行者,就负有重大责任。培训和提高单位保卫人员的业务素质和应对突发事件的能力,就成为落实单位安全保卫工作的重要前提和保障。按照《中华人民共和国消防法》的规定和国家公安部、人力资源和社会保障部的要求,由陕西省企事业单位保卫协会组织,并结合相关单位特别是消防安全重点单位的实际情况和要求编写了《消防安全保卫》一书,力求以较小的篇幅涵盖单位消防安全所涉及的诸多内容,以简洁通俗的语言来阐述单位消防安全中最基本的知识范畴,以贴近实际的方式规范单位在消防安全管理、消防安全检查和火灾应急处置方面的方法,实现理论和实践的统一、行业重点和一般常识的兼顾,达到既通俗易懂又明理知据、实用性高、操作性强的目的,以方便单位保卫人员学习和掌握。同时,本书也可作为单位消防设施操作员、消防设施检测人员、企业专兼职消防人员的培训教材,还可供公安消防基层监督人员学习和参考。

本书共分为十一章六十节,其中第三、四章由陕西公安消防总队高级工程师李华编写,第五至八章由西安公安消防支队任兆阳工程师编写,其他章节内容的编写以及全书的统稿由陕西公安消防总队原副总工程师任清杰完成。由于消防工作涉及面广,在实际培训教学中可根据不同的培训对象(初、中、高级保卫师)选取相关内容,如初级保卫师可选取第一、二、三、五、七、十章,中级保卫师可增加第四、六章,高级保卫师应全面掌握本书内容或根据实际需要进行取舍。

本书在编写中参照了中国消防协会组织编写的《建(构)筑物消防员》培训教材,以及其他相关消防书籍资料,并听取了陕西省企事业单位保卫协会组织的有关专家和相关单位保卫人员的意见。在此,对相关资料的编者和为本书编写提供建设性意见的有关专家以及陕西省企事业单位保卫协会提供的诚挚帮助一并表以感谢。

由于篇幅有限,本书很难涵盖消防安全的诸多方面,况且各个单位的情况也不尽相同,出现疏漏和不足之处,还望读者批评指正。

编　者

2018 年 3 月

目　录

第一章

消防安全保卫工作概述

———————★———————

消防工作是国民经济和社会发展的重要组成部分,关系人民群众安居乐业,关系改革发展和经济、社会稳定,涉及全社会的安全和利益,是构建社会主义和谐社会的重要保障。消防工作是人们与火灾作斗争的一项专门性工作,做好消防工作是我国社会主义建设的需要、人民安全的需要,是全体社会成员的共同责任,也是机关、团体、企事业单位安全保卫工作的重要内容和职责。

第一节　火与火灾的危害

一、火与火灾

《消防基本术语》(GB/T14107－1993)中对火灾的定义为,火是以释放热量并伴有烟或火焰或两者兼有为特征的燃烧现象,火灾是在时间或空间上失去控制的燃烧所造成的灾害。也就是说,凡是失去控制并造成人身和(或)财产损害的燃烧现象,均可称为火灾。

火对人类具有利与害的两重性,在人类进化、发展的历程中,每一步都印下了火的痕迹。自从早期人类从自然山林火灾中领略了熟食美味的诱惑,便有意识地保留火种,以至钻木取火、击燧取火开始了火的利用,用来烧烤食物和取暖,大大丰富、改善了人们的食物结构,使人类摆脱了茹毛饮血的蛮荒时代;火使人类学会了烧陶和冶炼,从制陶、制铜到制铁,不但丰富了人们的生活用品,也促进了生产工具的进步,大大发展了农业生产;人类利用火烧石激水、裂石凿洞、劈山开道、兴修水利,促进了人文交流,改善了自然条件;人类受火的启迪发明了火药、火箭,使人类进入热兵器时代以致实现了遨游太空的梦想;在近代人类还发明了蒸汽机、汽(柴)油发动机、发电机等机器,带来了以热能和电能拖动机器为特征的工业革命,实现了工业化生产,造就了人类社会今天的文明、进步、富足与繁荣。但是失去控制的火,也会给人类造成灾难,它不但毁灭了人类几千年积累的诸多物质财富,也毁坏了多少文化遗产,人类历史上的诸多建筑奇迹都荡然无存,只能从文献和废墟中去找寻和发掘。火灾也是各种自然与社会灾害中发生概率最高的一种灾害,给人类的生活乃至生命安全构成了严重威胁。所以说,从远古到现代、从蛮荒到文明、无论过去、现在和将来,人类的生存与发展都离不开同火灾作斗争,人类既要利用火为人类服务,又要防止用火成灾,危害人类的生命和财产安全。消防工作就是人类在用火过程中如何趋利避害,预防和控制火灾危害的一门专业学科。

二、火灾的危害

1. 损毁社会物质和文化财富

凡是火灾都要毁坏财物。火灾,能烧掉人类经过辛勤劳动创造的物质财富,使城镇、乡村、工厂、仓库、建筑物和大量的生产生活资料化为灰烬;火灾,可将成千上万个温馨的家园变成废墟;火灾,能吞噬掉茂密的森林和广袤的草原,使宝贵的自然资源化为乌有;火灾,能烧掉大量文物、古建筑等诸多的稀世珍宝,使珍贵的历史文化遗产毁于一旦。另外,火灾所造成的间接损失往往比直接损失更为严重,这包括受灾单位自身的停工、停产、停业,以及相关单位生产、工作、交通运输、信息通讯的停滞和灾后的救济、抚恤、医疗、重建等工作带来的更大的投入与花费。至于森林火灾、文物古建筑火灾造成的不可挽回的损失,更是难以用经济价值计算。

随着经济的发展,社会财富日益增多,火灾给人类造成的财产损失也越来越大。中华人民共和国成立初期,社会经济总量较小,尽管经济发展较快,但火灾总数和损失仍处于较低水平。20 世纪 50 年代我国平均每年发生火灾 6 万起,火灾直接经济损失平均每年约 0.6 亿元。随着工业化和城市化的发展,火灾直接损失也相应增加,20 世纪 60 年代到 80 年代,年平均火灾损失从 1.4 亿元上升到 3.2 亿元。改革开放后,经济社会进入快速发展阶段,社会财富和致灾因素大量增加,火灾损失也急剧上升。20 世纪 90 年代火灾直接经济损失平均每年为 10.6 亿元,21 世纪前 5 年年均火灾直接经济损失达 15.5 亿元,为 20 世纪 80 年代年均火灾直接经济损失的 4.8 倍,达到历史高峰。近年来,通过国务院、各级人民政府以及公安机关消防机构、有关部门和全社会的共同努力,我国火灾大幅度上升的趋势得到遏制。火灾与社会经济发展"同步"的现象,给人们敲响了警钟。它提醒人们,在集中精力发展经济建设的同时,千万不可忽视消防工作。

2.吞噬和残害人类生命

火灾不仅吞噬人们的财富,使人平生的积累毁于一旦而陷于困境,它还涂炭生灵,直接或间接地残害人类生命,造成人们难以抚平的心理痛苦。如:1994年11月27日辽宁省阜新市艺苑歌舞厅发生火灾,死亡233人;同年12月8日新疆维吾尔自治区克拉玛依友谊馆发生火灾,死亡325人;2000年12月25日河南省洛阳市东都商厦发生火灾事故,造成309人死亡、7人受伤;2008年9月20日深圳市龙岗区舞王俱乐部发生火灾事故,造成44人死亡、64人受伤。据统计,1979—2004年,我国发生一次死亡30人以上的特别重大火灾35起,共造成2 638人死亡,其中,20世纪90年代以后一次死亡30人以上的特别重大火灾占26起,死亡2 078人。2000—2004年,全国年平均发生火灾23.4万起,死亡2 559人,受伤3 531人。另据联合国世界火灾统计中心提供的资料,目前全世界每年发生的火灾次数有600万~700万起,全世界每年死于火灾的人数有6.5万~7.5万人。这些触目惊心的数据表明火灾事故对人类生命的残害是仅次于交通事故的另一大杀手。

3.污染和破坏生态环境

火灾的危害不仅表现在毁坏财物,残害人类生命,而且还会严重污染和破坏生态环境。如:1987年5月6日黑龙江省大兴安岭地区火灾,烧毁大片森林,延烧4个储木厂和85万立方米木材以及铁路、邮电、工商等12个系统的大量物资、设备等,烧死193人,伤171人。这起火灾使我国宝贵的林业资源遭受严重的损失,对生态环境造成了难以估量的巨大影响。1998年7月发生在印度尼西亚的森林大火持续了4个多月,受害森林面积高达150万公顷,经济损失高达200亿美元。如此面积超大、持续数月的森林大火还可能使大量的动植物灭绝、环境恶化、气候异常、干旱少雨、沙尘暴增多、水土流失,导致生态平衡被破坏。特别是印度尼西亚这场大火还引发了饥荒和疾病的流行,使人们的健康受到威胁,环境遭到严重污染。此外,发生在城市区域的大火所产生的浓烟也会对城市造成空气污染,灭火所用的水夹带着火灾残留物中的有毒有害污染物进入河流或渗入土壤,也会对河流和土壤生态造成污染和破坏。例如:2001年发生在吉林省吉林市的某化工厂火灾,其灭火的水及火灾污染物直接流入松花江,不但对吉林市而且对下游的哈尔滨市的生活用水构成了严重威胁。2015年天津港发生的"8.12"化学危险品爆炸火灾产生的有毒有害物质对当地土壤造成的污染可能影响上百年。灭火剂中的哈龙产品对大气臭氧层的破坏等,都严重威胁人类的生存和发展。

4. 破坏社会和谐与稳定

火灾不仅给国家财产和公民人身、财产带来了巨大损失,还会影响正常的社会秩序、生产秩序、工作秩序、教学科研秩序以及公民的生活秩序。当火灾规模比较大,或发生在首都、省会城市、人员密集场所、经济发达区域、名胜古迹等地方时,将会产生不良的社会和政治影响。有的会引起人们的不安和骚动,有的会损害国家的声誉,有的还会引起不法分子趁火打劫、造谣生事,造成社会动荡,有的会引发群起性上访事件,造成交通受阻,影响政府正常办公秩序和社会稳定。如 1994 年新疆克拉玛依友谊馆火灾造成近 300 个幼小生命的丧失,涉及家庭成千上万,致使全城都陷于悲痛和纷乱之中,完全打乱了人们正常的工作和生活秩序,带来的社会创伤久久难以愈合。

三、火灾的特征

无数的火灾实例表明,火灾具有以下特征。

1. 发生频率高,突发因素强

据统计,在各种灾害中,火灾是发生频率最高,最经常、最普遍地威胁公众安全和社会发展的主要灾害。由于可燃物质品种多,数量巨大,引火源极其复杂,诱发火灾的因素多,稍有不慎,就可导致火灾发生。

此外,火灾的发生往往是突然的、难以预料的。特别是当今我国社会、经济正处于革命性变革和高速发展时期,社会矛盾突出、经济结构不完善、人们趋利思想严重、安全意识淡漠、火灾隐患随处可见,即使安全管理相对规范的单位也会因某些偶然事件导致火灾的发生;且火灾发展过程瞬息万变,来势凶猛,影响区域广;爆炸危害更具有瞬时性,在人们尚未反应过来或不可预见的情况下即可发生,短时间内可造成大量人员伤亡。如 1998 年 3 月 5 日发生在西安西郊液化气储配站爆炸事故,当时人们正在堵漏抢修,但意想不到的爆炸发生了,造成 12 人身亡、30 人受伤,其中包括 7 名消防官兵死亡、6 人重伤。这些不利因素都直接影响着火灾的防控而突发火灾。

2. 损失破坏大,灾害链节长

火灾不仅残害人类生命,给国家财产和公民财产带来了巨大损失,而且严重时会导致建筑物倒塌和基础设施破坏(包括供电、供水、供气、供热、交通和通信等城市生命线系统工程),生产系统紊乱,社会经济正常秩序打乱,生态环境遭到破坏。另外,随着人们生产、生活的广泛社会化,无论是城市还是乡镇、一个企事业单位还是一户居民,其生产或生活的社会整体功能很强。一种灾害现象的发生,常会引发其他次生灾害,造成其他系统功能的失效,如火灾引发爆炸,爆炸又引发火灾,形成灾害链。1993 年 8 月 5 日深圳清水河仓库火灾中一处起火,相继引发大爆炸 2 次、小爆炸 7 次,导致 15 人丧生,800 多人受伤,4 万平方米建筑损坏,直接经济损失 2.5 亿元,形成明显的灾害链,其间接经济损失要远大于单位或个人自身的直接经济损失。又如 2001 年发生在美国纽约的"9.11"事件,世贸双子大厦受飞机撞击发生火灾,焚烧坍塌,不仅造成大量人员伤亡,还造成周围建筑严重受损,交通阻塞,并使供电、供气、供水、交通、通信、物流供应等多种系统受到影响,加之恐怖的氛围,几乎使整个城市陷于瘫痪,其间接经济损失更是无法估量。

3.灾害成因杂,防控难度大

火灾发生地建筑、物质、火源的多样性,人员的复杂性,消防条件和气候条件的不同,使得灾害的发生发展过程极为复杂。如建筑的平面布局、形式、结构、高度、耐火程度,对于火灾的发展速度影响极大;物质的多样性包括各种可燃、易燃、易爆和不同毒性,对于火灾发展速度、人员疏散逃生与灭火效果影响很大;各种不同火源,如明火、电气故障、自燃、静电、雷电、物理、化学反应和爆炸等引发的火灾,其发生发展规律都有所区别;此外,人员的消防安全意识及逃生自救能力、单位的消防安全管理水平、场所的消防设施和扑救条件、形成灾害时的地理气候条件、新材料新技术的大量应用,不确定因素增多等对于火灾的发生发展和扑救过程都有不同程度的影响。火灾防控形势非常严峻,任何大意或疏忽,都可能导致火灾发生,防控难度越来越大。

4.社会影响大,善后头绪多

火灾发生后,火灾的影响面较大,诸如火灾事故原因的调查、火灾损失的核定、法律责任的认定、火灾责任人的处理、伤亡人员救治、受灾人员安抚、财产损失的保险赔偿、民事诉讼等都牵扯到单位或个人的切身利益。另外,火灾现场的清理、生活与生产恢复、社会秩序恢复及生态环境恢复等工作,千头万绪,处理起来都有很大难度,涉及政府、法院、单位及社会管理的方方面面,如果处理不当,还会影响社会的和谐与稳定。

四、火灾的分类

火灾可按可燃物的类型和燃烧特性、火灾损失严重程度进行分类。

1.按火灾中可燃物的类型和燃烧特性分类

国家标准《火灾分类》(GB/T4968—2008)中根据可燃物的类型和燃烧特性,将火灾定义为 A 类、B 类、C 类、D 类、E 类、F 类六种不同的类别。

（1）A类火灾。A类火灾是指固体物质火灾。这种物质通常具有有机物性质，一般在燃烧时能产生灼热的余烬。如木材、棉、毛、麻、纸张及其制品，有机纤维、工程塑料等石油化工产品火灾。

（2）B类火灾。B类火灾是指液体或可熔化的固体物质火灾。如汽油、煤油、柴油、原油、甲醇、乙醇、沥青、石蜡火灾等。

（3）C类火灾。C类火灾是指气体火灾。如煤气、天然气、甲烷、乙烷、丙烷、乙醚、氢气火灾等。

（4）D类火灾。D类火灾是指金属火灾。如钾、钠、镁、钛、锆、锂、铝镁合金火灾等。

（5）E类火灾。E类火灾是指带电火灾。如电气线路、电器设备运行中物体带电燃烧的火灾。

（6）F类火灾。F类火灾是指烹饪器具内的烹饪物（如动植物油脂、谷物）火灾。

2.按火灾损失严重程度分类

国家《生产安全事故报告和调查处理条例》中按火灾损失严重程度把火灾划分为特别重大火灾、重大火灾、较大火灾和一般火灾四个等级。其中"以上"包括本数，"以下"不包括本数。

（1）特别重大火灾。特别重大火灾是指造成30人以上死亡，或者100人以上重伤，或者1亿元以上直接财产损失的火灾。

（2）重大火灾。重大火灾是指造成10人以上30人以下死亡，或者50人以上100人以下重伤，或者5 000万元以上，1亿元以下直接财产损失的火灾。

（3）较大火灾。较大火灾是指造成3人以上10人以下死亡，或者10人以上50人以下重伤，或者1 000万元以上5 000万元以下直接财产损失的火灾。

（4）一般火灾。一般火灾是指造成3人以下死亡，或者10人以下重伤，或者1 000万元以下直接财产损失的火灾。

第二节　消防保卫工作的任务和特点

一、消防保卫工作的主要任务

消防保卫工作的主要任务是，预防火灾和减少火灾危害，危、难、险、重情况的应急救援，保护人身和公私财产安全，维护公共安全和社会稳定。这既是社会的责任，也是确保企事业单位自身安全利益的需要。

1．预防火灾和减少火灾危害

预防火灾和减少火灾的危害包括两层含义：一是做好预防火灾的各项工作，防止发生火灾；二是要积极减少火灾危害。火灾不发生绝对是不可能的，但火灾发生的频次和危害是可以通过人类积极的行为而减少的。对于火灾，在我国古代，人们就总结出"防为上，救次之，戒为下"的经验。因此，为了满足社会发展和人类生存对消防安全的期待，消防工作首先要从消防审核、监督检查、隐患整改入手，提前消除各种不安全因素，尽可能减少火灾发生；一旦发生火灾，就应当及时、有效地进行扑救，最大限度地减少火灾危害，特别是遏制群死群伤和特别重大财产损失则成为消防工作的重中之重。

2．危、难、险、重情况的应急救援

随着经济社会的快速发展，改革开放不断深化，致灾因素大量增加，非传统安全威胁日益凸显，诸如危险化学品泄漏、道路交通事故、建筑坍塌、重大安全生产事故、空难、爆炸及恐怖事件和群众遇险事件，地震、水灾、泥石流等自然灾害，核辐射事故和突发公共卫生事件等各类灾害事故时有发生，给人民群众生命财产安全带来了严重危害。因此，根据经济和社会发展的需要，《中华人民共和国消防法》（以下简称《消防法》）总则第一条就写明"加强应急救援工作"，将应急救援工作纳入消防工作范围，这是对我国消防队伍工作职能的新拓展。作为企事业单位的安全保卫人员，在做好单位自身安全防范工作的同时，还应配合公安消防机构做好相关的应急救援工作。

3．保护人身和公私财产安全

人身安全是指公民的生命健康安全，财产安全是指国家、集体以及公民的财产安全。人身安全和财产安全是受火灾直接危害的两个方面，而人的生命健康安全最为宝贵。因此，消防工作中必须贯彻落实科学发展观，践行"以人为本"的思想，在火灾预防上要把保护公民人身安全放在第一位，把人员密集场所和公众聚集场所始终作为消防工作的重中之重，并在火灾扑救中要坚持救人第一的指导思想，从战术上、装备上保障救人第一原则的落实，尽可能快地控制和扑救火灾，减少火灾危害，将损失降低到最低程度，切实实现好、维护好、发展好最广大人民的根本利益。

4．维护公共安全和社会稳定

所谓公共安全是指不特定多数人生命、健康的安全和重大公私财产的安全，其基本要求是社会公众享有安全和谐的生活和工作环境以及良好的社会秩序，公众的生命财产、身心健康、民主权利和自我发展有安全的保障，并最大限度地避免各种灾难的伤害。消防安全是公共安全的重要组成部分,做好消防工作,提高公共消防安全水平,维护社会公共安全,是政府及政府有关部门履行社会管理和公共服务职能的重要内容。做好消防工作,维护公共安全,是全社会每个单位和公民的权利和义务。社会各单位和公民应当贯彻预防为主、防消结合的方针,全面落实消防安全责任制,自觉执行消防法律、法规和相关技术规范、标准,保护好消防设施、器材,正确处理好消除火灾隐患和加快经济发展的关系,依法推行消防安全自我管理与自我约束,保护自身合法权益,消防部门在监督管理、行政处罚、火灾调查处理中落实公开、公平、公正的原则,把打击犯罪和教育群众结合起来,提高社会面的消防安全意识,重复认识"消防连着你我他,公共安全靠大家"。只有调动起全社会维护消防安全的积极性,才能切实构建社会公共安全的大环境,保障家庭、单位和社会的平安和谐。切实维护公共安全,预防火灾,保障社会主义和谐社会建设。

二、消防保卫工作的特点

长期消防工作实践表明,消防工作具有以下特点。

1. 社会性

消防工作具有广泛的社会性,它涉及社会的各个领域。凡是有人员工作、生活的地方都有可能发生火灾。因此,要真正在全社会做到预防火灾发生,减少火灾危害,必须按照政府统一领导、部门依法监管、单位全面负责、公民积极参与的原则,依靠社会各界力量和全体公民共同参与消防,实行全民消防,推动消防工作的社会化。

2. 行政性

消防工作是政府履行社会管理和公共服务职能的重要内容,各级人民政府必须加强对消防工作的领导,这是贯彻落实科学发展观,建设社会主义和谐社会的基本要求。国务院作为中央人民政府,领导全国的消防工作,是国家消防规划和政策的总制定者,对于更快地发展我国的消防事业,使消防工作更好地保障我国社会主义现代化建设的顺利进行,无疑具有主导的作用。但由于消防工作又是一项地方性很强的政府行政工作,许多具体工作,如城乡消防规划与布局,城乡公共消防基础设施、消防装备的建设,各种形式消防队伍的建立与发展,消防经费的保障以及特大火灾的组织扑救、事故善后处理等,都必须依靠地方各级人民政府来负责,并由行政系统以规定、命令、通知、文件等形式予以督促落实。此外,消防安全管理、消防安全检查、火灾事故处理,消防行政处罚、消防刑事案件办理等都是具体的行政行为。为此,《消防法》明确规定:地方各级人民政府负责本行政区域内的消防工作,由各级政府公安部门消防机构具体实施。

3.经常性

无论是春夏秋冬,还是白天黑夜;无论是工厂、机关、学校,还是村镇、居民住宅,人们在生产、工作、学习和生活中都需要用火、用电,同时人们工作、生活的场所大都伴随着可燃物,若平时稍有疏漏,随时都有可能发生火灾。因此,这就决定了消防工作具有经常化的属性。

4.技术性

火灾的预防和扑救需要运用大量的自然科学知识和工程技术手段,专业性很强。这就要求从事消防工作的人员要认真研究火灾的规律和特点,并掌握一定的科学知识和技术手段,熟悉运用有关技术规范、标准和灭火救援的装备、战术原则,提高专业技术水平,培养和造就一批专业化的消防队伍,依靠科技进步不断提升防火、灭火和救援能力。

第三节 消防保卫工作的指导思想

在人们和火灾作斗争的长期实践中,逐步形成了一套行之有效的工作方法和指导思想,就是立足防火基础,减少火灾发生,强化灭火手段,控制火灾发展,减少财产损失,减少人员伤亡,促进民生发展。所以《消防法》明确指出:消防工作贯彻预防为主、防消结合的方针,按照政府统一领导、部门依法监管、单位全面负责、公民积极参与的原则,实行消防安全责任制,建立健全社会化的消防工作网络。以此作为消防安全保卫工作的指导思想。

一、坚决贯彻"预防为主,防消结合"的方针

消防工作贯彻"预防为主,防消结合"的方针。这一方针科学、准确地阐明了"防"和"消"的辩证关系,反映了人们同火灾作斗争的客观规律,也体现了我国消防工作的特色。防火和灭火是一个问题的两个方面,"防"是"消"的基础、先决条件,"消"必须与"防"紧密结合。"防"与"消"是实现消防安全的两种必要手段,两者互相联系,互相依托,相辅相成,缺一不可。在消防工作中,必须坚持"防""消"并举、"防""消"并重的思想,把同火灾作斗争的两个基本手段——火灾预防和扑救火灾有机地结合起来,最大限度地保护人身、财产安全,维护公共安全,促进社会和谐。

1. 预防为主

预防为主,就是要求消防工作立足于防患于未然,要把火灾预防摆在首位,积极贯彻落实各项防火措施,通过各种法律的、行政的和技术的手段,依靠全社会力量,大力做好火灾预防工作,力求防止火灾的发生或将火灾控制在一定的范围,最大限度减少火灾的危害。无数事实证明,只要人们具有较强的消防安全意识,自觉遵守消防法律法规,严格执行消防安全制度,大多数火灾是可以预防的,并可能有效防止群死群伤和重特大经济损失等恶性火灾的发生。

2. 防消结合

防消结合,就是要求把同火灾作斗争的两个基本手段——防火和灭火有机地结合起来,做到相辅相成,互相促进。通过预防虽然可以防止大多数火灾的发生,但火灾是经济发展的伴生物,从宏观来看,绝对杜绝火灾发生是不可能的,也是不现实的。因此,在千方百计做好预防火灾的同时,应切实做好扑救火灾的各项准备工作,加强公安消防队、企事业单位专职消防队和志愿消防队等多种形式的消防队伍建设,搞好技术装备的配备,强化公共消防基础设施建设,提高灭火能力。一旦发生火灾,做到能够及时发现,有效扑救,最大限度地减少人员伤亡和财产损失。

二、切实落实政府领导、社会广泛参与的原则

《消防法》确立的消防工作的原则:政府统一领导,部门依法监管,单位全面负责,公民积极参与。这一原则是消防工作实践经验的总结和客观规律的反映,也是对四个层面责任主体消防安全责任的概括体现。政府、部门、单位、公民四者都是消防工作的主体,任何一方都非常重要,不可偏废,政府负领导责任,部门负监管责任,单位负主体责任,公民有参与的权利和义务,共同构筑消防安全工作的牢固防线。

1. 政府统一领导

消防安全是政府社会管理和公共服务的重要内容,是社会稳定、经济发展的重要保障。各级人民政府必须加强对消防工作的领导,这是贯彻落实科学发展观、建设现代服务型政府、构建社会主义和谐社会的基本要求。

关于各级人民政府对消防工作的领导责任,在《消防法》各章节都有体现,共涉及 14 条之多。

(1)政府领导的总原则。在总则一章第三条规定,国务院领导全国的消防工作。地方各级人民政府负责本行政区域内的消防工作。各级人民政府应当将消防工作纳入国民经济和社会发展计划,保障消防工作与经济社会发展相适应。

第六条规定各级人民政府应当组织开展经常性的消防宣传教育,提高公民的消防安全意识。

第七条规定国家鼓励、支持消防科学研究和技术创新,推广使用先进的消防和应急救援技术、设备,鼓励、支持社会力量开展消防公益活动。对在消防工作中有突出贡献的单位和个人,应当按照国家有关规定给予表彰和奖励。

(2)对公共消防基础设施建设的领导。在火灾预防一章第八条规定,地方各级人民政府应当将包括消防安全布局、消防站、消防供水、消防通信、消防车通道、消防装备等内容的消防规划纳入城乡规划,并负责实施。

第三十条规定地方各级人民政府应当加强对农村消防工作的领导,采取措施加强公共消防设施建设,组织建立和督促落实消防安全责任制。

(3)对监督检查工作的领导。第三十一条规定在农业收获季节、森林和草原防火期间、重大节假日期间以及火灾多发季节,地方各级人民政府应当组织开展有针对性的消防宣传教育,采取防火措施,进行消防安全检查。

第三十二规定乡镇人民政府、城市街道办事处应当指导、支持和帮助村民委员会、居民委员会开展群众性的消防工作。

(4)对消防组织建设的领导。在消防组织一章第三十五条规定,各级人民政府应当加强消防组织建设,根据经济社会发展的需要,建立多种形式的消防组织,加强消防技术人才培养,增强火灾预防、扑救和应急救援的能力。

第三十六条规定县级以上地方人民政府应当按照国家规定建立公安消防队、专职消防队,并按照国家标准配备消防装备,承担火灾扑救工作。

(5)对消防灭火救援的领导。在灭火救援一章第四十三条规定,县级以上地方人民政府应当组织有关部门针对本行政区域内的火灾特点制定应急预案,建立应急反应和处置机制,为火灾扑救应急救援工作提供人员、装备等保障。

第四十五条规定,根据火灾扑救的紧急需要,有关地方人民政府应当组织人员、调集所需物资支援灭火。

第四十六条规定,公安消防队、专职消防队参加火灾以外的其他重大灾害事故的应急救援工作,由县级以上人民政府统一领导。

(6)对消防监督检查的领导。在监督检查一章第五十二条规定地方各级人民政府应当落实消防工作责任制,对各级人民政府有关部门履行消防安全职责的情况进行监督检查。县级以上人民政府有关部门应当根据本系统的特点有针对性地开展消防安全检查,及时督促整改火灾隐患。

(7)对重大火灾隐患整改的领导。在法律责任一章第七十条规定责令停产停业,对经济和社会生活影响较大的,由公安机关消防机构提出意见,并由公安机关报请本级人民政府依法决定。

其他还包括组织对重特大火灾事故的现场组织扑救、事故原因调查、事故善后处理等。这些规定既明确了各级政府的有关职能,也落实和体现了各级政府对消防工作的统一领导责任。

2.部门依法监管

部门依法监管是指在政府的统一领导下,不仅仅是公安机关消防机构有监管职责,各级公安、安全监管、建设、工商、质监、教育、人力资源和社会保障、新闻、广播、电视等政府的有关部门都有监管职责和宣传教育的义务。

各部门的职责如下:

(1)公安消防机构是专门的消防工作监督管理部门,政府其他部门是在各自的职责范围内,依据《消防法》和有关法律法规及政策规定,依法履行相应的消防安全监管职责;

(2)各地公安派出所对小型单位消防安全的监督管理,刑事侦查机构对有关消防违法犯罪行为的侦办;

(3)产品质量监管部门对消防产品和电器产品、燃气用具的设计、安装、使用的监管;

(4)安监部门对易燃易爆危险物品生产、储存、运输和销售的监管;

(5)工商部门对商业、物流、服务领域的监管;

(6)人力资源和社会保障部门对某些消防职业资格的监管和职业培训;

(7)建设部门对建筑防火设计、消防设施施工单位的资质管理和建筑设计防火规范的制定;

(8)新闻、出版部门,电视、广播、网络等媒体对消防工作的宣传和全民消防安全意识的提高教育;

(9)教育部门对学生的教育,实现消防安全从娃娃抓起的战略构想,提高全社会安全素质;

(10)其他部门,如铁路、交通、民航等部门对各自行业的内部监管等。

只要各部门对消防安全工作齐抓共管,形成合力,就能创建好消防工作社会化管理格局,这也是由消防工作的社会化属性决定的。

3.单位全面负责

单位是社会的基本单元,也是社会消防安全管理的核心主体,国家的消防法律、法规和技术标准主要依靠单位贯彻落实。单位对消防安全和致灾因素的管理能力,反映了社会公共消防安全管理水平,在很大程度上决定了一个城市、一个地区的消防安全形势。特别是现今情况下,随着市场经济的发展,政府在经济管理上的职能逐步弱化,民营经济取得了长足发展,大大小小的单位星罗棋布,如果不强化单位自身的安全管理,社会的安全稳定就无从实现。因此,加强单位对安全工作的全面负责就成为保障社会安全稳定的必由之路。

单位全面负责的内容包含以下方面:

(1)单位要对本单位的消防安全负责,单位的主要负责人是本单位的消防安全责任人;

(2)加强对本单位人员的消防宣传教育,制定本单位的消防安全制度和操作规程,落实消防安全责任制;

(3)组织防火检查,及时消除火灾隐患;

(4)按规定配置消防设施、器材、消防安全标志,按年度定期检测、维护保养,保障建筑消防设施完好、有效;

(5)保障疏散通道、安全出口、消防车通道畅通,保证防火防烟分区、防火间距符合消防技术标准;

(6)制定灭火和应急疏散预案,组织针对性消防演练;

(7)发生火灾,及时报警,组织扑救和疏散人员;

(8)重点单位还应当确定消防安全管理人,建立消防档案,落实每日防火巡查,组织职工的岗前安全培训和定期消防演练等。

4.公民积极参与

公民积极参与包含两个方面,首先公民是参与者,同时也是监督者。公民组成了单位和家庭,不论是单位还是家庭,公民有义务做好自己身边的消防安全工作。同时公民还有一个职责,就是要监督自己周边所发现的违法行为,对这些违法行为要给予制止,给予检举揭发,以共同维护好消防安全工作。公民是消防工作的基础,没有广大人民群众的参与,消防工作就不会发展进步,全社会抗御火灾的能力就不会提高,因此有效调动公民参与消防工作的积极性也成为做好消防工作的重要组成部分。

《消防法》关于公民在消防工作中的责任和义务的主要规定如下:

(1)任何人都有维护消防安全,遵守消防法规,履行安全职责,预防火灾的义务;

(2)任何成年人都有参加有组织的灭火工作的义务,公共场所的管理服务人员还有组织引导群众顾客安全疏散的义务;

（3）任何人都有保护消防设施的义务，不得损坏、挪用或者擅自拆除、停用消防设施、器材，不得埋压、圈占、遮挡消火栓或者占用防火间距，不得占用、堵塞、封闭疏散通道、安全出口、消防车通道；

（4）任何人都有报告火警的义务，发现火灾都应当立即报警，任何人都应当无偿为报警提供便利，不得阻拦报警，严禁谎报火警；

（5）任何人不得阻拦消防车的出警通行，不得干扰和拒绝火场指挥员的统一指挥；

（6）任何人都有协助公安机关调查火灾原因的义务，火灾扑灭后，相关人员应当按照公安机关消防机构的要求保护现场，不得私自搬移和破坏现场物证，并接受事故调查，如实提供与火灾有关的情况。

三、积极推行各级消防安全责任制度

《消防法》明确规定：消防工作实行消防安全责任制。这是我国做好消防工作的经验总结，也是从无数火灾中得出的教训。消防安全责任制对于一个城市、一个地区来说，首先是政府对消防工作负有领导责任，地方各级人民政府应当对本行政区域内的消防工作负责，包括消防安全布局、消防队站、消防供水、消防通信、消防车通道、消防装备等内容的消防规划纳入城乡总体规划，并负责组织实施；组织开展经常性的消防宣传教育，提高公民的消防安全意识；针对本地区的消防安全特点，适时组织消防安全检查，并对消防部门确定的对本地区经济和社会生活影响较大的单位所存在的重大火灾隐患决定是否给予停产停业，以及组织对重特大火灾事故调查等。

对于一个单位来说，首先是单位的法定代表人或者主要负责人应当对本单位的消防安全工作全面负责，并在单位内部实行和落实逐级防火责任制和岗位防火责任制；每位分管领导应当对自己分管工作范围内的消防安全工作负责，各部门、各班组负责人以及每个岗位的人员应当对自己管辖工作范围内的消防安全负责，切实做到"谁主管，谁负责；谁在岗，谁负责"，形成纵向到底、横向到边的消防安全责任网络，保证消防法律法规的贯彻执行，保证消防安全措施落实到实处。

实践证明，实行消防安全责任制，进一步强化消防工作各责任主体的消防安全责任，建立覆盖全社会的消防安全工作责任机制，有利于增强全社会的消防安全意识，有利于调动各部门、各单位和广大群众做好消防安全工作的积极性。只有政府、部门、单位、公民四方责任主体在消防安全方面各尽其责，才能使每个单位、每个家庭乃至每个人的消防安全得到有效保障，才能进一步提高全社会整体抗御火

灾的能力。

思 考 题

1. 简述火灾的定义。

2. 简述火灾的危害性。

3. 按可燃物的类型和燃烧特性将火灾定义为哪几种类别?

4. 按火灾损失严重程度将火灾分为哪几类?

5. 消防工作的主要目的是什么?

6. 火灾有哪些特点?

7. 消防工作的特点有哪些?

8. 消防工作的方针是什么?

9. 消防工作的原则是什么?

10. 消防工作为什么要实行消防安全责任制?

11. 政府的消防安全责任有哪些?

12. 单位的消防安全责任有哪些?

13. 公民有哪些消防安全责任和义务?

第二章

消防燃烧学基础知识

---★---

火灾的本质就是一种燃烧现象,只不过是在时间和空间上失去了控制。因此人们同火灾作斗争,无论从预防火灾还是从灭火的角度,了解和掌握燃烧学的基本知识是必不可少的。一般意义上的燃烧学讨论的是有限空间和时间内的温度和压力的关系,关心的是燃烧效率、能源利用、燃烧产物等要素,整个过程是受控的,可监测和重复,而火灾是一种在开放型空间不受控的恣意燃烧,人们对火灾的研究较少关注压力对它的影响,而主要考虑火灾的发生、发展、蔓延与烟火范围的控制,从而诞生了消防燃烧学这一新学科,作为指导整个消防防火、灭火实践的理论基础。

第一节　燃烧的本质与条件

一、燃烧的本质

通常把可燃物与氧化剂作用发生的放热反应,并伴有火焰、发光和(或)发烟的现象称为燃烧。燃烧应具备三个特征,即化学反应、放热和发光。

燃烧过程中的化学反应十分复杂。可燃物质在燃烧过程中,生成了与原来完全不同的新物质。燃烧不仅在空气(氧)存在时能发生,有的可燃物在其他氧化剂中也能发生燃烧。近代连锁反应理论认为:燃烧是一种游离基的连锁反应(也称链反应),即由游离基在瞬间进行的循环连续反应。游离基又称自由基或自由原子,是化合物或单质分子中的共价键在外界因素(如光、热)的影响下,分裂而成含有不成对电子的原子或原子基团,它们的化学活性非常强,在一般条件下是不稳定的,容易自行结合成稳定分子或与其他物质的分子反应生成新的游离基。当反应物产生少量的活化中心——游离基时,即可发生链反应。只要反应一经开始,就可经过许多连锁步骤自行加速发展下去(瞬间自发进行若干次),直至反应物燃尽为止。当活化中心全部消失(即游离基消失)时,链反应就会终止。链反应机理大致分为链引发、链传递和链终止三个阶段。

链反应过程用方程表示如下:

$$RH \rightarrow R\cdot + H\cdot$$
$$H\cdot + O_2 \rightarrow HO\cdot + O\cdot$$
$$RCH\cdot + O_2 \rightarrow RCHO + HO\cdot$$
$$HO\cdot + RH \rightarrow R\cdot + H_2O$$

其中元素符号后带点的即为反应过程中产生的自由基,只要反应过程中不断提供可燃物质,自由基就能使燃烧自动传播和扩散,火焰会越来越大,直至可燃物燃尽为止。

综上所述,物质燃烧是氧化反应,而氧化反应不一定是燃烧,能被氧化的物质不一定都是能够燃烧的物质。可燃物质的多数氧化反应不是直接进行的,而是经过一系列复杂的中间反应阶段,不是氧化整个分子,而是氧化链反应中间产物——游离基或原子。可见,燃烧是一种极其复杂的化学反应,游离基的链反应是燃烧反应的实质,光和热是燃烧过程中发生的物理现象。

二、燃烧的条件

1.燃烧的必要条件

任何物质燃烧过程的发生和发展都必须具备以下三个必要条件,即可燃物、助燃物(又称氧化剂,一般意义上是指助燃气体)和引火源。上述三个条件通常被称为燃烧三要素。燃烧的三个必要条件可用"燃烧三角形"来表示,即我们把燃烧的三个要素看作三角形的三个边,缺少任何一个要素,这个三角形都构建不起来。只有这三个要素同时具备且发生相互作用的情况下,可燃物才能够发生燃烧,无论缺少哪一个燃烧都不能发生。也就是说,只有火源和可燃物而没有助燃气体,相当于窒息状态;只有可燃物和助燃气体而没有火源,相当于隔离或冷却状态;只有火源和助燃气体而没有可燃物,相当于无米之炊,火源能量无以为继,自然不能形成火灾。

(1)可燃物。凡是能与空气中的氧或其他氧化剂起燃烧反应的物质,均称为可燃物。自然界中的可燃物种类繁多,若按其物理状态分,有固体、液体和气体三类可燃物。

1)固体可燃物。凡是遇明火、热源能在空气(氧化剂)中燃烧的固体物质,都称为可燃固体。如棉、麻、木材、稻草等天然植物纤维,动物皮毛、植物果实等蛋白或脂类及其制品,稻谷、大豆、苞米等谷物及其制品,涤纶、维纶、锦纶、腈纶等合成纤维及其制品,聚乙烯、聚丙烯、聚苯乙烯等合成树脂及其制品,天然橡胶、合成橡胶及其制品等。

2)液体可燃物。凡是在空气中能发生燃烧的液体,都称为可燃液体。液体可燃物大多数是有机化合物,分子中都含有碳、氢原子,有些还含有氧原子。其中有不少是石油化工产品,有的产品本身或燃烧时的分解产物都具有一定的毒性。如烷烃类、烯烃类、醚类、醇类等液态物质。

3)气体可燃物。凡是在空气中能发生燃烧的气体,都称为可燃气体。可燃气体在空气中需要与空气的混合比在一定浓度范围内(即燃烧最低浓度),并还要一定的温度(即着火温度)才能发生燃烧。如天然气、煤气、液化石油气、乙炔气等。

此外,有些物质在通常情况下不燃烧,但在一定的条件下又可以燃烧。如:赤热的铁在纯氧中能发生剧烈燃烧;赤热的铜能在纯氯气中发生剧烈燃烧;铁、铝本身不燃,但把铁、铝粉碎成粉末,不但能燃烧,而且在一定条件下还能发生爆炸。

(2)助燃物。凡与可燃物质相结合能导致燃烧的物质称为助燃物(也称氧化剂)。通常燃烧过程中的助燃物主要是氧,它包括游离的氧或化合物中的氧。空气中含有大约21%的氧,可燃物在空气中的燃烧以游离的氧作为氧化剂,这种燃烧是最普遍的。此外,某些物质也可作为燃烧反应的助燃物,如氯、氟、氯酸钾等。也有少数可燃物,如低氮硝化纤维、硝酸纤维、赛璐珞等含氧物质,一旦受热后,能自动释放出氧,不需外部助燃物就可发生燃烧。此外,天然的动植物纤维由于其中空结构本身也自带一定量的氧,即使打包捆紧,当内部夹带火种或受潮发热也能维持阴燃或发生自燃。

(3)引火源。凡使物质开始燃烧的外部热源,统称为引火源(也称着火源)。引火源温度越高,越容易点燃可燃物质。根据引起物质着火的能量来源不同,在生产生活实践中引火源通常有明火、高温物体、化学(聚合、分解、氧化)热能、电(静电、雷电)热能、机械(摩擦、加压)热能、生物能、光能和核能等。

2.燃烧的充分条件

具备了燃烧的必要条件,并不意味着燃烧必然发生。发生燃烧还应有"量"方面的要求,这就是发生燃烧或持续燃烧的充分条件。可见,"三要素"彼此要达到一定的量变才能发生质变。

燃烧发生的充分条件如下:

（1）一定的可燃物浓度。可燃气体或蒸汽只有达到一定浓度，才会发生燃烧或爆炸。例如在常温下用火柴等明火接触煤油，煤油并不立即燃烧，这是因为在常温下煤油表面挥发的煤油蒸汽量不多，没有达到燃烧所需的浓度，虽有足够的空气和火源接触，也不能发生燃烧。

（2）一定的氧气含量。实验证明，各种不同可燃物发生燃烧，均有本身固定的最低含氧量要求。低于这一浓度，就算燃烧的其他条件全部具备，燃烧仍然不能发生。如将点燃的蜡烛用玻璃罩罩起来，周围空气不能进入，这样经过较短的时间，蜡烛的火焰就会熄灭，因为蜡烛的燃烧要消耗氧气，当氧气浓度不能维持燃烧时，燃烧即可终止。可燃物发生燃烧需要有一个最低含氧量要求，低于这一浓度，燃烧就不会发生。可燃物质不同，燃烧所需要的含氧量也不同，如汽油燃烧的最低含氧量为 14.4%，煤油为 15%。

（3）一定的点火能量。不管何种形式的引火源，都必须达到一定的强度才能引起燃烧反应。所需引火源的强度，取决于可燃物质的最小点火能量，即引燃温度，低于这一能量，燃烧便不会发生。不同可燃物质燃烧所需的引燃温度各不相同。例如汽油的最小点火能量为 0.2mJ，乙醚最小点火能量为 0.19mJ。再如一个烟头引燃不了一块木板，但能引燃松散的木屑。

（4）相互作用。燃烧不仅需具备必要和充分条件，而且还必须使燃烧条件相互结合、相互作用，燃烧才会发生或持续。否则，燃烧也不能发生。例如在办公室里有桌、椅、门、窗帘等可燃物，有充满空间的空气，有火源（电源），存在燃烧的基本要素，可并没有发生燃烧现象，这就是因为这些条件没有相互结合、相互作用的缘故。

第二节　燃烧类型

燃烧按其发生瞬间的特点不同，分为闪燃、着火、自燃、爆炸四种类型。

一、闪燃

1. 闪燃与闪点

当液体表面上形成了一定量的可燃蒸汽，遇火能产生一闪即灭的燃烧现象，称为闪燃。在一定温度条件下，液态可燃物表面会产生可燃蒸汽，这些可燃蒸汽与空气混合形成一定浓度的可燃性气体，当其浓度不足以维持持续燃烧时，遇火源能产生一闪即灭的火苗或火光，形成一种瞬间燃烧现象。可燃液体之所以会发生一闪即灭的闪燃现象，是因为液体在闪燃温度下蒸发速度较慢，所蒸发出来的蒸汽仅能维持短时间的燃烧,而来不及提供足够的蒸汽补充维持稳定的燃烧,故闪燃一下就熄灭了。闪燃往往是可燃液体发生着火的先兆。通常把在规定的试验条件下,可燃液体挥发的蒸汽与空气形成混合物,遇火源能够产生闪燃的液体最低温度,称为闪点,以"℃"为单位。液体闪点的确定有开口杯和闭口杯两种试验方式,在工程实践中如无特殊说明,一般说某物质的闪点就是指该物质在开口杯试验条件下获得的。表2-1列出的是以开口杯方式确定的部分易燃和可燃液体的闪点。

2.物质的闪点在消防上的应用

从消防角度来说,闪燃就是危险的警告,在工程设计中,一般都以液体发生闪燃的温度作为衡量可燃液体火灾危险性大小的依据。闪点越低,火灾危险性就越大;反之,则越小。闪点在消防上有着重要作用,根据闪点,将能燃烧的液体分为易燃液体和可燃液体。其中把闪点小于60℃的液体称为易燃液体,大于60℃的液体称为可燃液体。根据闪点,将液体生产、加工、储存场所的火灾危险性分为甲(闪点小于28℃的液体)、乙(闪点大于等于28℃,但小于60℃的液体)、丙(闪点大于等于60℃的液体)三个类别,以便根据其火灾危险性的大小采取相应的消防安全措施。

表2-1 部分易燃和可燃液体的闪点

名　称	闪点/℃	名　称	闪点/℃	名　称	闪点/℃
汽油	-50	甲醇	11.1	苯	-14
煤油	37.8	乙醇	12.78	甲苯	5.5
柴油	60	正丙醇	23.5	乙苯	23.5
原油	-6.7	乙烷	-20	丁苯	30.5

二、着火

1.着火与物质的燃点

可燃物质在空气中与火源接触,达到某一温度时,开始产生有火焰的燃烧,并在火源移去后仍能持续并不断扩大的燃烧现象,称为着火。着火就是燃烧的开始,且以出现火焰为特征,这是日常生产、生活中最常见的燃烧现象。

通常在规定的试验条件下,应用外部热源使物质表面起火并持续燃烧一定时间所需的最低温度,称为燃点或着火点,以"℃"为单位。表2-2中列出部分可燃物质的燃点。

2.物质燃点的意义

物质的燃点在消防中有着重要的意义,根据可燃物的燃点高低,可以衡量其火灾危险的程度。物质的燃点越低,则越容易着火,火灾危险性也就越大。

一切可燃液体的燃点都高于闪点。燃点对于分析和控制可燃固体和闪点较高的可燃液体火灾具有重要意义,控制可燃物质的温度在其燃点以下,就可以防止火灾的发生;用水冷却灭火,其原理就是将着火物质的温度降低到燃点以下。

表2-2 部分可燃物质的燃点

物质名称	燃点/℃	物质名称	燃点/℃	物质名称	燃点/℃
松节油	53	漆布	165	松木	250
樟脑	70	蜡烛	190	有机玻璃	260
赛璐珞	100	麦草	200	醋酸纤维	320
纸	130	豆油	220	涤纶纤维	390
棉花	150	黏胶纤维	235	聚氯乙烯	391

三、自燃

1. 自燃与自燃点

自燃是指物质在常温常压下和有空气存在但无外来火源作用的情况下发生化学反应、生物作用或物理变化过程而放出热量并积蓄,使温度不断上升,自行燃烧起来的现象。由于热的来源不同,物质自燃可分为受热自燃和本身自燃两类,其中受热自燃是指引起可燃物燃烧的热能来自外来物体,如光能、环境温度或热物体等激活或诱发可燃物自燃;本身自燃又分为分解热引起的自燃、氧化热引起的自燃、聚合热引起的自燃、发酵热引起的自燃、吸附热引起的自燃以及氧化还原热引起的自燃等。

自燃现象引发火灾在自然界并不少见,如有些含硫、磷成分高的煤炭遇水常常发生氧化反应释放热量,如果煤层堆积过厚则积热不散,就容易发生自燃火灾;赛璐珞在夏季高温下,若通风不畅也易产生分解引发自燃;草垛水分大,长时间堆集,散热不畅而引起微生物繁殖腐烂,也易发生自燃;工厂的油抹布堆积由于氧化发热并蓄热也会发生自燃,引发火灾。

通常,把在规定的条件下,可燃物质产生自燃的最低温度,称为自燃点。在这一温度时,物质与空气(氧)接触,不需要明火的作用,就能发生燃烧。自燃点是衡量可燃物质受热升温形成自燃危险性的依据。可燃物的自燃点越低,发生自燃的危险性就越大。表2-3列出了部分可燃物的自燃点。

2.物质的自燃点在消防上的应用

物质的自燃点在消防上的应用主要是在以下三个方面：

(1)在火灾调查中根据现场物质的温度、湿度、油渍污染度、堆放形式等物理状态来判断这些物质是否有自燃起火的可能；

(2)在灭火救援中根据火灾现场可燃物的种类和数量来判断现场发生轰燃(一般把火灾现场可燃物质达到自燃点后瞬间产生大面积或大量物质同时燃烧的现象称为轰燃)的可能和时间,作为灭火指挥员采取何种战术和配置灭火力量的依据；

(3)在工程设计时针对存储物质的自燃点和周围的环境情况,确定库房、堆垛应当采取何种通风降温措施等。

表 2-3 部分可燃物的自燃点

物质名称	自燃点/℃	物质名称	自燃点/℃	物质名称	燃点/℃
黄磷	34~35	乙醚	170	棉籽油	370
三硫化四磷	100	溶剂油	235	桐油	410
赛璐珞	150~180	煤油	240~290	芝麻油	410
赤磷	200~250	汽油	280	花生油	445
松香	240	石油沥青	270~300	菜籽油	446
锌粉	360	柴油	350~380	豆油	460
丙酮	570	重油	380~420	亚麻籽油	343

四、爆炸

1.爆炸的含义

物质由于急剧氧化或分解反应产生温度、压力增加或两者同时增加的现象,称为爆炸。从广义上说,爆炸是物质从一种状态迅速转变成另一种状态,并在瞬间放出大量能量,同时产生声响的现象。在发生爆炸时,势能(化学能或机械能)突然转变为动能,有高压气体生成或者释放出高压气体,这些高压气体随之做机械功,如移动、改变或抛射周围的物体,将会对邻近的物体产生极大的破坏作用。

2.爆炸的分类

按爆炸过程的性质不同,通常将爆炸分为物理爆炸、化学爆炸和核爆炸三种类型。

爆炸产生的高温能使可燃物发生燃烧,爆炸产生的压力冲击波能使装置或建筑受损，以及核爆炸产生的核辐射还对生物体造成危害。如果爆炸仅限于产生了燃烧，这种现象也称爆燃。在消防范围内主要讨论爆燃现象。

(1)物理爆炸。物理爆炸是指装在容器内的液体或气体，由于物理变化(温度、体积和压力等因素)引起体积迅速膨胀，导致容器压力急剧增加，或超压或应力变化使容器发生爆炸，且在爆炸前后物质的性质及化学成分均不改变的现象。如蒸汽锅炉、液化气钢瓶等爆炸，均属物理爆炸。

物理爆炸本身虽没有进行燃烧反应，但它产生的冲击力有可能使容器碎片产生碰撞火花直接引燃泄漏物质而起火或泄漏物质接触火源间接地造成火灾，以及因泄漏介质瞬间喷出摩擦起电而起火。

(2)化学爆炸。化学爆炸是指物质本身发生化学反应，产生大量气体并使温度、压力增加或两者同时增加而形成的爆炸现象。如可燃气体、蒸汽或粉尘与空气形成的混合物遇火源而引起的爆炸，炸药的爆炸等都属于化学爆炸。再如化工生产中反应釜的爆炸也是失控的化学反应导致了压力、温度的急剧上升而发生的。这类爆炸的特点是爆炸时有新的物质产生。

化学爆炸的主要特点：反应速度快，爆炸时放出大量的热能或火焰，产生大量气体和很大的压力，并发出巨大的响声。化学爆炸能够直接造成火灾，爆炸时产生的冲击波具有很大的破坏性，是消防工作中预防的重点。

(3)核爆炸。核爆炸是指原子核裂变或聚变反应，释放出核能所形成的爆炸。如原子弹、氢弹、中子弹的爆炸和核反应堆的爆炸就属于核爆炸。核爆炸和化学爆炸相同之处在于都能产生很强的热能和冲击力(波)，不同之处是核爆炸会产生核辐射。

3.爆炸极限

爆炸极限从消防燃烧学的角度分为爆炸浓度极限和爆炸温度极限，它是从浓度和温度两个方面来分析可燃液体、气体发生着火(爆炸)的条件。

(1)爆炸浓度极限。爆炸浓度极限，也称爆炸极限，是指可燃的气体、蒸汽或粉尘与空气混合后，遇火会产生爆炸的最高或最低的浓度。气体、蒸汽的爆炸极限，通常以体积百分比表示；粉尘通常用单位体积中的质量(g/m^3)表示。其中遇火会产生爆炸的最低浓度，称为爆炸下限；遇火会产生爆炸的最高浓度，称为爆炸上限。

爆炸极限是评定可燃气体、蒸汽或粉尘爆炸危险性大小的主要依据。爆炸上、下限值之间的范围越大，也就是爆炸下限越低、爆炸上限越高，爆炸危险性就越大。混合物的浓度低于下限或高于上限时，既不能发生爆炸也不能发生燃烧。从爆炸浓度极限的角度讲,着火也是一种爆炸,只不过可燃气体浓度处于爆炸浓度极限的下限或上限附近,不具备产生剧烈反应的条件(接近下限参与反应的可燃物量不足,接近上限参与反应的空气量不足),就不会在瞬间产生高热和高压,也不会产生明显的冲击波而已。通常把混合物爆炸浓度极限上限与下限中间的浓度称为当量浓度。在当量浓度下,混合物爆炸反应最充分,燃烧最彻底,爆炸产生的热量和冲击波也最大,破坏性也越大。如汽油蒸气与空气混合物的爆炸浓度极限上限是7.2,下限是1.7,它的爆炸当量浓度就在4.4附近。因此,要防止可燃气体发生爆炸就要防止可燃气体浓度达到爆炸极限以内,要减小可燃气体发生爆炸的危害,就要防止可燃气体聚集到爆炸当量浓度附近。

(2)爆炸温度极限。爆炸温度极限是指可燃液体受热蒸发出的蒸汽浓度等于爆炸浓度极限时的温度范围。由于液体的蒸汽浓度是在一定温度下形成的,所以可燃液体除了有爆炸浓度极限外,还有一个爆炸温度极限。

爆炸温度极限也有下限、上限之分。液体在该温度下蒸发出等于爆炸浓度下限的蒸汽浓度,此时的温度称为爆炸温度下限(液体的爆炸温度下限就是液体的闪点);液体在该温度下蒸发出等于爆炸浓度上限的蒸汽浓度,此时的温度称为爆炸温度上限。爆炸温度上、下限值之间的范围越大,爆炸的危险性就越大。例如乙醇的爆炸温度下限是11℃,上限是40℃,在11～40℃温度范围之内,乙醇蒸气与空气的混合物都有爆炸危险;乙醚的爆炸温度极限是－45～13℃,显然乙醚比乙醇的爆炸危险性大。

通常所说的爆炸极限,如果没有特别标明,就是指爆炸浓度极限。表2－4为常见可燃液体爆炸浓度极限与爆炸温度极限的比较。

表2－4　常见液体爆炸浓度极限与爆炸温度极限的比较

液体名称	爆炸浓度极限/(%)		爆炸温度极限/℃	
	下限	上限	下限	上限
乙醇	3.3	18.0	11.0	40.0
甲苯	1.5	7.0	5.5	31.0
松节油	0.8	62.0	33.5	53.0
车用汽油	1.7	7.2	－38.0	－8.0
灯用煤油	1.4	7.5	40.0	86.0
乙醚	1.9	40.0	－45.0	13.0
苯	1.5	9.5	－14.0	19.0

第三节 燃烧过程及特点

一、可燃物的燃烧过程

当可燃物与其周围相接触的空气达到可燃物的点燃温度时,外层部分就会熔解、蒸发或分解并发生燃烧,在燃烧过程中放出热量和光。这些释放出来的热量又加热边缘的下一层,使其达到点燃温度,于是燃烧过程就不断地持续进行。

固体、液体和气体这三种状态的物质,其燃烧过程是不同的。固体和液体发生燃烧,需要经过分解和蒸发,生成气体,然后这些气体与氧化剂作用发生燃烧。而气体物质不需要经过蒸发,可以直接燃烧。

二、可燃物的燃烧特点

1. 固体物质的燃烧特点

固体可燃物在自然界中广泛存在,由于其分子结构的复杂性、物理性质的不同,其燃烧方式也不相同。主要有下列四种方式:

(1)表面燃烧。物体表面可燃气体的蒸气压非常小或者难于热分解的可燃固体,不能发生蒸发燃烧或分解燃烧,当氧气包围物质的表层时,呈炽热状态发生无焰燃烧现象,称为表面燃烧。其过程属于非均相燃烧,特点是表面发红而无火焰。如木炭、焦炭以及铁、铜等的燃烧属于表面燃烧形式。

(2)阴燃。阴燃是指物质无可见光的缓慢燃烧,通常伴随产生烟和温度升高的迹象。

某些固体可燃物在空气不流通、加热温度较高或含水分较高时就会发生阴燃。这种燃烧看不见火苗,可持续数天,不易发现。易发生阴燃的物质,如成捆堆放的纸张、棉、麻以及大堆垛的煤、草、湿木材等。

阴燃和有焰燃烧在一定条件下能相互转化。如在密闭或通风不良的场所发生火灾,由于燃烧消耗了氧,氧浓度降低,燃烧速度减慢,分解出的气体量减少,即可由有焰燃烧转为阴燃。阴燃在一定条件下,如果改变通风条件,增加供氧量或可燃物中的水分蒸发到一定程度,也可能转变为有焰燃烧。火场上的复燃现象和固体阴燃引起的火灾等都是阴燃在一定条件下转化为有焰燃烧的例子。

(3)分解燃烧。分子结构复杂的固体可燃物,由于受热分解而产生可燃气体后发生的有焰燃烧现象,称为分解燃烧。如木材、纸张、棉、麻、毛、丝以及合成高分子的热固性塑料、合成橡胶等的燃烧就属这类形式。

（4）蒸发燃烧。熔点较低的可燃固体受热后融熔,然后像可燃液体一样蒸发成蒸气而发生的有焰燃烧现象,称为蒸发燃烧。如石蜡、松香、硫、钾、磷、沥青和热塑性高分子材料等的燃烧就属这类形式。

2.液体物质的燃烧特点

（1）蒸发燃烧。易燃可燃液体在燃烧过程中,并不是液体本身在燃烧,而是液体受热时蒸发出来的液体蒸气被分解、氧化达到燃点而燃烧,即蒸发燃烧。其燃烧速度,主要取决于液体的蒸发速度,而蒸发速度又取决于液体接受的热量。接受热量愈多,蒸发量愈大,则燃烧速度愈快。

（2）动力燃烧。动力燃烧是指燃烧性液体的蒸发气体或低闪点液雾预先与空气或氧气混合,遇火源产生带有冲击力的燃烧。它的特点是可燃气体是预混的,一般都有一定压力,燃烧和可燃气体预混不在同一空间,是分别进行的。如内燃机的做功过程就是汽化器先将汽油、煤油等挥发性较强的烃类雾化并与气体混合,再喷入气缸中进行燃烧做功,就属于这种形式。

（3）沸溢燃烧。含水的重质油品（如重油、原油）发生火灾,由于液面从火焰接受热量产生热波,热波向液体深层移动速度大于线性燃烧速度,而热波的温度远高于水的沸点。因此,热波在向液层深部移动过程中,使油层温度升上,油品黏度变小,油品中的乳化水滴在向下沉积的同时受向上运动的热油作用而蒸发成蒸气泡,这种表面包含有油品的气泡,比原来的水体积扩大千倍以上,气泡被油薄膜包围形成大量油泡群,液面上下像开锅一样沸腾,到储罐容积容纳不下时,油品就会像"跑锅"一样溢出罐外,这种现象称为沸溢。沸溢很容易形成地面流淌火,给灭火带来很大困难,同时也会造成人员和装备的重大损失。

（4）喷溅燃烧。重质油品储罐的下部有水垫层时,发生火灾后,由于热波往下传递,若将储罐底部的沉积水的温度加热到汽化温度,则沉积水将变成水蒸气,体积扩大,当形成的蒸汽压力大到足以把其上面的油层抬起,最后冲破油层将燃烧着的油滴和包油的油气抛向上空,向四周喷溅燃烧。

重质油品储罐发生沸溢和喷溅的典型征兆:罐壁会发生剧烈抖动,伴有强烈的噪声,烟雾减少,火焰更加发亮,火舌尺寸变大,形似火箭。发生沸溢和喷溅会对灭火救援人员及消防器材装备等的安全产生巨大的威胁,因此,储罐一旦出现沸溢和喷溅的征兆,火场有关人员必须立即撤到安全地带,并应采取必要的技术措施,防止喷溅时油品流散、火势蔓延和扩大。

3.气体物质的燃烧特点

可燃气体的燃烧不像固体、液体物质那样经熔化、蒸发等相变过程,而在常温常压下就可以任意比例与氧气(空气)相互扩散混合,完成燃烧反应的准备阶段;气体在燃烧时所需热量仅用于氧化或分解,或将气体加热到燃点,因此气体容易燃烧且燃烧速度快。

根据气体物质燃烧过程的控制因素不同,其燃烧有以下两种形式:

(1)扩散燃烧。可燃气体从喷口(管道口或容器泄漏口)喷出,在喷口处与空气中的氧边扩散混合、边燃烧的现象,称为扩散燃烧。其燃烧速度主要取决于可燃气体的扩散速度。气体扩散多少,就烧掉多少,这类燃烧比较稳定。例如管道、容器泄漏口发生的燃烧,天然气井口发生的井喷燃烧等均属于扩散燃烧。其燃烧特点为扩散火焰不运动,可燃气体与气体氧化剂的混合在可燃气体喷口进行。对于稳定的扩散燃烧,只要控制得好,便不至于造成火灾,一旦发生火灾也易扑救。

(2)预混燃烧。可燃气体与助燃气体在燃烧之前混合,并形成一定浓度的可燃混合气体,被引火源点燃所引起的燃烧现象,称为预混燃烧。这类燃烧往往造成爆炸,也称爆炸式燃烧或动力燃烧。许多火灾、爆炸事故都是由预混燃烧引起的,如油罐、输油管道及其他可燃气体的容器、管道检修前不进行清洗、置换就烧焊,燃气系统开车前不进行吹扫就点火等都属于预混燃烧。

在各类气体的燃烧时,影响气体燃烧速度的因素主要包括气体的组成、可燃气体的浓度、可燃混合气体的初始温度、输送气体的管道直径和管道材质等。因此要预防气体火灾的发生和减少火灾的危害就要从上述方面采取预防措施。

第四节 燃 烧 产 物

一、燃烧产物的含义和分类

由燃烧或热解作用而产生的全部的物质,称为燃烧产物。它通常是指燃烧生成的固体残渣、气体液体微粒、热量和烟雾等。

燃烧产物分为完全燃烧产物和不完全燃烧产物两类。可燃物质在燃烧过程中,如果生成的产物不能再燃烧,则称为完全燃烧,其产物为完全燃烧产物,如二氧化碳、二氧化硫等;可燃物质在燃烧过程中,如果生成的产物还能继续燃烧,则称为不完全燃烧,其产物为不完全燃烧产物,如一氧化碳、醇类等。在实际火灾中产生的大量残渣都属于不完全燃烧产物,这些产物的形成有的是因为火灾中的压力或温度不致可燃物完全分解参与燃烧所形成的,如重油和高分子石化产品燃烧产生的浓烟;有的是火灾中的灭火行为使燃烧中止而形成的,如未燃尽的木材残渣等。

二、不同物质的燃烧产物

燃烧产物的数量及成分,随物质的化学组成以及温度、空气(氧)的供给情况等变化而有所不同。

1.单质的燃烧产物

一般单质在空气中的燃烧产物为该单质元素的氧化物。如碳、氢、硫等燃烧就分别生成二氧化碳、水蒸气、二氧化硫,这些产物不能再燃烧,属于完全燃烧产物。

2.化合物的燃烧产物

一些化合物在空气中燃烧除生成完全燃烧产物外,还会生成不完全燃烧产物。最典型的不完全燃烧产物是一氧化碳,它能进一步燃烧生成二氧化碳。特别是一些高分子化合物,受热后会产生热裂解,生成许多不同类型的有机化合物,并能进一步燃烧。

3.合成高分子材料的燃烧产物

合成高分子材料在燃烧过程中伴有热裂解,会分解产生许多有毒或有刺激性的气体,如氯化氢、光气、氰化氢以及大量浓烟等。

4.木材的燃烧产物

木材是一种化合物,主要由碳、氢、氧元素组成,主要以纤维素分子形式存在。木材在受热后发生热裂解反应,生成小分子产物。在200℃左右,主要生成二氧化碳、水蒸气、甲酸、乙酸、一氧化碳等产物;在280～500℃,产生可燃蒸气及颗粒;到500℃以上则主要是碳,产生的游离基对燃烧有明显的加速作用。

三、燃烧产物的毒性

燃烧产物有不少是毒害气体,往往会通过呼吸道侵入或刺激眼结膜、皮肤黏膜使人中毒甚至死亡。据统计,在火灾中死亡的人约80%是由于吸入毒性气体中毒而致死的。一氧化碳是火灾中最危险的气体,其毒性在于与血液中血红蛋白的高亲和力,因而它能阻止人体血液中氧气的输送,引起头痛、虚脱、神志不清等症状,严重时会使人昏迷甚至死亡,表2-5为不同浓度的一氧化碳对人体的影响。近年来,合成高分子物质的使用迅速普及,这些物质燃烧时不仅会产生一氧化碳、二氧化碳,而且还会分解出乙醛、氯化氢、氰化氢等有毒气体,给人的生命安全造成更大的威胁。表2-6为部分主要有害气体的来源、对人的生理作用及致死浓度。

表2-5 不同浓度的一氧化碳对人体的影响

火场中一氧化碳的浓度/(%)	人的呼吸时间/min	中毒程度
0.1	60	头痛、呕吐
0.5	20~30	有致死的危险
1.0	1~2	可中毒死亡

表2-6 部分主要有害气体的来源、对人的生理作用及致死浓度

有害气体的来源	主要的生理作用	短期(10min)估计致死浓度/ppm
木材、纺织品、聚丙烯腈尼龙、聚氨酯等物质燃烧时分解出的氰化氢	一种迅速致死、窒息性的毒物	350
纺织物燃烧时产生二氧化氮和其他氮的氧化物	肺的强刺激剂，能引起即刻死亡及滞后性伤害	>200
由木材、丝织品、尼龙以及三聚氰胺燃烧产生的氨气	强刺激剂，对眼、鼻有强烈刺激作用	>1 000
PVC电绝缘材料，其他含氯高分子材料及阻燃处理物质热分解产生的氯化氢	呼吸道刺激剂，吸附于微粒上的氯化氢的潜在危险性较之等量的气体氯化氢要大	>500,气体或微粒存在时
氟化树脂类或薄膜类以及某些含溴阻燃材料热分解产生的含卤酸气体	呼吸刺激剂	$HF \approx 400$ $COF_2 \approx 100$ $HBr > 50$
含硫化合物及含硫物质燃烧分解产生的二氧化硫	强刺激剂，在远低于致死浓度下即使人难以忍受	>500
由聚烯烃和纤维素低温热解(400℃)产生的丙醛	潜在的呼吸刺激剂	30~100

四、烟气的危害性

当建、构筑物发生火灾时，建筑材料及装修材料、室内可燃物等在燃烧或热解作用时所产生的悬浮在大气中可见的固体和(或)液体微粒以及不可见的气体分子

团的总和统称为烟气。无论是固态物质或是液态物质、气态物质在燃烧时都会发生剧烈的氧化反应,产生大量的烟气。氧化反应愈充分,烟气量愈少;氧化反应愈不充分,烟气量愈大。

火灾产生的烟气常常是多种物质的混合物,其中含有一氧化碳、二氧化碳、氯化氢等大量的各种有毒性气体和固体碳颗粒,这些物质大都会对人的生命造成危害。其危害性主要表现在烟气具有毒害性、减光性和恐怖性。

(1)烟气的毒害性。人正常生理所需的氧浓度应大于 16%,而烟气中含氧量往往低于此数值。有关试验表明:当空气中含氧量降低到 15% 时,人的肌肉活动能力下降;降到 10%~14% 时,人就四肢无力、智力混乱、辨不清方向;降到 6%~10% 时,人会晕倒;低于 6% 时,人接触短时间就会死亡。据测定,实际的着火房间中氧的最低浓度可降至 3% 左右,可见在发生火灾时人们要是不及时逃离火场是很危险的。

另外,火灾中产生的烟气中含有大量的各种有毒气体,其浓度往往超过人的生理正常所允许的最高浓度,造成人员中毒死亡。试验表明:一氧化碳浓度达到 1% 时,人在 1min 内死亡;氢氰酸的浓度达到 0.27‰,人立即死亡;氯化氢的浓度达到 2‰ 以上时,人在数分钟内死亡;二氧化碳的浓度达到 20% 时,人在短时间内死亡。

(2)烟气的减光性。可见光波的波长为 0.4~0.7μm,一般火灾烟气中烟粒子粒径为几微米到几十微米,即烟粒子的粒径大于可见光的波长,这些烟粒子对可见光是不透明的,其对可见光有完全的遮蔽作用。当烟气弥漫时,可见光因受到烟粒子的遮蔽而大大减弱,能见度大大降低,这就是烟气的减光性。

(3)烟气的恐怖性。发生火灾时,火焰和烟气冲出门窗孔洞,浓烟滚滚,烈火熊熊,使人产生恐怖感。有的人甚至失去理智,惊慌失措,往往给火场人员疏散造成混乱局面。

五、火焰、燃烧热和燃烧温度

1. 火焰

火焰(俗称火苗),是指发光的气相燃烧区域。火焰是由焰心、内焰、外焰三个部分构成的。

火焰的颜色取决于燃烧物质的化学成分和氧化剂的供应强度。大部分物质燃烧时火焰是橙红色的,但有些物质燃烧时火焰具有特殊的颜色,如硫黄燃烧的火焰是蓝色的,磷和钠燃烧的火焰是黄色的。

火焰的颜色与燃烧温度和燃烧是否充分有关,燃烧温度越高、燃烧越充分,火焰就越接近蓝白色。

火焰的颜色与可燃物的含氧量及含碳量也有关。含氧量达到50%以上的可燃物质燃烧时,火焰几乎无光。如一氧化碳等物质在较强的光照下燃烧,几乎看不到火焰。含氧量在50%以下的,发出明显光(光亮或发黄光)的火焰;如果燃烧物的含碳量达到60%以上,则发出显光且带有大量黑烟,甚或因浓烟遮挡而看不清火焰。

2.燃烧热

燃烧热是指单位质量的物质完全燃烧所释放出的热量。燃烧热值愈高的物质燃烧时火势愈猛,温度愈高,辐射出的热量也愈多。物质燃烧时,都能放出热量。这些热量被消耗于加热燃烧产物,并向周围扩散。可燃物质的发热量,取决于物质的化学组成和温度。

3.燃烧温度

理论上,燃烧温度是指在一定的实验条件下,燃料燃烧时放出的热量使燃烧产物(烟气)被加热到所能达到的温度。但就消防实际来讲,燃烧温度是指火灾燃烧区的温度。不同可燃物质在同样条件下燃烧时,燃烧速度快的比燃烧速度慢的燃烧温度高,燃烧热值高的比燃烧热值低的燃烧温度高;在同样大小的火焰下,燃烧温度越高,它向周围辐射出的热量就越多,火灾蔓延的速度就越快。

六、燃烧产物对火灾扑救工作的影响

燃烧产物对火灾扑救工作的影响,分为有利和不利两个方面。

1.燃烧产物对火灾扑救工作的有利方面

(1)燃烧产物中不燃的惰性气体在一定条件下可以阻止燃烧进行,如二氧化碳、水蒸气等。如果室内发生火灾,随着燃烧产生的这些惰性气体的增加,空气中的氧浓度相对减少,燃烧速度会减慢;如果火灾发生时关闭起火房间的门、窗、孔洞,阻断通风,不但会使燃烧速度减慢,甚至能使燃烧停止。

(2)为火情侦察和寻找火源点提供参考依据。不同的物质,在不同的燃烧温度、不同的风向条件下燃烧,其烟雾的颜色、浓度、气味、流动方向也各不相同。在火场上,通过烟雾的这些特征(表2-7中列举了部分可燃物的烟雾特征),消防人员可以大致判断燃烧物质的种类、火势蔓延方向、火灾发展的阶段等,同时也可以根据这些特征结合室内物质的摆放确定起火点的位置,为后续的火灾调查提供证据。

2.燃烧产物对火灾扑救工作的不利方面

(1)妨碍灭火和被困人员的疏散行动。烟气具有减光性,会使火场能见度降低,影响人的视线。人在烟雾中的能见距离,一般为3m。人在浓烟中往往辨不清方向,因而严重妨碍人员安全疏散和消防人员灭火救援行动。

(2)引起人员中毒、窒息。燃烧产物中有不少是有毒性气体,特别是有些建筑使用塑料和化纤制品做装饰、装修材料,这类物质一旦着火就会分解产生大量有毒、有刺激性的气体。气体往往会通过呼吸道侵入皮肤黏膜或刺激眼结膜,使人中毒、窒息甚至死亡,严重威胁着人员生命安全(见表2-5、表2-6)。据统计,火灾中人员伤亡85%都是有毒烟气造成的。因此,在火灾现场做好个人安全防护和防排烟是非常重要的。

表 2-7　部分可燃物的烟雾特征

可燃物	烟雾特征		
	颜色	嗅	味
磷	白色	大蒜嗅	—
镁	白色	—	金属味
钾	浓白色	—	碱味
硫黄	蓝黄色	硫嗅	酸味
橡胶	棕黑色	硫嗅	酸味
硝基化合物	棕黄色	刺激嗅	酸味
石油产品	黑色	石油嗅	稍有酸味
棉、麻	黑褐色	烧纸嗅	稍有酸味
木材	灰黑色	烧纸嗅	稍有酸味
有机玻璃	—		稍有酸味

(3)高温会使人员烫伤。燃烧产物的烟气中载有大量的热,温度较高,高温可以使人的心脏加快跳动,呼吸急促,头昏眩晕,丧失意识,产生判断错误;人在这种高温、湿热环境中极易被灼伤、烫伤。研究表明,当火场环境温度分别为71℃,82℃,93℃时,人体的耐受时间分别为1h,49min,33min。在100℃环境下,一般人只能忍受几分钟。之后,口腔及喉头就会肿胀而发生窒息,让人丧失逃生能力。

(4)热能加速火势发展蔓延。燃烧产物有很高的热能,火灾时极易因热传导、热对流或热辐射引起新的火点,甚至促使火势形成轰燃的危险。某些不完全燃烧产物能继续燃烧,有的还能与空气形成爆炸性混合物,给灭火带来诸多不确定因素。

第五节　影响火灾发展蔓延的主要因素

火灾发展蔓延虽然比较复杂,但就一种物质发生燃烧来说,火灾的发展变化有其固有的规律性。除取决于可燃物的性质和数量外,同时也受热传播,爆炸,建(构)筑物的耐火等级、结构以及气象等因素的影响。

一、热传播对火灾发展蔓延的影响

火灾的发生发展,始终伴随着热传播过程。热传播是影响火灾发展蔓延的决定性因素。热传播的途径主要有热传导、热辐射和热对流。

1. 热传导

(1)热传导的含义及其特点。热传导是指物体一端受热,通过物体的分子热运动,把热量从温度较高一端传递到温度较低的另一端的过程。热传导只能通过介质进行传递,而无论介质是固体、液体还是气体,这是热传导和其他传热方式的重要区别。

(2)热传导对火灾发展蔓延的影响。热总是从温度较高部位,向温度较低部位传导。温度差愈大,导热方向的距离愈近,传导的热量就愈多。火灾现场燃烧区温度愈高,传导出的热量就愈多。

固体、液体和气体物质都有这种传热性能。其中固体物质是最强的热导体,液体物质次之,气体物质较弱。其中金属材料为热的优良导体,非金属固体多为不良导体。

在其他条件相同时,物质燃烧时间越长,传导的热量越多。有些隔热材料虽然导热性能差,但经过长时间的热传导,也能引起与其接触的可燃物着火。

2. 热辐射

(1)热辐射的含义及其特点。热辐射是指以电磁波形式传递热量的现象。热辐射不需要通过任何介质,不受气流、风速、风向的影响,通过真空也能进行热辐射;固体、液体、气体这三种物质都能把热以电磁波的形式辐射出去,也能吸收别的物体辐射出来的热能;当两物体并存时,温度较高的物体将向温度较低物体辐射热能,直至两物体温度渐趋平衡。

(2)热辐射对火灾发展蔓延的影响。实验证明:一个热物体在单位时间内辐射的热量与其表面积的绝对温度的四次方成正比。热源温度愈高,辐射强度越大。当辐射热达到可燃物质自燃点时,便会立即引起受辐射物体着火。受辐射物体与辐射热源之间的距离越大,受到的辐射热越小,反之,距离愈小,接受的辐射热愈多;辐射热与受辐射物体的相对面积有关,当受辐射物体相对辐射体面积愈大,受辐射物体接收到的热量愈多;物体的颜色愈深、表面愈粗糙,吸收的热量就愈多;表面光亮、颜色较浅,反射的热量愈多,则吸收的热量就愈少。火灾初期,热源温度低,辐射传播的影响较小。当火灾处于猛烈发展阶段时,热辐射则成为热传播的主要形式。

3.热对流

(1)热对流的含义及其传播方式。热对流是指热量通过流动介质(受热的空气、烟气或液体),由空间的一处传播到另一处的现象。

根据流动介质的不同,热对流有气体对流和液体对流两种形态。但究其本质从引起热对流的动力而论,其对流传播方式又可分为自然对流和强制对流两种方式。

1)自然对流。它是指流体的运动是由自然力所引起的,也就是因流体各部分的密度不同而引起的。如高温设备附近的空气受热膨胀向上流动及火灾中高温热烟的上升流动,而冷(新鲜)空气则与其做相反方向流动。

气体对流对火灾发展蔓延有极其重要的影响。燃烧引起了对流,对流助长了燃烧;燃烧愈猛烈,它所引起的对流作用愈强;对流作用愈强,燃烧愈猛烈。

当液体受热后受热部分因体积膨胀、比重减轻而上升,而温度较低、比重较大的部分则下降,在这种运动的同时进行着热传递,最后使整个液体被加热。盛装在容器内的可燃液体,通过对流能使整个液体升温,蒸发加快,压力增大,就有可能引起容器的爆裂。

2)强制对流。它是指流体微团的空间移动是由机械力引起的。如通过鼓风机、压缩机、泵等,气体、液体可以产生强制对流。火灾发生时,若通风机械还在运行,就会成为火势蔓延的途径。使用防烟、排烟等强制对流设施,就能抑制烟气扩散和自然对流。地下建筑发生火灾,用强制对流改变风流或烟气流的方向,可改善人员疏散环境,也可有效控制火势的发展,为最终扑灭火灾创造有利条件。

(2)热对流对火灾发展蔓延的影响。热对流是影响初期火灾发展的最主要因素。实验证明:热对流速度与通风口的面积和高度成正比。通风孔洞愈多,各个通风孔洞的面积愈大,相对地面的位置愈高,热对流速度愈快;风能加速气体对流,风速愈大,不仅对流愈快,而且能使房屋表面出现正负压力,在建(构)筑物周围形成旋风地带;风向改变,会改变气体对流方向;燃烧时火焰温度愈高,与环境温度的温差愈大,热对流速度愈快。

二、爆炸对火灾发展蔓延的影响

爆炸冲击波能将燃烧着的物质抛散到高空和周围地区,如果燃烧的物质落在可燃物体上就会引起新的火源,造成火势蔓延扩大。

爆炸冲击波能破坏难燃结构的保护层,使保护层脱落,可燃物体暴露于表面,这就为燃烧面积迅速扩大增加了条件。由于冲击波的破坏作用,建筑结构发生局部变形或倒塌,增加空隙和孔洞,其结果必然会使大量的新鲜空气流入燃烧区,燃烧产物迅速流出室外。在此情况下,气体对流大大加强,促使燃烧强度剧增,助长火势迅速发展。同时,由于建筑物孔洞大量增加,气体对流的方向发生变化,火势蔓延方向也会随着改变。如果冲击波将炽热火焰冲散,使火焰穿过缝隙或不严密之处,进入建筑结构的内部空洞,也会引起该部位的可燃物质发生燃烧。火场如果有沉浮在物体表面上的粉尘,爆炸的冲击波会使粉尘扬撒于空间,与空气形成爆炸性混合物,可能发生再次爆炸或多次爆炸。另外,爆炸冲击波会直接造成建筑物倒塌或结构破坏,导致建筑物原来的防火分区被破坏,使燃烧区域扩大。

当可燃气体、液体和粉尘与空气混合发生爆炸时,爆炸区域内的低燃点物质顷刻之间全部发生燃烧,燃烧面积迅速扩大。火场上发生爆炸,不仅对火势发展变化有极大影响,而且对扑救人员和附近群众也有严重威胁。因此,在灭火战斗过程中,及时采取措施,防止和消除爆炸危险,就显得十分重要。

三、建筑物本身对火灾发展蔓延的影响

建筑物本身对火灾的影响主要包括以下三个方面,即建筑物的耐火等级、建筑物内部的结构、建筑物的高度等因素对火灾发展变化的影响。

(1)建筑耐火等级是衡量建筑耐火程度的标准。火灾实例说明,耐火等级高的建筑,火灾时烧坏、倒塌的很少,造成的损失也小,而耐火等级低的建筑,火灾时不耐火,燃烧快,损失也大。因此,为了保证建筑物的安全,必须采取必要的防火措施,使之具有一定的耐火性,即使发生了火灾也不至于造成太大的损失。另外,在灭火时应根据建筑耐火等级,充分利用各种有利条件,赢得时间,有效控制火势发展,顺利扑灭火灾。

(2)建筑结构对火灾的影响主要是指建筑表面的门窗空洞、建筑内部的中庭、各种管道竖井、伸缩缝以及内部各种管道的布置等。在火灾状态下,建筑物内部的中庭、竖井、伸缩缝以及纵横交错的管道都会形成烟囱效应,加速火灾热烟气的对流。另外,建筑物门窗空洞的大小、位置的高低也会对火灾的发展蔓延产生重要的影响,火灾通过这些通道形成了竖向和横向的蔓延,一般来讲门窗面积愈大、窗户位置愈高越有利于火灾蔓延。同时复杂的结构也不利于战斗的展开和战术措施的运用,给火灾扑救带来不利影响。

(3)建筑物高度对火灾的影响主要是指建筑物高度越高,建筑壁面对火灾的抽拔作用愈强,火灾竖向燃烧的速度愈快,这种作用类似于建筑中庭的烟囱效应(也称壁面效应)。据测定,在火灾猛烈燃烧阶段,高层建筑火灾竖向燃烧的速度可达 3~4m/s,是平面燃烧速度的 5~10 倍。同时火灾扑救的难度愈大。

四、气象条件对火灾发展蔓延的影响

大量火灾表明,风、湿度、气温、季节等气象条件对火势的发展和蔓延都有一定程度的影响,其中以风和湿度影响最大。

风对火势发展有决定性影响,尤其对露天火灾,受风的影响更大。风速愈大,对流速度愈快,燃烧和蔓延速度也愈快;风向改变,燃烧、蔓延方向也会随之改变。一般而言,火势向顺风方向蔓延。但火场上的风向并不很稳定,火灾初起与火灾发展阶段时的风向有时并不一致,风向的变化可能会使扑救人员置身火海之中;火灾发展时,火势还可能会受到燃烧产生的热对流影响,出现反方向的强风,形成火的旋涡;大风天还会形成飞火,使燃烧范围迅速扩大。这些情况既影响灭火战术预案的运用,还可能造成人员伤亡和装备损失。

可燃材料的含水率与空气的湿度有关。干燥的可燃材料易起火,燃烧速度也快;潮湿的可燃材料不易起火。众所周知,在雨季,许多物体都呈潮湿状态,着火的可能性相对减小。在干燥的季节,风干物燥,易于起火成灾,也易蔓延。我国北方的冬春季易发生火灾就与气候干燥有关。

第六节　防火与灭火的基本原理

一、防火的基本原理和措施

根据消防燃烧学基本理论,只要防止可燃物、助燃气体、引火源三者同时、同地出现并形成燃烧条件,或避免燃烧条件同时存在并相互作用,就可以达到防止火灾发生的目的。如控制可燃物的量或提高可燃物的难燃度,隔绝空气或稀释可燃气体浓度,加强通风减少可燃气体的聚集,采取降温措施降低可燃物生产、储存场所的温度,消除引火源或降低火源的点火能量,在可燃物间设置分隔设施或在建筑内部设置防火分区,提高建筑之间的防火间距,提高建筑本身的耐火极限和增大可燃物堆垛之间的距离,从而阻止火灾蔓延,控制火灾范围,防止爆炸失控,减少火灾发生和减少火灾损失。有关防火的基本原理和措施见表2－8。

表2－8　防火基本原理和措施

措施	原理	措施举例
控制可燃物	破坏燃烧爆炸的基础	1.限制可燃物质储存量； 2.用不燃或难燃材料代替可燃材料； 3.加强通风，降低可燃气体或蒸汽、粉尘在空间的浓度； 4.用阻燃剂对可燃材料进行阻燃处理，以提高防火性能； 5.及时清除洒漏地面的易燃、可燃物质等； 6.控制可燃物的水分、湿度、温度
隔绝空气	破坏燃烧爆炸的助燃条件	1.充惰性气体保护生产或储运有爆炸危险物品的容器、设备等； 2.密闭有可燃介质的容器、设备； 3.采用隔绝空气等特殊方法储运有燃烧爆炸危险的物质； 4.隔离与酸、碱、氧化剂等接触能够燃烧爆炸的可燃物和还原剂
消除引火源	破坏燃烧的激发能源或降低引火源的点火能量	1.消除和控制明火源； 2.安装避雷、接地设施，防止雷击、静电； 3.防止撞击火星和控制摩擦生热； 4.防止日光照射和聚光作用； 5.防止和控制高温物体接触可燃物； 6.防止化学危险品混存混放产生接触放热反应； 7.消除电气故障，防止发热打火； 8.在易燃易爆场所使用防爆电器
阻止火势蔓延	不使新的燃烧条件形成	1.在建筑之间留足防火间距，防止飞火和辐射； 2.设置防火分区和防火分隔设施，把燃烧控制在一定范围； 3.在气体管道上安装阻火器、安全水封； 4.有压力的容器设备，安装防爆膜（片）、安全阀； 5.在能形成爆炸介质的场所，设置泄压门窗、轻质屋盖等； 6.设置自动报警、自动灭火装置，尽可能早发现，把火灾消灭在初起阶段

二、灭火的基本原理和措施

根据燃烧基本理论,只要破坏已经形成的燃烧条件,包括剔除任一个燃烧条件和终止它们的相互作用,就可使燃烧熄灭。如用冷却法降低可燃物的温度,用窒息法隔离助燃空气,用隔离法使可燃物与火源脱离,用抑制法使燃烧反应链终止等,都能达到灭火的目的。有关灭火的基本原理和措施见表2-9。

表2-9 灭火基本原理和措施

措施	原理	措施举例
冷却法	降低燃烧物的温度	1.用直流水喷射着火物; 2.不间断地向着火物附近的未燃烧物喷水降温等
窒息法	消除助燃物	1.封闭着火的空间; 2.往着火的空间充灌惰性气体、水蒸气; 3.用湿棉被、湿麻袋等捂盖已着火的物质; 4.向着火物上喷射二氧化碳、干粉、泡沫、喷雾水等
隔离法	使着火物与火源隔离	1.将未着火物质搬迁转移到安全处; 2.拆除毗连的可燃建(构)筑物; 3.关闭燃烧气体(液体)的管道阀门,切断气体(液体)来源; 4.关闭防火门、防火卷帘、通风空调的管道阀门等分隔设施; 5.用沙土等堵截流散的燃烧液体; 6.用难燃或不燃物体遮盖受火势威胁的可燃物质等
抑制法	中断燃烧链式反应	往着火物上直接喷射卤代烷气体、干粉等对于燃烧中自由基的产生具有抑制作用的灭火剂,覆盖火焰,中断燃烧链式反应

思 考 题

1.简述燃烧的定义。
2.简述燃烧的必要条件和充分条件。
3.可燃物的定义是什么?
4.助燃物的定义是什么?
5.引火源的定义是什么?
6.燃烧分为哪几种类型?

7.简述闪燃、着火、自燃、爆炸的含义。

8.物质的着火点、自燃点和闪点各指什么？

9.爆炸分为哪几类？

10.爆炸极限的定义是什么？

11.简述固体、气体、液体物质的燃烧过程。

12.沸溢燃烧指什么现象？

13.简述燃烧产物的含义及分类。

14.简述烟气的含义及危害性。

15.简述燃烧产物对火灾扑救工作的不利方面。

16.简述热传导、热对流、热辐射的含义及对火灾发展变化的影响。

17.简述热对流的方式。

18.建筑本身对火灾的影响有哪些？

19.气象对火灾的影响有哪些？

20.简述防火的基本原理和措施。

21.简述灭火的基本原理和措施。

第三章

建筑火灾与建筑防火

———————— ★ ————————

　　为确保建筑物的消防安全,建筑物在建造时应从防火(爆)、控火、耐火、防烟、探火、灭火等方面预先采取相应的消防技术措施。防火主要是在建筑总平面布局、建筑构造、建筑构件材料选取等环节破坏燃烧或爆炸条件;控火是在建筑内部划分防火分区,将火势控制在局部范围内,阻止火势蔓延扩大;耐火是要求建筑物应有一定的耐火等级,保证在火灾高温的持续作用下,建筑主要构件在一定时间内不破坏,不传播火灾,避免建筑结构失效或发生倒塌;防烟是安装防排烟设施,及时阻隔或排除火灾时产生的有毒烟气以利于人员疏散和延缓火灾蔓延;避火是设置安全疏散设施,保证人员及时疏散;探火是安装火灾自动报警系统,做到及早发现火灾;灭火是在建筑内设置消防给水、灭火系统和灭火器材,建筑外设置消防车道、灭火救援场地和扑救面等,一旦发生火灾,及时灭火,最大限度地减少火灾损失。

　　由于建筑的防排烟、火灾探测和建筑内的消防给水和其他灭火设施等专业性较强,在整个建筑设计中一般都作为专业项分别设计,施工时也作为专业项分别施工,这些专业项统称为消防工程,这部分内容将在第四章建筑消防设施中叙述,本章只涉及建筑防火平面布局、构件耐火性能、人员疏散通道、防火防烟分区、消防车道、扑救面等建筑结构构造关于消防方面的问题。

第一节　建筑物的分类及构造

　　建筑物是指供人们生产、生活、工作、学习以及进行各种文化、体育、社会活动的房屋和场所。

一、建筑物的分类

建筑物可从不同角度划分为以下类型。

1.按建筑物内是否有人员进行生产、生活活动分类

(1)建筑物。凡是直接供人们在其中生产、生活、工作、学习或从事文化、体育、社会等其他活动的房屋统称为"建筑物",如厂房、住宅、学校、影剧院、体育馆等。

(2)构筑物。凡是间接地为人们提供服务或为了工程技术需要而设置的设施称为"构筑物",如隧道、水塔、桥梁、堤坝等。

2.按建筑物的使用性质分类

(1)民用建筑。民用建筑是指非生产性建筑,如居住建筑、商业建筑、体育场馆、客运车站候车室、办公楼、教学楼等。

(2)工业建筑。工业建筑是指工业生产性建筑,如生产厂房和库房,发、变配电建筑等。

(3)农业建筑。农业建筑是指农副业生产建筑,如粮仓、禽畜饲养场等。

3.按建筑结构分类

(1)木结构建筑。木结构建筑是指承重构件全部用木材建造的建筑。

(2)砖木结构建筑。砖木结构建筑是指用砖(石)做承重墙,用木材做楼板、屋架的建筑。

(3)砖混结构建筑。砖混结构建筑是指用砖墙、钢筋混凝土楼板层、钢(木)屋架或钢筋混凝土屋面板建造的建筑。

(4)钢筋混凝土结构建筑。钢筋混凝土结构建筑是指主要承重构件全部采用钢筋混凝土。如采用装配式大板、大模板、滑模等工业化方法建造的建筑,用钢筋混凝土建造的大跨度、大空间结构的建筑。

(5)钢结构建筑。钢结构建筑是指主要承重构件全部采用钢材建造,多用于工业建筑和临时建筑。随着钢结构耐火涂层材料和工艺的发展,钢结构高层建筑也不鲜见。

4.按建筑承重构件的制作方法、传力方式及使用的材料分类

(1)砌体结构。砌体结构是指竖向承重构件采用砌块砌筑的墙体,水平承重构件为钢筋混凝土楼板及屋顶板。一般多层建筑常采用砌体结构。

(2)框架结构。框架结构是指承重部分构件采用钢筋混凝土或钢板制作的梁、柱、楼板形成的骨架,墙体不承重而只起围护和分隔作用。该结构的特点是建筑平面布置灵活,可以形成较大的空间,能满足各类建筑不同的使用和生产工艺要求,常用于高层和多层建筑中。

（3）钢筋混凝土板墙结构。钢筋混凝土板墙结构是指竖向承重构件和水平承重构件均为钢筋混凝土制作,施工时采用浇注或预制。

（4）特种结构。特种结构是指承重构件采用网架、悬索、拱或壳体等形式。如影剧院、体育馆、展览馆、会堂等大跨度建筑常采用这种结构形式建造。

（5）积木结构。积木结构是指采用工业化预制的方式,将房屋结构按照设计好的单元拼装在一起。这种结构多用于多层民用建筑中,具有施工速度快、造价低的优点。

5.按建筑高度分类

（1）高层建筑。高层民用建筑指建筑高度27m及以上的居住建筑(包括首层设置商业服务网点的住宅)、建筑高度超过24m的2层及2层以上的公共建筑;高层工业建筑指建筑高度超过24m的2层及2层以上的厂房、库房。

（2）单层、多层建筑。单层、多层建筑是指建筑高度27m及27m以下的居住建筑(包括设置商业服务网点的居住建筑),建筑高度小于等于24m的多层公共建筑,建筑高度大于24m的单层公共建筑以及建筑高度大于24m的单层厂房和库房。

（3）地下建筑、半地下建筑。地下建筑是在地下通过开挖、修筑而成的建筑空间,其外部由岩石或土层包围,只有内部空间,无外部空间。半地下建筑是指一半在地下,一半超出地平面的建筑。

二、民用建筑类别的划分

民用建筑根据其高度可分为高层民用建筑,单、多层民用建筑和地下、半地下建筑等。其中高层民用建筑根据使用性质(重要性)、火灾危险性、疏散和扑救难度等又可分为一类和二类,详见表3-1。建筑的类别不同,对建筑的结构、耐火极限、防火措施、消防设施等要求也有很大不同。

表3-1　民用建筑的分类

名称	高层民用建筑		单、多层民用建筑
	一类	二类	
住宅建筑	建筑高度大于54m的住宅建筑(包括设置商业服务网点的住宅建筑)	建筑高度大于27m,但不大于54m的住宅建筑(包括设置商业服务网点的住宅建筑)	建筑高度不大于27m的住宅建筑(包括设置商业服务网点的住宅建筑)

续 表

| 名称 | 高层民用建筑 | | 单、多层 |
	一类	二类	民用建筑
公共建筑	1. 建筑高度大于50m的公共建筑； 2. 任一楼层建筑面积大于1 000m²的商店、展览、电信、邮政、财贸金融建筑和其他多种功能组合的建筑； 3. 医疗建筑、重要公共建筑； 4. 省级及以上的广播电视和防灾指挥调度建筑、网局级和省级电力调度建筑； 5. 藏书超过100万册的图书馆、书库	除一类高层公共建筑外的其他高层公共建筑	1. 建筑高度大于24m的单层公共建筑； 2. 建筑高度不大于24m的其他公共建筑

注：1. 表中未列入的建筑，其类别应根据本表类比确定。

　　2. 除本规范另有规定外，宿舍、公寓等非住宅类居住建筑的防火要求，应符合本规范有关公共建筑的规定；裙房的防火要求应符合本规范有关高层民用建筑的规定。

三、工业建筑类别的划分

工业建筑类别的划分一般按生产及储存物品的火灾危险性特征分类，分为甲、乙、丙、丁、戊类五种类别。表3-2为使用或产生的物质火灾危险性分类，表3-3为储存物品的火灾危险性分类。

表 3-2　生产的火灾危险性分类

生产的火灾危险性类别	使用或产生下列物质生产的火灾危险性特征
甲	1. 闪点小于28℃的液体； 2. 爆炸下限小于10%的气体； 3. 常温下能自行分解或在空气中氧化能导致迅速自燃或爆炸的物质； 4. 常温下受到水或空气中水蒸气的作用，能产生可燃气体并引起燃烧或爆炸的物质； 5. 遇酸、受热、撞击、摩擦、催化以及遇有机物或硫黄等易燃的无机物，极易引起燃烧或爆炸的强氧化剂； 6. 受撞击、摩擦或与氧化剂、有机物接触时能引起燃烧或爆炸的物质； 7. 在密闭设备内操作温度不小于物质本身自燃点的生产

续 表

生产的火灾危险性类别	使用或产生下列物质生产的火灾危险性特征
乙	1.闪点不小于28℃,但小于60℃的液体; 2.爆炸下限不小于10%的气体; 3.不属于甲类的氧化剂; 4.不属于甲类的易燃固体; 5.助燃气体; 6.能与空气形成爆炸性混合物的浮游状态的粉尘、纤维、闪点不小于60℃的液体雾滴
丙	1.闪点不小于60℃的液体; 2.可燃固体
丁	1.对不燃烧物质进行加工,并在高温或熔化状态下经常产生强辐射热、火花或火焰的生产; 2.利用气体、液体、固体作为燃料或将气体、液体进行燃烧作其他用的各种生产; 3.常温下使用或加工难燃烧物质的生产
戊	常温下使用或加工不燃烧物质的生产

表 3 - 3　储存物品的火灾危险性分类

储存物品的火灾危险性类别	储存物品的火灾危险性特征
甲	1.闪点小于28℃的液体; 2.爆炸下限小于10%的气体,受到水或空气中水蒸气的作用能产生爆炸下限小于10%气体的固体物质; 3.常温下能自行分解或在空气中氧化能导致迅速自燃或爆炸的物质; 4.常温下受到水或空气中水蒸气的作用,能产生可燃气体并引起燃烧或爆炸的物质; 5.遇酸、受热、撞击、摩擦以及遇有机物或硫黄等易燃的无机物,极易引起燃烧或爆炸的强氧化剂; 6.受撞击、摩擦或与氧化剂、有机物接触时能引起燃烧或爆炸的物质

续　表

储存物品的火灾危险性类别	储存物品的火灾危险性特征
乙	1.闪点不小于28℃,但小于60℃的液体; 2.爆炸下限不小于10%的气体; 3.不属于甲类的氧化剂; 4.不属于甲类的易燃固体; 5.助燃气体; 6.常温下与空气接触能缓慢氧化,积热不散引起自燃的物品
丙	1.闪点不小于60℃的液体; 2.可燃固体
丁	难燃烧物品
戊	不燃烧物品

四、建筑物的构造

各种不同类型的建筑物,尽管它们在结构形式、构造方式、使用要求、空间组合、外形处理及规模大小等方面各有其特点,但构成建筑物的主要部分都是由基础、墙或柱、楼板、楼梯、门窗和屋顶等六大部分构成。此外,一般建筑物还有台阶、坡道、阳台、雨篷、散水以及其他各种配件和装饰部分等。这些部分各自都承担着不同的功能,彼此协调地组合在一起才能构成一栋完整的建筑。

第二节　建筑火灾的发展和蔓延规律

建筑火灾发展有它的客观过程,在一定的原因下发生,在一定的条件下发展,到一定程度开始衰减。火灾初起通常是局部的、缓慢的,但随着热量聚集而愈烧愈烈,当达到最大值后,随着可燃物的减少或在某种作用下又逐渐衰落,甚至熄灭。研究建筑火灾的发展与蔓延,目的在于掌握其内在规律,以便采取相应的消防对策,保障建筑消防安全。

一、建筑火灾的发展过程

建筑火灾的发展呈现一定的规律,最初是发生在建筑物内的某个房间或局部区域,然后由此蔓延到相邻房间区域,以至整个楼层,最后蔓延到整个建筑物。通常,根据室内火灾温度随时间变化的特点,将火灾发展分成初起、成长发展、猛烈、衰减四个阶段,如图 3-1 所示。

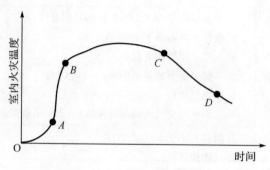

图 3-1　火灾温度-时间曲线

1. 火灾初起阶段

建筑物发生火灾后,最初阶段(图 3-1 中 OA 段)只是起火部位及其周围可燃物着火燃烧,这时火灾燃烧状况与好像在敞开空间进行一样。火灾初起阶段的特点:火灾燃烧面积不大,火灾仅限于初始起火点附近;室内温度差别大,在燃烧区域及其附近存在高温,而室内平均温度不高;火灾发展速度缓慢,火势不够稳定,它的持续时间取决于着火源的类型、可燃物质性质和分布、通风条件等,其长短差别很大,一般在 5~20min 之间。其中微弱火源起火时间较长,明火起火时间较短;松散、干燥、易燃的物质起火较快,密实、潮湿的物质起火较慢。

从初起阶段的特点可见,火灾初起燃烧面积小,火场温度也低,用少量的灭火剂就可以把火扑灭。该阶段是灭火的最有利时机,故应争取及早发现,把火灾及时控制消灭在起火点。为此,在建筑物内设置火灾自动报警系统和自动灭火系统、配备适当数量的灭火器是很有必要的。初起阶段也是人员疏散的有利时机,发生火灾时人员若在这一阶段不能疏散出房间,就很危险了。初起阶段时间持续越长,就有更多的机会发现火灾和灭火,并有利于人员安全撤离。

2. 火灾成长发展阶段

在建筑火灾初起阶段后期,火灾燃烧面积迅速扩大,室内温度不断升高,热对流和热辐射显著增强。当发生火灾的房间温度达到一定值时(图 3-1 中 AB 段),聚积在房间内的可燃物分解产生的可燃气体突然起火,整个房间都充满了火焰,房间内所有可燃物表面全部都卷入火灾之中,燃烧得很猛烈,温度升高很快。这种在一限定空间内,可燃物的表面全部卷入燃烧的瞬变状态称为轰燃。关于发生轰燃的临界条件,目前主要有两种观点:一种是以到达地面的热通量达到一定值为条件,认为要使室内发生轰燃,地面可燃物接收到的热通量应不小于$20kW/m^2$;另一种是用顶棚下的烟气温度接近600℃为临界条件。试验表明,在普通房间内,如果燃烧速率达不到$40g/s$是不会发生轰燃的。如果物品的燃烧速率足够高,少量物品也能发生轰燃。火场实践表明,室内天棚及门窗充满高热浓烟,或烟从窗口上部喷出,并呈翻滚现象,这是室内有可能发生轰燃的预警信号;如果烟只是停留在天棚顶部,一般无轰燃危险,但当烟气向下沉降并出现滚动现象时,也是轰燃即将发生的一种预警信号。总之,轰燃是室内火灾最显著的特征之一,其具有突发性。它的出现,标志着火灾从成长期进入猛烈燃烧阶段,即火灾发展到不可控的程度,增大了起火点周边可燃物着火的可能性,若在轰燃之前,火场被困人员仍未从室内逃出,就会有生命危险。

3.火灾猛烈阶段

轰燃发生后,室内所有可燃物都在猛烈燃烧,放热量加大,因而房间内温度升高很快,并出现持续性高温,最高温度可达1 100℃。火焰、高温烟气从房间的开口大量喷出,把火灾蔓延到建筑物的其他部分。这个时期是火灾最盛期(图3-1中BC段),其破坏力极强,门窗玻璃破碎,建筑物的可燃构件均被烧着,建筑结构可能被毁坏,或导致建筑物局部或整体倒塌破坏。这一阶段的延续时间与起火原因无关,而主要决定于室内可燃物的性质和数量、通风条件等。为了减少火灾损失,针对最盛期阶段温度高、时间长的特点,在建筑防火中应采取的主要措施如下:在建筑物内设置具有一定耐火性能的防火分隔物,把火灾控制在一定的范围之内,防止火灾大面积蔓延;适当地选用耐火时间较长的建筑结构,使其在猛烈的火焰作用下,保持应有的强度和稳定性,确保建筑物发生火灾时不倒塌破坏,为火灾时人员疏散、消防队扑救火灾,以及火灾后建筑物修复、继续使用创造条件。

4.火灾衰减阶段

经过猛烈燃烧之后,室内可燃物大都被烧尽,火灾燃烧速度递减,温度逐渐下降,燃烧向着自行熄灭的方向发展。一般把室内平均温度降到温度最高值的80%时,作为猛烈燃烧阶段与衰减阶段(图3-1中CD段)的分界。该阶段虽然大面积的燃烧中止,但在较长时间火场的余热还能维持一段时间的高温,为200~300℃。衰减阶段温度下降速度是比较慢的,当可燃物基本烧光之后,火势即趋于熄灭。针对该阶段的特点,应注意防止建筑构件因较长时间受高温作用和灭火射水的冷却作用而出现裂缝、下沉、倾斜或倒塌破坏,确保消防人员的人身安全。

由此可见,火灾在初起阶段容易控制和扑灭,如果发展到猛烈阶段,不仅需要动用大量的人力和物力进行扑救,而且可能造成严重的人员伤亡和财产损失。在火灾衰减阶段,既要注意降温,防止复燃,还要防止建筑倒塌,造成施救人员的无谓牺牲。

二、建筑火灾蔓延的方式和途径

1. 建筑火灾蔓延的方式

建筑火灾蔓延是通过热的传播进行的。在起火房间内,火由起火点开始,主要是靠直接燃烧和热的辐射进行扩大蔓延的。在起火的建筑物内,火由起火房间转移到其他房间的过程,主要是靠可燃构件的热的传导(直接燃烧)、热的辐射和热对流的方式实现的。

(1)热传导。在起火房间燃烧产生的热量,通过热传导的方式导致火灾蔓延扩大有两个比较明显的特点:一是热量必须经导热性能好的建筑构件或建筑设备,如金属构件、金属设备或薄壁隔墙等的传导,使火灾蔓延到相邻上下层房间;二是可燃物的距离较近,火焰直接波及导致附近可燃物燃烧。这种情况一般只能发生在相邻的建筑空间。可见通过传导蔓延扩大的火灾,其规模是有限的。

(2)热辐射。在火场上,起火建筑物能将距离较近的相邻建筑物烤着燃烧,这就是热辐射的作用。热辐射是相邻建筑之间火灾蔓延的主要方式,同时也是起火房间内部燃烧蔓延的主要方式之一。建筑防火中的防火间距,主要是考虑预防热辐射引起相邻建筑着火而设置的间隔距离。

(3)热对流。热对流是建筑物内火灾蔓延的一种主要方式。它可以使火灾区域的高温燃烧产物与火灾区域外的冷空气发生强烈流动,将高温燃烧产物流传到较远处,造成火势扩大。燃烧时烟气热而轻,易上窜升腾,燃烧又需要空气,这时冷空气就会补充,形成对流。建筑物发生轰燃后,火焰会从起火房间烧毁破坏的门窗向外喷出,同时门窗洞口也为新鲜空气进入火场提供了通道,从而为火灾的发展形成了良好的通风条件,使燃烧更加剧烈、升温更快,此时,房间内外的压差更大,因而流入走廊、喷出窗外的烟火,喷流速度更快,数量更多。烟火进入走廊后,在更大范围内进行热对流,除在水平方向对流蔓延外,火灾也向上部空间蔓延。如火灾通过竖向管道井的蔓延就是由热对流方式蔓延的,而且蔓延的速度更快,这种蔓延也称"烟囱效应"。

2. 建筑火灾蔓延的途径

研究火灾蔓延途径是设置防火分隔的依据。综合建筑火灾实际的发展过程,可以看出火从起火房间向外蔓延的途径,主要有以下两种。

（1）火灾在水平方向的蔓延。烟火从起火房间的门窜出后，首先进入室内走廊，如果与起火房间依次相邻房间内的门没关闭，就会进入这些房间，将室内物品烤燃。如果这些房间的门没开启，则烟火要待房间的门被烧穿以后才能进入。即使在走道和楼梯间没有任何可燃物的情况下，高温热对流仍可从一个房间经过走道传到另一房间。

造成火灾沿水平方向蔓延扩大的主要途径和原因如下：

1）未设防火分区。对于主体为耐火结构的建筑来说，造成水平蔓延的主要原因之一是建筑物内未设水平防火分区，没有防火墙及相应的防火门等形成控制火灾的区域。

2）洞口分隔不完善。对于耐火建筑来说，火灾水平蔓延的另一途径是洞口处的分隔处理不完善。如户门为可燃的木质门，火灾时被烧穿；防火门与墙体之间的缝隙填充未达防火要求；普通防火卷帘无水幕保护，导致卷帘失去隔火作用；管道穿孔处未用不燃材料密封等，都能使火灾从一侧向另一侧蔓延。

3）吊顶内部未分隔。有不少装设吊顶的建筑，房间与房间、房间与走廊之间的分隔墙只做到吊顶底部，吊顶上部仍为连通空间，一旦起火，极易在吊顶内部蔓延，且难以及时发现，导致灾情扩大。即使没有设吊顶，隔墙如不砌到结构（楼地层）的顶端和底部，或留有孔洞等连通空间，也会成为火灾蔓延和烟气扩散的途径。

4）通过可燃的隔墙、构件、家具、吊顶、地毯等直接延燃。可燃构件与装饰物在火灾时也会燃烧，由于它们的延烧而直接导致火灾扩大。

（2）火灾的竖向蔓延。建筑内部有大量的电梯、楼梯、设备、管道等竖井，这些竖井往往贯穿整个建筑，若未做周密完善的防火分隔，一旦发生火灾，烟火就可以通过竖井垂直方向蔓延到建筑的其他楼层。

1）火灾通过楼梯间、电梯井蔓延。建筑的楼梯间、电梯井，若未按防火、防烟要求进行分隔处理，则在火灾时犹如烟囱一般，烟火很快会由此向上蔓延。

2）火灾通过变形缝蔓延。变形缝是大型建筑物防沉降的结构措施之一，如果在楼层处对变形缝未做防火分隔，甚或在变形缝附近放置可燃物，发生火灾时也会抽拔烟火，导致火灾沿变形缝迅速向上蔓延，火灾扩大。

3）火灾通过其他竖井蔓延。建筑中的通风竖井、管道井、电缆井、垃圾井也是建筑火灾蔓延的主要途径。特别是电缆井，它既是火灾蔓延的通道也是容易起火的部位。此外，电缆井的封堵往往只注意了电缆桥架与井壁的封堵，而忽视了桥架内电缆空隙的封堵，一旦起火，火灾还会沿桥架内蔓延，速度很快且产生大量有毒烟气。

4）火灾由窗口向上层蔓延。在现代建筑中，从起火房间窗口喷出的烟气和火焰,往往会沿窗间墙向上层窗口蹿越,烧毁上层窗户,引燃房间内的可燃物,使火灾蔓延到上部楼层。

5) 火灾通过通风、空调系统管道蔓延。建筑空调通风系统未按规定设防火阀、采用可燃材料风管或采用可燃材料作保温层都容易造成火灾蔓延。火灾通过通风空调管道蔓延一般有两种方式:一是通风管道本身起火并向连通的空间(房间、吊顶内部、机房等)蔓延;二是通风管道把起火房间的烟火送到其他空间,使在远离火场的其他空间再喷吐出来,造成大量人员因烟气中毒而死亡。因此,在通风空调管道穿越防火分区处,一定要设置具有自动关闭功能的防火阀门。

可见,在建筑内搞好防火分隔,对于阻止火势蔓延和保证人员安全、减少火灾损失,具有十分重要的意义。

第三节　建筑材料与建筑构件

一、建筑材料的分类及其燃烧性能分级

1. 建筑材料的分类

建筑材料是指单一物质或若干物质混合物。建筑材料因其组分各异、用途不一而种类繁多。通常,建筑材料按材料的化学构成不同,分为无机材料、有机材料和复合材料三大类。

无机材料包括混凝土与胶凝材料类、砖、天然石材与人造石材类、建筑陶瓷与建筑玻璃类、石膏制品类、无机涂料类、建筑金属及五金类等。无机材料一般都是不燃性材料。

有机材料包括建筑木材类、建筑塑料类、有机涂料类、装修性材料类、功能性材料类等。有机材料的特点是质量轻,隔热性好,耐热应力作用,不易发生裂缝和爆裂等,热稳定性比无机材料差,且一般都具有可燃性。

复合材料是将有机材料和无机材料结合起来的材料,如复合板材等。复合材料一般都含有一定的可燃成分。

2. 建筑材料燃烧性能分级

建筑材料的燃烧性能是指当材料燃烧或遇火时所发生的一切物理和(或)化学变化。建筑材料的燃烧性能是依据在明火或高温作用下,材料表面的着火性和火焰传播性、发烟、炭化、失重以及毒性生成物的产生等特性来衡量,它是评价材料防火性能的一项重要指标。

根据材料燃烧火焰传播速率、材料燃烧热释放速率、材料燃烧热释放量、材料燃烧烟气浓度、材料燃烧烟气毒性等材料的燃烧特性参数,国家标准《建筑材料及制品燃烧性能分级》(GB8624－2012),将建筑材料的燃烧性能分为 A,B1,B2,B3 四个级别。其中:

A 级材料是指不燃材料。如无机矿物材料、金属材料及其制品等。

B1 级材料是指难燃材料。如用有机物填充的混凝土和水泥刨花板、PVC 管以及其他经过阻燃处理的有机材料及其制品等。

B2 级材料是指可燃材料。如木材、塑料等有机可燃固体材料及其制品等。

B3 级材料是指易燃材料。如石油化工产品和其他有机纤维及其制品等轻薄、松散的材料。

二、建筑构件的燃烧性能和耐火极限

建筑构件是指构成建筑物的基础、墙体或柱、楼板、楼梯、门窗、屋顶承重构件等各个部分。建筑构件的燃烧性能和耐火极限是判定建筑构件承受火灾能力的两个基本要素。

1.建筑构件的燃烧性能

建筑构件的燃烧性能是由制成建筑构件的材料的燃烧性能来决定的。因此,建筑构件的燃烧性能取决于制成建筑构件的材料的燃烧性能。

根据建筑材料的燃烧性能不同,建筑构件的燃烧性能分为以下三类:

(1)不燃烧体。不燃烧体是指用不燃材料做成的建筑构件。如砖墙体、钢筋混凝土梁或楼板、钢屋架等构件。

(2)难燃烧体。难燃烧体是指用难燃材料做成的建筑构件或用可燃材料做成而用不燃材料做保护层的建筑构件。如经阻燃处理的木质防火门、木龙骨板条抹灰隔墙体、水泥刨花板等。

(3)燃烧体。燃烧体是指用可燃材料做成的建筑构件。如木柱、木屋架、木梁、木楼板等构件。

2.建筑构件的耐火极限

建筑构件起火或受热失去稳定性,能使建筑物倒塌破坏,造成人员伤亡和损失增大。为了安全疏散人员、抢救物质和扑灭火灾,要求建筑物应具有一定的耐火能力。建筑物的耐火能力取决于建筑构件的耐火极限。

建筑构件的耐火极限是指在标准耐火试验条件下,建筑构件、配件或结构从受到火的作用时起,到失去稳定性、完整性或隔热性时止的这段时间,一般用小时表示。

（1）建筑构件耐火极限的判定条件。判定建筑构件是否达到了耐火极限有以下三个条件，当任一条件出现时，都表明该建筑构件达到了耐火极限。

1）失去稳定性。失去稳定性，即构件失去支持能力，是指构件在受到火焰或高温作用下，构件材质性能发生变化，自身解体或垮塌，使承载能力和刚度降低，承受不了原设计的荷载而破坏。如受火作用后钢筋混凝土梁失去支承能力、非承重构件自身解体或垮塌等，均属于失去支持能力的象征。

2）失去完整性。失去完整性，即构件完整性被破坏，是指薄壁分隔构件在火灾高温作用下，发生爆裂或局部塌落，形成穿透裂缝或孔隙，火焰穿过构件，使其背火面可燃物起火。如受火作用后的板条抹灰墙，内部可燃板条先行自燃，一定时间后其背火面的抹灰层龟裂脱落，引起燃烧起火；再就是木结构构件在火灾作用下发生炭化、截面尺寸变小，失去支撑而垮塌或失去原来形状。

3）失去隔热性。失去隔热性，即构件失去隔火作用，是指具有分隔作用的构件，背火面任一点的温度达到220℃时，构件失去隔火作用。以背火面温度升高到220℃作为界限，主要是因为构件上如果出现穿透裂缝，火能通过裂缝蔓延，或者构件背火面的温度达到220℃，这时虽然没有火焰过去，但这种温度已经能够使靠近构件背面的纤维制品自燃了。如纤维系列的棉花、纸张、化纤品等一些燃点较低的可燃物烤焦以致起火。

（2）主要构件耐火极限的影响因素。墙体的耐火极限与其材料和厚度有关，柱的耐火极限与其材料及截面尺度有关。钢柱、梁虽为不燃烧体，但钢的强度随温度的上升而快速下降。有无保护层以及保护层的厚度对其耐火极限影响很大，保护层的耐烧性能越好，厚度越大，耐火极限越高。钢筋混凝土柱和砖柱都属于不燃烧体，其耐火极限随其截面的加大而上升；现浇整体式肋形钢筋混凝土楼板为不燃材料，其耐火极限取决于钢筋保护层的厚度。

第四节　建筑耐火等级

建筑耐火等级指根据有关规范或标准的规定，对建筑物、构筑物或建筑构件、配件、材料所应达到的耐火性分级。建筑耐火等级是衡量建筑物耐火程度的标准，它是由组成建筑物的墙体、柱、梁、楼板等主要构件的燃烧性能和最低耐火极限决定的。

1.建筑耐火等级划分的目的和依据

划分建筑耐火等级的目的，在于根据建筑物的不同用途提出不同的耐火等级要求，做到既利于安全，又利于节约投资。大量火灾案例表明，耐火等级高的建筑，火灾时烧坏、倒塌的很少,造成的损失也小,而耐火等级低的建筑,火灾时不耐火,燃烧快,损失也大。因此,为了确保基本建筑构件能在一定的时间内不破坏、不传播火焰,从而起到延缓或阻止火势蔓延的作用,并为人员的疏散、物资的抢救和火灾的扑灭赢得时间以及为火灾后结构修复创造条件。此外还应根据建筑物的使用性质确定其相应的耐火等级,也就是建筑的重要性越高,要求的耐火等级也越高。

我国现行国家有关标准选择楼板作为确定建筑构件耐火极限的基准。因为在诸多建筑构件中楼板是最具代表性的一种至关重要的构件。它作为直接承受人和物的构件,其耐火极限的高低对建筑物的损失和室内人员在火灾情况下的疏散有极大的影响。在制定分级标准时,首先确定各耐火等级建筑物中楼板的耐火极限,然后将其他建筑构件与楼板相比较,在建筑结构中所占的地位比楼板重要者,其耐火极限应高于楼板;比楼板次要者,其耐火极限可适当降低。如一级耐火等级建筑楼板的耐火极限为 1.5 小时,比楼板重要的防火墙与承重墙耐火极限为 3 小时,比楼板次要的非承重墙的耐火极限为 1 小时。

2.建筑耐火等级的划分

按照建筑设计、施工及建筑结构的实际情况,并参考国外划分耐火等级的经验,我国现行国家标准《建筑设计防火规范》(GB50016)将建筑耐火等级从高到低划分为一级、二级、三级、四级四个耐火等级(见表 3 - 4)。其中厂房、仓库的建筑构件的燃烧性能和耐火极限不应低于表 3 - 4 的要求。

3.建筑构件燃烧性能、耐火极限与建筑耐火等级之间的关系

建筑构件的燃烧性能、耐火极限与建筑耐火等级三者之间有着密切的关系。在同样厚度和截面尺寸条件下,不燃烧体与燃烧体相比,前者的耐火等级肯定比后者高许多。不同耐火等级的建筑物除规定了建筑构件最低耐火极限外,对其燃烧性能也有具体要求。概括起来,一级耐火等级建筑的主要构件,都是不燃烧体;二级耐火等级的主要建筑的构件,除吊顶为难燃烧体外,其余构件都是不燃烧体;三级耐火等级建筑的构件,除吊顶、屋架和隔墙体为难燃烧体或燃烧体外,其余构件为不燃烧体;四级耐火等级建筑的构件,除防火墙体外其余构件均为难燃烧体或大部为燃烧体。

4.建筑耐火等级的选定

建筑耐火等级主要根据建筑物的重要性、建筑物的高度和其在使用中的火灾危险性进行确定,具体应符合国家消防技术标准的有关规定。如一类高层民用建筑耐火等级应为一级,二类高层民用建筑耐火等级不应低于二级,裙房的耐火等级不应低于二级,高层民用建筑地下室的耐火等级应为一级。

5.建筑耐火等级的检验评定

在实践中,检验评定建筑物的耐火等级可根据建筑结构类型进行判定。通常情况下,钢筋混凝土的框架结构及板墙结构、砖混结构,以及有符合相关标准的保护层的钢结构,可定为一、二级耐火等级建筑;用木结构或未做防火涂层钢结构屋顶、钢筋混凝土楼板和砖墙组成的砖木(钢)结构,可定为三级耐火等级建筑;以木柱、木屋架承重,难燃烧体楼板和墙的可燃结构建筑可定为四级耐火等级建筑。

表3-4 不同耐火等级相应建筑构件的燃烧性能和耐火极限 单位:h

构件名称		耐火等级			
		一级	二级	三级	四级
墙	防火墙	不燃性 3.00	不燃性 3.00	不燃性 3.00	不燃性 3.00
	承重墙	不燃性 3.00	不燃性 2.50	不燃性 2.00	难燃性 0.50
	非承重外墙	不燃性 1.00	不燃性 1.00	不燃性 0.50	可燃性
	楼梯间和前室的墙 电梯井的墙 住宅建筑单元之间的墙和分户墙	不燃性 2.00	不燃性 2.00	不燃性 1.50	难燃性 0.50
	疏散走道两侧的隔墙	不燃性 1.00	不燃性 1.00	不燃性 0.50	难燃性 0.25
	房间隔墙	不燃性 0.75	不燃性 0.50	难燃性 0.50	难燃性 0.25
柱		不燃性 3.00	不燃性 2.50	不燃性 2.00	难燃性 0.50
梁		不燃性 2.00	不燃性 1.50	不燃性 1.00	难燃性 0.50
楼板		不燃性 1.50	不燃性 1.00	不燃性 0.50	可燃性
屋顶承重构件		不燃性 1.50	不燃性 1.00	可燃性 0.50	可燃性
疏散楼梯		不燃性 1.50	不燃性 1.00	不燃性 0.50	可燃性
吊顶(包括吊顶格栅)		不燃性 0.25	难燃性 0.25	难燃性 0.15	可燃性

注:1.除本规范另有规定外,以木柱承重且墙体采用不燃材料的建筑,其耐火等级应按四级

确定。

  2.住宅建筑构件的耐火极限和燃烧性能可按现行国家标准《住宅建筑规范》(GB50368)的规定执行。

第五节　建筑总平面布局

  建筑总平面布局是建筑防火需考虑的一项重要内容,这既要满足城市规划的要求,还要满足消防安全的要求。通常应根据建筑物的使用性质、生产经营规模、建筑高度、建筑体积及火灾危险性、所处的环境、地形、风向等因素等,合理确定其建筑位置、防火间距、消防车道和消防水源等,以消除或减少建筑物之间及周边环境的相互影响和火灾危害。

一、建筑选址

  1.周围环境选择

  各类建筑在规划建设时,要考虑周围环境的相互影响。特别是工厂、仓库选址时,既要考虑本单位的安全,又要考虑邻近的企业和居民的安全。生产、储存和装卸易燃易爆危险物品的工厂、仓库和专用车站、码头,必须设置在城市的边缘或者相对独立的安全地带。易燃易爆气体和液体的充装站、供应站、调压站,应当设置在合理的位置,符合防火防爆要求。

  2.地势条件选择

  建筑选址时,还要充分考虑和利用自然地形、地势条件。甲、乙、丙类液体的仓库,宜布置在地势较低的地方,以免火灾对周围环境造成威胁;比重比空气重的可燃气体储存区不宜布置在地势低洼地带,避免窝气聚集形成爆炸性气体环境;易燃和可燃液体、气体储罐区要避开地震断裂带;遇水产生的可燃气体容易发生火灾爆炸的企业,严禁布置在可能被水淹没的地方。生产、储存爆炸物品的企业,宜利用地形,选择多面环山、附近没有建筑的地方。

  3.考虑主导风向

  散发可燃气体、可燃蒸汽和可燃粉尘的车间、装置等,宜布置在厂区有明火或散发火花地点的常年主导风向的下风或侧风向。液化石油气储罐区宜布置在本单位或本地区全年最大频率风向的下风侧,并选择通风良好的地点独立设置。易燃材料的露天堆场宜设置在天然水源充足的地方,并宜布置在本单位或本地区全年最大频率风向的下风侧。这样布局既能减少火灾的发生,也能减小火灾烟气对本地区环境的影响。

4.划分功能区

规模较大的企业,要根据实际需要,合理划分生产区、储存区(包括露天储存区)、生产辅助设施区、行政办公和生活福利区等。同一企业内,若有不同火灾危险的生产建筑,则应尽量将火灾危险性相同的或相近的建筑集中布置,以利采取防火防爆措施,便于安全管理,也利于节约土地资源。易燃易爆的工厂、仓库的生产区、储存区内不得修建办公楼、宿舍等民用建筑。

二、防火间距

1.防火间距的作用

防止着火建筑的辐射热在一定时间内引燃相邻建筑,且便于消防扑救的间隔距离称为防火间距。为了防止建筑物发生火灾后,因热辐射等作用向相邻建筑物蔓延,并为消防扑救创造条件,各类建(构)筑物、堆场、储罐、电力设施等之间应保持一定的防火间距。

2.影响防火间距的因素

影响防火间距的因素较多、条件各异,从火灾蔓延角度看,主要有以下几种:

(1)生产、储存物质的火灾危险性。生产或储存物质的火灾和爆炸危险性越大,物质燃烧的能量越高,热辐射越强,爆炸波及的范围越广,建筑防火间距要求越大。

(2)民用建筑的高度和耐火等级、外墙材料的燃烧性能及室内火灾荷载的影响。相邻建筑的高度越高,室内及外墙火灾荷载越大,建筑之间的防火间距要求越大;建筑的耐火等级越高,防火间距愈小。

(3)建筑开口面积大小及其相邻建筑物的耐火等级的影响。建筑外墙开口越大,热对流愈强;相邻建筑耐火等级越低,受火灾威胁越大,建筑之间的间距要求越大。

(4)建筑物内部消防设施情况、火灾扑救装备的展开和流动等情况的影响。如高层建筑火灾的扑救常用到大型的消防车、举高车等装备,这些装备的展开操作都要求防火间距较大。

3.防火间距的确定

在综合考虑满足扑救火灾需要、防止火势向邻近建筑蔓延扩大以及节约用地等因素基础上,现行国家标准《建筑设计防火规范》(GB50016)对各类建(构)筑物、堆场、储罐、电力设施等之间的防火间距均做了具体规定,见表3-5、表3-6。其他特殊要求按有关规范执行。

表 3-5　民用建筑之间的防火间距　　　　　　　　　　　　单位:m

建筑类别		高层民用建筑 一、二级	裙房和其他民用建筑		
			一、二级	三级	四级
高层民用建筑	一、二级	13	9	11	14
裙房和其他民用建筑	一、二级	9	6	7	9
	三级	11	7	8	10
	四级	14	9	10	12

表 3-6　厂房之间及与甲、乙、丙、丁、戊类仓库、民用建筑等的防火间距

单位:m

名　称			甲类厂房	乙类厂房（仓库）			丙、丁、戊类厂房（仓库）				民用建筑				
			一、二级	一、二级	三级	一、二级	一、二级	三级	四级	一、二级	一、二级	三级	四级	一类	二类
			单、多层	单、多层		高层	单、多层			高层	裙房，单、多层			高层	
甲类厂房	单、多层	一、二级	12	12	14	13	12	14	16	13	25	25	25	50	50
乙类厂房	单、多层	一、二级	12	10	12	13	10	12	14	13	25	25	25	50	50
	单、多层	三级	14	12	14	15	12	14	16	15	25	25	25	50	50
	高层	一、二级	13	13	15	13	13	15	17	13	25	25	25	50	50
丙类厂房	单、多层	一、二级	12	10	12	13	10	12	14	13	10	12	14	20	15
	单、多层	三级	14	12	14	15	12	14	16	15	12	14	16	25	20
	单、多层	四级	16	14	16	17	14	16	18	17	14	16	18	25	20
	高层	一、二级	13	13	15	13	13	15	17	13	13	15	17	20	15

续 表

名称			甲类厂房	乙类厂房（仓库）			丙、丁、戊类厂房（仓库）				民用建筑				
			一、二级	一、二级	三级	一、二级	一、二级	三级	四级	一、二级	一、二级	三级	四级	一类	二类
			单、多层	单、多层		高层	单、多层			高层	裙房，单、多层			高层	
丁、戊类厂房	单、多层	一、二级	12	10	12	13	10	12	14	13	10	12	14	15	13
		三级	14	12	14	15	12	14	16	15	12	14	16	18	15
		四级	16	14	16	17	14	16	18	17	14	16	18	18	15
	高层	一、二级	13	13	15	13	13	15	17	13	13	15	17	15	13
室外变、配电站	变压器总油量T	≥5,≤10					12	15	20	12	15	20	25	20	
		>10,≤50	25	25	25	25	15	20	25	15	20	25	30	25	
		>50					20	25	30	20	25	30	35	30	

第六节　建筑防火与防烟分区

一、建筑防火分区

所谓防火分区是指在建筑内部采用防火墙、耐火楼板及其他防火分隔设施分隔而成，能在一定时间内防止火灾向同一建筑的其余部分蔓延的局部空间。

1.划分防火分区的目的

建筑防火分区是控制建筑物火灾的基本空间单元。当建筑物的某空间发生火灾，火势便会从门、窗、洞口，沿水平方向和垂直方向向其他部位蔓延扩大，最后发展成为整座建筑的火灾。因此，在建筑物内划分防火分区的目的，就在于发生火灾时将火控制在局部范围内，阻止火势蔓延，以便于人员安全疏散，有利于消防扑救，减少火灾损失。

2. 建筑防火分区的类型

建筑防火分区分水平防火分区和垂直防火分区。

(1)水平防火分区。水平防火分区是指在同一个水平面(同层)内,采用具有一定耐火能力的防火分隔物(如防火墙或防火门、防火卷帘等),将该楼层在水平方向分隔为若干个防火区域、防火单元,阻止火灾在水平方向蔓延。

(2)垂直防火分区。垂直防火分区是指上、下层分别用一定耐火性能的楼板和窗间墙等构件进行分隔,或在建筑物上下联通部位设置防火卷帘或防火门等分隔物,防止火势沿着建筑物各种竖向通道向上部楼层蔓延。

3. 建筑防火分区的划分原则

防火分区的划分应根据建筑物使用性质、火灾危险性以及建筑物耐火等级、建筑物规模、室内容纳人员和可燃物的数量、消防扑救能力和力量配置、人员疏散难易程度及建设投资等方面进行综合考虑,既要从限制火势蔓延,减少损失方面考虑,又要顾及平时使用管理,以节约投资。国家有关消防技术标准对防火分区的最大允许建筑面积都有明确、具体规定。其遵循的基本原则如下:

(1)分区的划分必须与使用功能的布置相统一,即在满足防火区面积情况下同一功能的不同作业区尽可能布置在一个防火区内。

(2)分区应保证安全疏散的正常和优先,即分区的划分首先考虑人员多少、通道数量、疏散宽度、疏散距离等要素。

(3)分区一般不跨越楼层,建筑中庭、上下层贯通的自动扶梯都应作为一个独立防火分区。

(4)分隔物应首先选用固定分隔物,如砖墙、石料墙、混凝土墙等实体墙作为分隔墙。

(5)越重要、越危险的区域防火分区面积越小,如高层和多层;耐火极限不同的建筑、生产或储存不同火灾危险性的物质,其防火分区的面积都不同,火灾危险性越大,防火分区面积要求越小。

(6)设有自动灭火系统的防火分区,其允许最大建筑面积可按要求增加一倍;当局部设自动灭火系统时,增加面积可按该局部面积的一倍计算。

4. 建筑防火分区的要求

(1)厂房的防火分区应符合表 3-7 要求。

表 3-7　厂房的层数和每个防火分区的最大允许建筑面积

生产的火灾危险性类别	厂房的耐火等级	最多允许层数	每个防火分区的最大允许建筑面积/m²			
			单层厂房	多层厂房	高层厂房	地下或半地下厂房（包括地下或半地下室）
甲	一级	宜采用单层	4 000	3 000	—	—
	二级		3 000	2 000	—	—
乙	一级	不限	5 000	4 000	2 000	—
	二级	6	4 000	3 000	1 500	—
丙	一级	不限	不限	6 000	3 000	500
	二级	不限	8 000	4 000	2 000	500
	三级	2	3 000	2 000	—	—
丁	一、二级	不限	不限	不限	4 000	1 000
	三级	3	4 000	2 000	—	—
	四级	1	1 000	—	—	—
戊	一、二级	不限	不限	不限	6 000	1 000
	三级	3	5 000	3 000	—	—
	四级	1	1 500	—	—	—

（2）仓库的防火分区应符合表 3-8 要求。

表 3-8　仓库的层数、最大允许占地面积以及每个防火分区最大允许建筑面积

储存物品的火灾危险性类别	仓库的耐火等级	最多允许层数	每座仓库的最大允许占地面积和每个防火分区的最大允许建筑面积/m²						地下或半地下仓库（包括地下或半地下室）
			单层仓库		多层仓库		高层仓库		
			每座仓库	防火分区	每座仓库	防火分区	每座仓库	防火分区	防火分区
甲	3、4 项	一级	1	180	60	—	—	—	—	—
	1、2、5、6 项	一、二级	1	750	250	—	—	—	—	—
乙	1、3、4 项	一、二级	3	2 000	500	900	300	—	—	—
		三级	1	500	250	—	—	—	—	—
	2、5、6 项	一、二级	5	2 800	700	1 500	500	—	—	—
		三级	1	900	300	—	—	—	—	—

续 表

储存物品的火灾危险性类别		仓库的耐火等级	最多允许层数	每座仓库的最大允许占地面积和每个防火分区的最大允许建筑面积/m²						
				单层仓库		多层仓库		高层仓库		地下或半地下仓库（包括地下或半地下室）
				每座仓库	防火分区	每座仓库	防火分区	每座仓库	防火分区	防火分区
丙	1项	一、二级	5	4 000	1 000	2 800	700	—	—	150
		三级	1	1 200	400	—	—	—	—	—
	2项	一、二级	不限	6 000	1 500	4 800	1 200	4 000	1 000	300
		三级	3	2 100	700	1 200	400	—	—	—
丁		一、二级	不限	不限	3 000	不限	1 500	4 800	1 200	500
		三级	3	3 000	1 000	1 500	500	—	—	—
		四级	1	2 100	700	—	—	—	—	—
戊		一、二级	不限	不限	不限	不限	2 000	6 000	1 500	1 000
		三级	3	3 000	1 000	2 100	700	—	—	—
		四级	1	2 100	700	—	—	—	—	—

(3)民用建筑防火分区应符合表3-9要求。

二、建筑防烟分区

防烟分区是指在建筑屋顶或顶棚、吊顶下采用具有挡烟功能的构配件分隔而成，且具有一定蓄烟空间的区域。

1. 划分防烟分区的目的

建筑物内应根据需要划分防烟分区，其目的是为了在火灾初期阶段将火灾产生的烟气控制在一定区域内，并通过排烟设施将烟气迅速有组织地排出室外，防止烟气侵入疏散通道或蔓延到其他区域，以满足人员安全疏散和消防扑救的需要。

2. 防烟分区划分构件

防烟分区划分构件可采用挡烟隔墙、挡烟梁（突出顶棚不小于50cm）、挡烟垂壁(用不燃材料制成,从顶棚下垂不小于 50cm 的固定或活动的挡烟设施)。

表 3-9 民用建筑不同耐火等级建筑的允许建筑高度或层数、
防火分区最大允许建筑面积

名称	耐火等级	允许建筑高度或层数	防火分区的最大允许建筑面积/m²	备 注
高层民用建筑	一、二级	一级不限,二级限于二类高层	1 500	对于体育馆、剧场的观众厅,防火分区的最大允许建筑面积可适当增加
单、多层民用建筑	一、二级	一级不限,二级限于一类建筑外其他建筑	2 500	—
	三级	5 层	1 200	—
	四级	2 层	600	
地下或半地下建筑(室)	一级	—	500	设备用房的防火分区最大允许建筑面积不应大于 1 000m²

注:1.表中规定的防火分区最大允许建筑面积,当建筑内设置自动消防系统时,可按本表规定增加 1.0 倍;局部设置时,防火分区的增加面积可按该局部面积的 1.0 倍计算。

2.裙房与高层建筑主体之间设置防火墙时,裙房的防火分区可按单、多层建筑的要求确定。

3.防烟分区的划分原则

(1)防烟分区不应跨越防火分区,即使防火分区跨越楼层,防烟分区也不宜跨越楼层;

(2)每个防烟分区所占据的建筑面积一般应控制在 500m² 以内,当建筑物顶棚高度在 3m 以上时允许适当扩大,但最大不超过 1 000m²;

(3)净空高度超过 6m 的房间,不划分防烟分区,防烟分区的面积等于防火分区的面积。

第七节 建筑安全疏散

安全疏散设施是当火灾发生时,为了保障人员很快疏散而设的疏散走道、安全出口、楼梯等。这些设施按建筑物的大小、用途有不同的设置方法。安全疏散设施包括疏散门、安全出口、疏散走道、直通楼梯、封闭楼梯、防烟楼梯及其防烟前室等设施。

一、安全疏散设施的种类与作用

1. 疏散通道

疏散通道是指从建筑物内各个部分能够向出口安全疏散的通路。它包括楼层走廊、影剧院观众厅的通道、百货商店的室内通道等。

2. 疏散门

疏散门是指建筑内房间或厅、室开向疏散走廊的门，是人员从房间疏散时必须经过的出入口，然后经疏散通道才能进入楼梯间等安全出口。

3. 安全出口

安全出口是发生火灾时疏散人员的重要设施，包括直通室外的出口和进入楼梯间、室外楼梯、凹廊、屋顶疏散平台、避难走廊、避难层（间）的出口。安全出口应有醒目标志。

4. 疏散楼梯

发生火灾时，楼梯是从建筑物内向外输送人流的重要设施，是在发生火灾时实现从建筑物上层和下层向室外快速疏散的重要通道。因此，除避难层的上下楼梯需要错开设置外，其他连接建筑物各层的楼梯应处于上下各层同样的位置，从各层均可方便地到达疏散层（指有直接通向室外出入口的楼层或避难层）。若楼梯没有进行很好的防火分隔时，会产生烟囱效应，这会促使烟火蔓延，给疏散造成极大危害。为此，建筑物应根据层数、功能的需要设敞开楼梯间（包括室外楼梯）、封闭楼梯间或防烟楼梯间等。

（1）敞开楼梯间。敞开楼梯间指楼梯间与楼层走廊没有分隔设施的楼梯。由于这种楼梯不能防火、防烟，故只能设置在楼层较少、面积较小、人员较少的建筑内或室外。

（2）封闭楼梯间。封闭楼梯间是指在楼梯入口加装防火门的楼梯间。下列建筑应采用封闭楼梯间：

1）高层建筑的裙房和建筑高度不大于 32m 的二类高层公共建筑；

2）医疗建筑、旅馆、老年人建筑及类似使用功能的多层建筑；

3）设置歌舞、娱乐、放映、游艺场所的多层建筑；

4）商店、图书馆、展览建筑、会议中心及类似使用功能的多层建筑；

5）6 层及以上的其他多层建筑。

封闭楼梯间一般靠外墙设置，并设置排烟窗。排烟窗的面积应不小于楼梯间面积的 2％。

（3）防烟楼梯间及其前室。防烟楼梯间是指不但在楼梯入口安装防火门，而且在楼梯间外设置一定面积的前室，且前室入口也安装有防火门的楼梯间。

防烟楼梯间及其前室的设置要求：

1）高层建筑和地下建筑发生火灾时，烟和气体会沿着直通楼梯上升，不仅给疏散带来危险，还会导致火灾蔓延。因此一类高层建筑、建筑高度超过 32m 的二类高层公共建筑和超过 2 层的地下建筑应设防烟楼梯间。

2）当楼梯间分散设置有困难时可采用剪刀楼梯间，但楼梯间的前室应分别设置；当楼梯间穿过避难层时应错开设置；当楼梯间和前室不能自然排烟时，应设置机械防烟设施。

3）防烟楼梯间防烟前室的面积要求，对公共建筑前室面积不小于 6m²，住宅建筑前室面积不小于 4.5m²。当楼梯间前室和消防电梯前室共用时，前室面积应不小于 12m²，且短边长度应不小于 2.4m。

（4）其他疏散设施。除了上述疏散设施外，根据建筑物用途、规模和结构等原因，一般的疏散设施不能满足疏散要求时，还设有阳台、凹廊、屋顶平台、室外楼梯、下沉式广场（沉入地平以下的开放式空间）、设置在高度超过 100m 公共建筑中的避难层或医院建筑中的避难间、避难走道（具有防火防烟功能的疏散通道）等。这些部位有的是开敞式空间，有的具有可靠的防烟、防火措施，都可作为应急疏散的通道或临时避难场所。

二、疏散宽度和安全出口数量的一般要求

（1）房间的疏散门，除托儿所、幼儿园、老年人建筑，面积不大于 50m²；医疗、教学建筑，面积不大于 75m²；其他建筑或场所，面积不大于 120m² 的房间可设一个疏散门外，其他建筑或场所房间、厅室的疏散门都应经计算确定（见表 3-10），且不应少于 2 个。

（2）房间疏散门的净宽度不应小于 0.9m，疏散走道和疏散楼梯的净宽度应按疏散的人数确定且不应小于 1.1m。

（3）人员密集的公共场所、观众厅的疏散门的宽度不应小于 1.4m；安全出口的数量和疏散的总宽度应按表 3-10 计算。

（4）剧院、电影院、礼堂、体育馆等人员密集场所的疏散门、疏散走道、安全出口的净宽度一般按每 100 人不小于 0.6m 的净宽度设计，且不应小于 1m，边走道不应小于 0.8m；疏散人数按实际座位数计算。

（5）多层建筑中的疏散走道、疏散楼梯的净宽度应按人数最多的上一层计算，地下建筑应按下一层的最多人数计算。

表 3－10　疏散走道、安全出口、疏散楼梯和房间疏散门每 100 人的净宽度

单位：m

楼层位置	耐火等级		
	一、二级	三级	四级
地上一、二层	0.65	0.75	1.00
地上三层	0.75	1.00	——
地上四层及四层以上各层	1.00	1.25	——
与地面出入口地面的高差不超过 10m 的地下建筑	0.75		
与地面出入口地面的高差超过 10m 的地下建筑	1.00		

注：商店的疏散人数应按每层营业厅建筑面积乘以面积折算值和疏散人数换算系数计算。地上商店的面积折算值宜为 50％～70％，地下商店的面积折算值不应小于 70％。疏散人数的换算系数可按表 3－11 确定。对单一经营家具、建材的商店，其疏散人数的换算系数可按表 3－11 折半确定。

表 3－11　商店营业厅内的疏散人数换算系数　　单位：人/m²

楼层位置	地下二层	地下一层、地上第一、二层	地上第三层	地上第四及四层以上各层
换算系数	0.80	0.85	0.77	0.60

（6）公共场所安全出口的门应向疏散方向开启，不得设置吊门、转门、侧拉门，出口处 1.4m 内不得设置踏步。

（7）公共建筑内的每个防火区，不论是单层还是跨层设置，一个分区内的每个楼层其安全出口的数量应经计算确定，一般不应少于二个，且出口之间的水平距离不应小于 5m，规范另有规定的除外。其中可设置一个楼梯的条件见表 3－12。

表 3－12　公共建筑可设置 1 个疏散楼梯的条件

耐火等级	最多层数	每层最大建筑面积/m²	人　数
一、二级	3 层	200	第二层和第三层的人数之和不超过 50 人
三级	3 层	200	第二层和第三层的人数之和不超过 25 人
四级	2 层	200	第二层人数不超过 15 人

(8)当一个防火分区内设置两个安全出口确有困难时,可在与相邻防火分区的隔墙上开设洞口,作为第二安全出口。但两个防火分区的隔墙应为防火墙且洞口应安装甲级防火门,或设置耐火极限符合要求的具有二步降功能的防火卷帘。

(9)高层公共建筑的疏散楼梯。当分散设置确有困难且从任意疏散门至最近疏散楼梯间入口的距离不大于 10m 时,可采用剪刀楼梯间。剪刀楼梯间应为防烟楼梯间且楼梯间的前室应分别设置。

三、安全疏散距离的要求

安全疏散距离是指楼层的房间疏散门或楼层平面疏散最不利点至最近楼梯口的距离。安全疏散距离要求从各室(房间)到达楼梯口的距离应尽可能短,否则影响疏散速度,为此在《建筑设计防火规范》中规定了安全疏散距离。

(1)民用建筑中直接通向疏散走道的房间疏散门至最近的安全出口的距离应符合表 3-13 要求。

表 3-13　直接通向疏散走道的房间疏散门至最近安全出口的最大距离

单位:m

名　称	位于两个安全出口之间的疏散门			位于袋形走道两侧或尽端的疏散门		
	耐火等级			耐火等级		
	一、二级	三级	四级	一、二级	三级	四级
幼儿园、托儿所	25	20	——	20	15	——
医院、疗养院	35	30	——	20	15	——
学校	35	30	——	22	20	——
其他民用建筑	40	35	25	22	20	15

(2)设在首层的楼梯间不能直通室外时,其楼梯间距安全出口的距离不应大于 15m,该段距离内的走道或厅堂应作为扩大的防烟前室要求。

(3)商场等公众聚集场所任一点至安全出口的距离应按房间疏散门至安全出口的距离要求,当建筑内全部设置自动喷水灭火系统的,其疏散距离可增加 25%。

第八节　建筑灭火救援

建筑灭火救援是建筑设计时为了建筑一旦发生火灾利于专业消防队进行灭火和救援受困人员而专门设置的消防车道、救援场地、消防扑救面以及消防电梯等专业设施,以利于救援行动的开展。

一、消防车道和消防扑救面

1.消防车道

(1)设置消防车道的目的。设置消防车通道的目的是为了保证发生火灾时,消防车能畅通无阻,迅速到达火场,及时扑灭火灾,减少火灾损失。

(2)消防车道的设置。消防车道的设置应考虑消防车的通行,并满足灭火和抢险救援的需要。消防车道的具体设置应符合下列国家有关消防技术标准的规定:

1)消防车道的净宽度和净空高度均不应小于 4.0m,消防车道的坡度不宜大于 8%,转弯处应满足消防车转弯半径的要求。

2)环形消防车道至少应有两处与其他车道连通。尽头式消防车道应设置回车道或回车场,回车场的面积不应小于 12m×12m;对于高层建筑,回车场不宜小于 15m×15m;供重型消防车使用时,不宜小于 18m×18m。

3)消防车道的路面、救援操作场地及消防车道和救援操作场地下面的管道和暗沟等,应能承受重型消防车的压力。

4)消防车道可利用城乡、厂区道路等,但该道路应满足消防车通行、转弯和停靠的要求。

5)消防车道不宜与铁路正线平交。如必须平交,应设置备用车道,且两车道的间距不应小于一列火车的长度。

2.消防扑救面、救援场地和入口

消防扑救面是指登高消防车能靠近高层主体建筑,便于消防车作业和消防人员进入高层建筑进行救人和灭火的建筑立面。

(1)消防扑救面的设置。高层民用建筑和高层工业建筑应设置消防扑救面,其具体设置要求应符合下列现行国家标准《建筑设计防火规范》(GB50016)的有关规定。

1)高层建筑应至少沿一条长边或周边长度的 1/4 且不小于一条长边长度的底边连续布置消防车登高操作场地,该范围内的裙房进深不应大于 4m。

2)建筑高度不大于 50m 的建筑,连续布置消防车登高操作场地有困难时,可间隔布置,但间隔距离不宜大于 30m,且消防车登高操作场地的总长度仍应符合上述规定。

(2)救援场地的设置。

1)可结合消防车道布置且应与消防车道连通,场地靠建筑外墙一侧的边缘距离建筑外墙不宜小于 5m,且不应大于 10m。

2)场地与厂房、仓库、民用建筑之间不应设置妨碍消防车操作的架空高压电线、树木、车库出入口等障碍。

3)场地的坡度不宜大于3%,长度和宽度分别不应小于15m和8m。对于建筑高度大于50m的建筑,场地的长度和宽度分别不应小于15m。

4)场地及其下面的建筑结构、管道和暗沟等,应能承受重型消防车的压力。

(3)救援入口的设置。

1)建筑物与消防车登高操作场地相对应的范围内,应设置直通室外的楼梯或直通楼梯间的入口。

2)厂房、仓库、公共建筑的外墙应每层设置可供消防救援人员进入的窗口。窗口的净高度和净宽度分别不应小于0.8m和1.0m,下沿距室内地面不宜大于1.2m,间距不宜大于30m且每个防火分区不应少于2个,设置位置应与消防车登高操作场地相对应。窗口的玻璃应易于破碎,并应设置可在室外识别的明显标志。

三、消防电梯

消防电梯是专门供消防人员在扑救火灾时作为上下通道使用的设备,平时也可作为普通电梯使用,因此相较于普通电梯有着特殊的要求。

1.消防电梯设置场所

(1)建筑高度大于33m的住宅建筑。

(2)一类高层公共建筑和建筑高度大于32m的二类高层公共建筑。

(3)设置消防电梯的建筑的地下或半地下室;埋深大于10m且总建筑面积大于3 000m² 的其他地下或半地下建筑(室)。

2.消防电梯的设置要求

(1)消防电梯应分别设置在不同防火分区内,且每个防火分区不应少于1台。

(2)消防电梯应设置前室,前室的使用面积不应小于6.0m²;与防烟楼梯间合用的前室的使用面积不应小于12m²,且短边不应小于2.4m,共用前室门口不应设置卷帘。

(3)除前室的出入口、前室内设置的正压送风口外,前室内不应开设其他门、窗洞口。

(4)前室或合用前室的门应采用乙级防火门。

(5)消防电梯井、机房与相邻电梯井、机房之间应设置耐火极限不低于2.00h的防火隔墙,隔墙上不得开设其他门、窗洞口。

(6)消防电梯的井底应设置排水设施,排水井的容量不应小于2m³,排水泵的排水量不应小于10L/s。消防电梯间前室的门口宜设置挡水设施。

(7)消防电梯内应设消防专用电话。

（8）消防电梯入口处应设消防员专用操作按钮，并具有优先功能。

思 考 题

1.建筑物分为哪些类型？

2.高层民用建筑按使用性质、火灾危险性、疏散和扑救难度等分为哪几类？

3.工业建筑按生产类别及储存物品类别的火灾危险性特征分为哪几类？

4.建筑物由哪几大部分构成？

5.简述建筑火灾的发展和蔓延规律。

6.简述建筑火灾蔓延的方式和途径。

7.建筑材料如何分类？

8.建筑材料燃烧性能如何分级？

9.建筑构件的燃烧性能分为哪三类？

10.什么是建筑构件的耐火极限？如何判定？

11.什么是建筑耐火等级？不同建筑耐火等级有何规定？

12.简述建筑防火分区的含义。建筑物为什么要划分防火分区？

13.建筑防火分区的划分原则是什么？

14.简述防烟分区的含义。划分防烟分区的目的是什么？

15.划分防烟分区可采用哪些构件？

16.疏散设施包括哪些类型？

17.安全出口指哪些出口？

18.哪些公共建筑可设置一个安全出口或一部疏散楼梯？

19.什么是防烟楼梯间,防烟楼梯间有哪些要求？

20.室外疏散楼梯的设置有哪些要求？

21.防火分隔的作用是什么？

22.防火门按功能分成几类？

23.安全出口的疏散门的设置有哪些要求？

24.简述防火卷帘的分隔要求。

25.防火卷帘按功能分成几类？

26.防火阀和排烟防火阀的区别是什么？

27.消防车道的设置有哪些要求？

28.消防车操作场地的设置有何要求？

29.消防电梯的设置有何要求？

第四章

建筑消防设施

————————— ★ —————————

　　建筑消防设施是指建、构筑物中设置的用于火灾报警、灭火、人员疏散、防火分隔、灭火救援行动等设施的总称。其主要包括火灾自动报警系统、自动灭火系统、消火栓系统、防烟排烟系统、通风空调系统、防火分隔以及应急照明和疏散指示标志等安全疏散设施，这些都属于消防工程设施范畴。建筑消防设施是建筑消防安全的重要保障，特别对高层建筑更有不可或缺的作用。

第一节　火灾自动报警系统

一、火灾自动报警系统的组成和作用

　　火灾自动报警系统是一种设置在建、构筑物中，通过自动化手段实现早期火灾探测、火灾自动报警和消防设备联动控制的自动消防设施，包括火灾探测器、信号传输和系统联动设备。火灾自动报警系统对早期发现和通报火灾，及时通知人员疏散并进行灭火，以及预防和减少人员伤亡、控制火灾损失等方面起着至关重要的作用。

二、火灾自动报警系统的设置场所

　　火灾自动报警系统的设置场所见表4-1。对其他要求设置火灾自动报警系统的场所应按相关国家标准执行。

表4-1 火灾自动报警系统保护对象(设置场所)

等级	保护对象	
特级	建筑高度超过100m的高层民用建筑	
一级	高层民用建筑	一类高层民用建筑;建筑高度超过54m但小于100m的住宅建筑中的公共部位
	建筑高度不超过24m的民用建筑、高度超过24m的单层建筑	1. 200床以及以上的病房楼,每层建筑面积1 000m²及以上的门诊楼; 2. 每层建筑面积超过3 000m²的百货楼、商场、展览楼、高级旅馆、财贸金融楼、电信楼、高级办公楼; 3. 藏书超过50万册的图书馆、书库; 4. 超过3 000座位的体育馆; 5. 重要的科研楼、资料档案楼; 6. 省级(含计划单列市)的邮政楼、广播电视楼、电力调度楼、防灾指挥调度楼; 7. 重点文物保护场所; 8. 座位数超过1 500个的大型影剧院、会堂、礼堂; 9. 歌舞娱乐放映游艺场所
	工业建筑	1. 甲、乙类生产厂房; 2. 甲、乙类物品库房; 3. 占地面积或总建筑面积超过1 000m²的丙类物品库房; 4. 总建筑面积超过1 000m²的地下丙、丁类生产车间及物品库房
	地下民用建筑	1. 地下铁道、车站; 2. 地下电影院、礼堂; 3. 使用面积超过1 000m²的地下商场、医院、旅馆、展览厅及其他商业或公共活动场所; 4. 重要的实验室、图书、资料、档案库

续表

等级	保护对象	
二级	建筑高度不超过100m的二类高层民用建筑	1.设有空气调节系统的每层建筑面积超过2 000m²、但不超过3 000m²的商业楼、财贸金融楼、电信楼、展览楼、旅馆、办公楼、车站、海河客运站、航空港等公共建筑及其他商业或公共活动场所； 2.市、县级的邮政楼、广播电视楼、电力调度楼、防灾指挥调度楼； 3.中型以下的影剧院； 4.高级住宅； 5.图书馆、书库、档案楼
	工业建筑	1.丙类生产厂房； 2.建筑面积大于50m²，但不超过1 000m²的丙类物品库房； 3.总建筑面积大于50m²但不超过1 000m²的地下丙、丁类生产车间及地下物品库房
	地下民用建筑	1.长度超过500m的城市隧道； 2.使用面积不超过1 000m²的地下商场、医院、旅馆、展览厅及其他商业或公共活动场所

三、火灾自动报警系统的类型及适用场所

（1）火灾自动报警系统根据探测器检测对象的不同，可以分为烟感报警、温感报警、火焰探测报警、可燃气体探测报警等，也可以是几种不同探测报警形式的组合。

1）感烟探测器。感烟探测器有离子式和光电管式。

离子式探测器的探测原理是当烟雾进入探测器中的离子室时，离子室的离子流会随着烟气的大小而变化，其基准输出点的电位也随之变化，这样离子室就将烟气物理量的变化转换成电量的变化，当电量的变化达到一定值时，探测器便输出报警信号。

光电管式探测器的探测原理是通过探测器感应端光线与烟离子接触，感光件受乱反射光的作用产生信号。

在这类探测器中又有蓄积型与非蓄积型，即发生火灾烟气在很短的时间内报警叫作非蓄积型,某一时间内连续探测达到某一阈值时发生报警的称为蓄积型。感烟探测器适用于空间高度不大于12m、火灾初期有阴燃阶段,产生大量的烟和少量的热,很少或没有火焰辐射的场所。一般A类火灾场所都适用。

2)感温探测器。感温探测器有定温式、差温式和补偿式。即周围温度达到一定温度时产生信号报警的叫作定温式,通常温度设定在75℃,对于厨房、锅炉房等正常工作时即可能出现较高温度的场所,温度可适度调高;当周围温度急剧变化时产生信号报警的叫作差温式;同时具有差温和定温两种功能的叫作补偿式。

感温探测器适用于平时烟尘、灰尘、水汽较大,且火灾发展迅速,可产生大量热的场所。一般B类火灾场所和厨房、锅炉房、发电机房、烘干机房、吸烟室等都选用该种类型。

感温探测器除用于探测火灾信息外,通常还用于某些防火分隔设施如防火卷帘、常开式防火门的控制,以实现防火卷帘的二步降和常开式防火门的顺序关闭。用于这些场所的感温探测器的感知温度通常为220℃。

3)火焰探测器。火焰探测器也称感光探测器,用以捕捉火焰光,有红外感光型,紫外感光型和红外、紫外复合感光型。火焰探测器主要用于火灾发展迅速,有强烈的火焰辐射和少量的烟、热的场所。如使用和传输甲、乙类可燃液体的喷漆、浸漆、烘干车间,输油、气泵房等场所。

4)可燃气体探测器。可燃气体探测器的工作原理是通过对吸入气体燃烧热值的检测,确认其浓度达到一定值时报警。易燃易爆气体探测场所常采用主动吸入式探测方式,主要用于生产和储存甲、乙类易燃液体或气体的装置附近或储存场所。报警浓度值设置在该检测气体爆炸浓度下限的20%。

(2)火灾自动报警系统根据设置场所的不同,可以分为点形或线形(利用光缆或光束对射组合对一段距离、空间内检测对象的探测)火灾探测报警系统。通常,一般场所,如宾馆、饭店的房间和办公室适用点型探测器;大空间,如展览馆、大会堂、大型仓库等适用光束对射组合型探测器;隧道、电缆桥架、电缆沟、高架、货架等适用线形探测器。

(3)火灾自动报警系统根据检测功能的不同,可以分为被动式(直接探测)和主动式(主动吸入烟雾或可燃气体检测)。被动式常用于一般的探测场所,主动式常用于易燃易爆气体探测场所。

四、火灾自动报警系统的组成及工作原理

1.火灾自动报警系统的组成

火灾自动报警系统一般由触发器件(火灾探测器)、火灾报警装置、火灾警报装置、电源等四部分组成,复杂系统还包括消防控制设备,如图4-1所示。

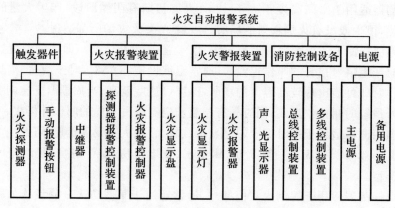

图4-1 火灾自动报警系统组成

2.火灾自动报警系统的工作原理

平时安装在建、构筑物内的火灾探测器长年累月地实时监测被警戒的现场或对象。当建、构筑物内某一被监视现场发生火灾时,火灾探测器探测到火灾产生的烟雾、高温、火焰及火灾特有的气体等信号并转换成电信号,立即传送到火灾报警控制器;控制器接收到火警信号,经过与正常状态阈值或参数模型分析比较,若确认着火,则输出两回路信号:一路指令声光报警显示装置动作,显示火灾现场地址(楼层、房号等),记录下发生火灾的时间,同时启动警报装置发出音响报警,告诫火灾现场人员投入灭火操作或从火灾现场疏散;另一路指令启动消防控制设备,自动联动启动断电控制装置、防排烟设施、防火卷帘、消防电梯、火灾应急照明、消火栓、自动灭火系统等消防设施,防止火灾蔓延,控制火势、及时扑救火灾。一旦火灾被扑灭,火灾自动报警系统又回到正常监控状态。

另外,为了防止系统失控或执行器中组件、阀门失灵而贻误救火时间,现场附近还设有手动报警按钮和手动控制按钮,用以手动报警以及直接控制执行器动作。例如设置在消火栓箱中的报警按钮,既能报警还能启动消火栓、防火卷帘的现场手动按钮、排烟防火阀的手动把手等,以便及时采取措施,扑灭火灾。

第二节　消火栓给水系统

消火栓给水系统以建(构)筑物外墙为界进行划分,分为室外消火栓给水系统和室内消火栓给水系统两大部分。

在城市、居民区、工厂、仓库等的规划和建筑设计时,必须同时设计消防给水系统。城市、居民区应设市政消火栓。民用建筑、厂房(仓库)储罐(区)、堆场应设室外消火栓。民用建筑、厂房(仓库)应设室内消火栓。

一、室外消火栓给水系统

　　1.室外消火栓给水系统的作用

　　室外消防给水系统指设置在建筑物外墙中心线以外的一系列消防给水工程设施,是建筑消防给水系统的重要组成部分。该系统可以大到担负整个城镇的消防给水任务,小到可能仅担负居住区、工矿企业或单体建筑物室外部分的消防给水任务,其通过室外消火栓(或消防水鹤管)为消防车等消防设备提供火场消防用水,或通过进户管为室内消防给水设备提供消防用水。

　　2.室外消火栓给水系统的设置要求

　　室外消火栓给水系统包括城市市政消火栓给水和建筑、装置、堆场周边设置的室外地上和地下消火栓给水系统。具体要求如下:

　　(1)室外地上式消火栓应有一个直径为150mm或100mm和两个直径为65mm的栓口。室外地下式消火栓应有直径为100mm和65mm的栓口各一个。

　　(2)室外消防给水管道应布置成环状,从市政管网引入的进水管不宜少于两条。

　　(3)市政消火栓宜在道路的一侧设置,并宜靠近十字路口,但当市政道路宽度超过60m时,应在道路两侧交叉错落设置。每个消火栓的保护半径不应超过150m,间距不应大于120m。

　　(4)室外消火栓距路边不宜小于0.5m,并不应大于2.0m;距建筑外墙边缘不宜小于5.0m,并宜沿建筑周围均匀布置,建筑消防扑救面一侧消火栓数量不宜少于2个。

　　(5)其他化工装置区、货物堆场、库区、隧道内的消火栓设置从其专业有关现行规定。

　　3.室外消火栓给水系统的组成

　　根据室外消火栓给水系统的类型和水源、水质等情况不同,系统在组成上不尽相同。有的比较复杂,像生活、生产、消防合用室外给水系统,如图4-2所示,通常由消防水源、取水设施、水处理设施、给水设备、给水管网和室外消火栓等设施所组成。而独立消防给水系统相对就比较简单,省略了水处理设施。

　　4.室外消防给水系统的类型

　　(1)按水压不同分类。

1) 室外低压消防给水系统。室外低压消防给水系统,指系统管网内平时水压较低,一般只负担提供消防用水量,火场上水枪所需的压力,由消防车或其他移动式消防水泵加压产生。一般城镇和居住区多为这种系统。采用低压消防给水系统时,其管道内的供水压力应保证灭火时最不利点消火栓处的水压不小于 0.1MPa(从室外地面算起)。

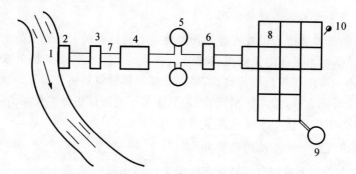

1—消防水源; 2—取水设施; 3——级泵站; 4—净化水处理设施; 5—清水池; 6—二级泵站; 7—输水管; 8—给水管网; 9—水塔; 10—室外消火栓

图 4-2 室外消防给水系统组成示意图

2) 室外临时高压消防给水系统。室外临时高压消防给水系统,指系统管网内平时水压不高,发生火灾时,临时启动泵站内的高压消防水泵,使管网内的供水压力达到高压消防给水管网的供水压力要求。一般在石油化工厂或甲、乙、丙类液体、可燃气体储罐区内多采用这种系统。

3) 室外高压消防给水系统。室外高压消防给水系统指无论有无火警,系统管网内经常保持足够的水压和消防用水量,火场上不需使用消防车或其他移动式消防水泵加压,直接从消火栓接出水带、水枪即可实施灭火。在有可能利用地势设置高地水池时,或设置集中高压消防水泵房,可采用室外高压消防给水系统。采用室外高压消防给水系统时,其管道内的供水压力应能保证在生产、生活和消防用水量达到最大用水量时,布置在保护范围内任何建筑物最高处水枪的充实水柱仍不小于 10m。

(2)按用途不同分类。

1) 生产、生活、消防合用给水系统。生产、生活、消防合用给水系统,指居民的生活用水、工厂企业的生产用水及城镇的消防用水统一由一个给水系统来提供。城镇一般都采用这种消防给水系统形式,因此,该系统应满足在生产、生活用水量达到最大时,仍能供应全部的消防用水量。采用生活、生产、消防合用给水系统可以节省投资,且系统利用率高,特别是生活、生产用水量大而消防用水量相对较小时,这种系统更为适宜。但应该指出,目前我国许多城市缺水现象严重,消防用水量难以满足,存在着消火栓数量不够、水压不足的问题。针对这种情况,应采取相应的补救措施,例如可视具体情况考虑设置一些必要的储存消防用水设施。

2)生产、消防合用给水系统。在某些企事业单位内,可设置生产、消防共用一个给水系统,但要保证当生产用水量达到最大小时流量时,仍能保证全部的消防用水量,并且还应确保消防用水时不致引起生产事故,生产设备检修时不致引起消防用水的中断。生产用水与消防用水的水压要求往往相差很大,在消防用水时可能影响生产用水,或由于水压提高,生产用水量增大而影响消防用水量。因此,在工厂企业内较少采用生产用水和消防用水合并的给水系统,而较多采用生活用水和消防用水合并的给水系统,并辅以独立的生产给水系统。

3)生活、消防合用给水系统。城镇和机关事业单位内广泛采用生活用水和消防用水合并的给水系统。这种系统形式可以保持管网内的水经常处于流动状态,水质不易变坏,而且在投资上也比较经济,并便于日常检查和保养,消防给水较安全可靠。采用生活、消防合用的给水系统,当生活用水达到最大小时流量时,仍应保证全部消防用水量。

4)独立的消防给水系统。工业企业内生产和生活用水较小而消防用水量较大时,或生产用水可能被易燃、可燃液体污染时,以及易燃液体和可燃气体储罐区,常采用独立的消防给水系统。独立消防给水系统只在灭火时才使用,投资较大,因此,往往建成临时高压给水系统。

二、室内消火栓给水系统

1.室内消火栓给水系统的作用

室内消火栓给水系统是指一种既可供火灾现场人员使用消火栓箱内的消防水喉或水枪扑救建筑物的初期火灾,又可供消防队员扑救建筑物大火的室内灭火系统。在以水为灭火剂的消防给水系统中,室内消火栓给水系统在灭火效果和扑灭火灾的及时迅速方面不如自动喷水灭火系统,但工程造价低,节省投资,适合我国国情。因此,该系统是建、构筑物应用最广泛的一种主要灭火系统。

2.室内消火栓给水系统的设置场所

(1)建筑占地面积大于300m²的厂房和仓库。

(2)特等、甲等剧场,超过800个座位的其他等级的剧场和电影院等以及超过1 200个座位的礼堂、体育馆等单、多层建筑。

（3）体积大于5 000m³的车站、码头、机场的候车（船、机）建筑、展览建筑、商店建筑、旅馆建筑、医疗建筑和图书馆建筑等单、多层建筑。

（4）高层公共建筑和建筑高度大于21m的住宅建筑。但建筑高度不大于27m的住宅建筑，设置室内消火栓系统有困难时，可只设置干式消防竖管和不带消火栓箱的DN65的室内消火栓。

（5）建筑高度大于15m或体积大于10 000m³的办公建筑、教学建筑和其他单、多层民用建筑。

3.室内消火栓给水系统的组成

室内消火栓给水系统由消防水源、消防给水设施、消防给水管网、室内消火栓设备、控制设备等组件组成，如图4-3所示。其中消防给水设施包括消防水泵、消防水箱、水泵接合器等设施，主要任务是为系统储存并提供灭火用水；给水管网包括进水管、水平干管、消防竖管等，形成环状管网，以保证向室内消火栓设备输送灭火用水的可靠性；室内消火栓设备包括水带、水枪、水喉等，它是供人员灭火使用的主要工具；控制设备用于启动消防水泵，并监控系统的工作状态。这些设施通过有机协调的工作，确保系统的灭火效果。

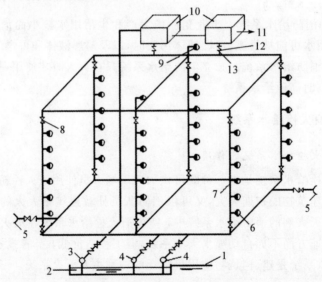

1—进水管； 2—消防水池； 3—生活泵； 4—消防水泵； 5—水泵接合器；
6—室内消火栓；7—室内消防给水管网； 8—阀门； 9—屋顶消火栓；
10—消防水箱； 11—生产、生活用水出水管； 12—单向阀； 13—消防用水出水管

图4-3 室内消火栓给水系统组成示意图

4.室内消火栓给水系统的类型

(1)按压力高低分类。

1)室内高压消防给水系统。室内高压消防给水系统(又称常高压消防给水系统),指无论有无火警,系统经常能保证最不利点灭火设备处有足够高的水压,火灾时不需要再开启消防水泵加压。一般当室外有可能利用地势设置高位水池(例如在山岭上较高处设置消防水池)或设置区域集中高压消防给水系统时,才具备高压消防给水系统的条件。

2)临时高压消防给水系统。临时高压消防给水系统,指系统平时仅能保证消防水压(静水压力 0.3~0.5MPa)而不能保证消防用水量,发生火灾时,通过启动消防水泵提供灭火用水量。独立的高层建筑消防给水系统,一般均为临时高压消防给水系统。

(2)按用途分类。

1)合用的消防给水系统。合用的消防给水系统又分生产、生活和消防合用给水系统、生活和消防合用给水系统、生产和消防合用给水系统。当室内生活与生产用水对水质要求相近,消防用水量较小,室外给水系统的水压较高,管径较大,且利用室外管网直接供水的低层公共建筑和厂房可采用生产、生活和消防合用给水系统;对生活用水量较小,而消防用水量较大的低层工业与民用建筑,为节约投资,可采用生活和消防合用给水系统;对生产用水量很大,消防用水量较小,而且在消防用水时不会引起生产事故,生产设备检修时不会引起消防用水中断的低层厂房可采用生产和消防合用给水系统。由于生产和消防用水的水质和水压要求相差较大,一般很少采用生产和消防合用给水系统。

2)独立的消防给水系统。对于高层建筑,为满足发生火灾立足于自救,保证充足的消防用水量和水压,该建筑消防给水系统应采用独立的消防给水系统,并辅以高位水箱和水泵接合器补水设施,以提高消防给水的可靠性。对于单、多层建筑消防给水系统,如生产、生活、消防合并不经济或技术上不可能时,可采用独立的消防给水系统。

(3)按系统的服务范围分类。

1)独立的高压(或临时高压)消防给水系统。独立的高压(或临时高压)消防给水系统,指每幢建筑物独立设置水池、水泵和水箱的高压(或临时高压)消防给水系统。该系统供水安全可靠,但投资较大,管理较分散。对于重要的高层建筑以及在地震区、人防要求较高的建筑宜采用此系统。

2)区域集中的高压(或临时高压)消防给水系统。区域集中的高压(或临时高压)消防给水系统,指数幢或数十幢建筑共用一个加压水泵房的高压(或临时高压)

消防给水系统。该系统便于集中管理,节省投资,但在地震区安全性较低。因此,对于有合理规划的建筑小区宜采用区域集中的高压(或临时高压)消防给水系统。

5.室内消火栓的布置

(1)室内消防给水系统应与生产、生活给水系统分开独立设置,室内消防给水管道应布置成环状。

(2)消防竖管的布置应保证同层相邻两个消火栓的水枪的充实水柱同时到达被保护范围的任何部位。管径不小于100mm。

(3)消火栓应设在走道、楼梯附近等明显易于取用的地方,消火栓的个数由计算确定。两个消火栓之间的间距,对高层建筑、甲、乙类厂房、仓库应不大于30m,对其他建筑应不大于50m。

(4)消火栓栓口离地面高度宜为1.1m,栓口出水方向应与墙面垂直。

第三节 自动喷水灭火系统

一、自动喷水灭火系统的作用

自动喷水灭火系统是指由洒水喷头、报警阀组、水流报警装置(水流指示器或压力开关)等组件,以及管道、供水设施组成,并能在发生火灾时喷水的自动灭火系统。该系统平时处于准工作状态,当设置场所发生火灾时,火灾温度使喷头易熔元件熔爆(闭式系统)或报警控制装置探测到火灾信号后立即自动启动喷水(开式系统),用于扑救建(构)筑物初期火灾。

二、自动喷水灭火系统的设置场所

按照国家标准《建筑设计防火规范》(GB50016—2014)的要求,下列场所应当设置自动喷水灭火系统:

(1)下列厂房或生产部位应设置自动灭火系统,并宜采用自动喷水灭火系统:

1)不于小50 000纱锭的棉纺厂的开包、清花车间,不小于50 000纱锭的麻纺厂的分级、梳麻车间,火柴厂的烤梗、筛选部位。

2)占地面积大于1 500m² 或总建筑面积大于3 000m² 的单、多层制鞋、制衣、玩具及电子等类似生产的厂房。

3)占地面积大于1 500m² 的木器厂房。

4)泡沫塑料厂的预发、成型、切片、压花部位。

5)高层乙、丙类厂房。

6)建筑面积大于 500m² 的地下或半地下丙类厂房。

（2）下列仓库应设置自动灭火系统，并宜采用自动喷水灭火系统：

1)每座占地面积大于 1 000m² 的棉、毛、丝、麻、化纤、毛皮及其制品的仓库。

2)每座占地面积大于 600m² 的火柴仓库。

3)邮政建筑内建筑面积大于 500m² 的空邮袋库。

4)可燃、难燃物品的高架仓库和高层仓库。

5)设计温度高于 0℃ 的高架冷库或每个防火分区建筑面积大于 1 500m² 的非高架冷库。

6)总建筑面积大于 500m² 的可燃物品地下仓库。

7)每座占地面积大于 1 500m² 或总建筑面积大于 3 000m² 的其他单、多层丙类物品仓库。

（3）下列高层民用建筑应设置自动灭火系统，并宜采用自动喷水灭火系统：

1)一类高层公共建筑（除游泳池、溜冰场外）及其地下、半地下室。

2)二类高层公共建筑及其地下、半地下室的公共活动用房、走道、办公室和旅馆的客房、可燃物品库房、自动扶梯底部。

3)高层民用建筑内的歌舞、娱乐、放映、游艺场所。

4)建筑高度大于 100m 的住宅建筑。

（4）下列单、多层民用建筑或场所应设置自动灭火系统，并宜采用自动喷水灭火系统：

1)特等、甲等剧场，超过 1 500 个座位的其他等级的剧场，超过 2 000 个座位的会堂或礼堂，超过 3 000 个座位的体育馆，超过 5 000 人的体育场的室内人员休息室与器材间。

2)任一层建筑面积大于 1 500m² 或总建筑面积大于 3 000m² 展览、商店、餐饮和旅馆建筑以及医院病房楼、门诊楼和手术部。

3)设置中央空调系统且总建筑面积大于 3 000m² 的办公建筑。

4)藏书量超过 50 万册的图书馆。

5)大、中型幼儿园、总建筑面积大于 500m² 的老年人建筑。

6)总建筑面积大于 500m² 地下或半地下商店。

7)设置在地下、半地下、地上四层及其以上楼层或设置在一、二、三层但任一层建筑面积大于 300m² 的歌舞、娱乐、放映、游艺场所。

其他要求设置自动喷水灭火系统的场所从其规定。

三、自动喷水灭火系统的类型

自动喷水灭火系统，按安装喷头的开闭形式不同分为闭式（包括湿式系统、干式系统、预作用系统、重复启闭预作用系统和自动喷水-泡沫联用系统)和开式系统(包括雨淋系统和水幕系统)两大类型。

1.湿式系统

湿式系统是指准工作状态时管道内充满用于启动系统的有压力水的闭式系统。湿式系统由闭式喷头、湿式报警阀组、管道系统、水流指示器、报警控制装置和末端试水装置、给水设备等组成,如图 4-4 所示。

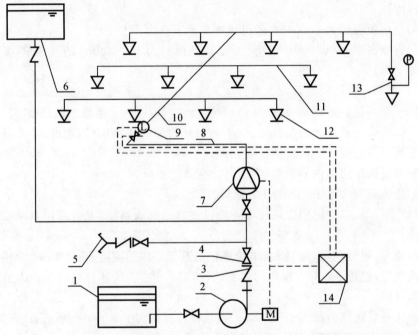

1—进水管; 2—消防水泵; 3—止回阀; 4—闸阀; 5—水泵接合器;
6—消防水箱; 7—湿式报警阀组; 8—配水干管; 9—水流指示器;
10—配水管; 11—配水支管; 12—闭式喷头; 13—末端试水装置; 14—报警控制器;
P—压力表; M—驱动电机

图 4-4 湿式系统组成示意图

湿式系统的工作原理:火灾发生时,火点周围环境温度上升,火焰或高温气流使闭式喷头的热敏感元件动作(一般玻璃球熔爆温度控制设置在 70℃),喷头被打开,喷水灭火。此时,水流指示器由于水的流动被感应并送出电信号,在报警控制器上显示某一区域已在喷水,湿式报警阀后的配水管道内的水压下降,使原来处于关闭状态的湿式报警阀开启,压力水流向配水管道。随着报警阀的开启,报警信号管路开通,压力水冲击水力警铃发出声响报警信号,同时,安装在管路上的压力开关接通发出相应的电信号,直接或通过消防控制中心自动启动消防水泵向系统加压供水,达到持续自动喷水灭火的目的。

湿式系统是自动喷水灭火系统中最基本的系统形式,在实际工程中最常用。其具有结构简单,施工、管理方便,灭火速度快,控火效率高,建设投资和经常管理费用低,适用范围广等优点,但使用受到环境温度的限制,适用于环境温度不低于4℃且不高于70℃的建(构)筑物。

2.干式系统

干式系统是指准工作状态时配水管道内充满用于启动系统的有压气体的闭式系统。干式系统主要由闭式喷头、管网、干式报警阀组、充气设备、报警控制装置和末端试水装置、给水设施等组成,如图4-5所示。

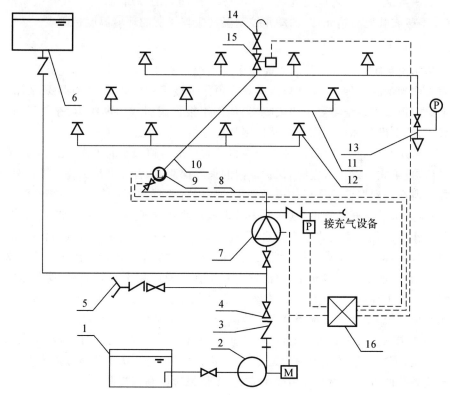

1—水池; 2—消防水泵; 3—止回阀; 4—闸阀; 5—水泵接合器; 6—消防水箱;
7—干式报警阀组; 8—配水干管; 9—水流指示器; 10—配水管; 11—配水支管;
12—闭式喷头; 13—末端试水装置; 14—快速排气阀; 15—电动阀; 16,17,18—报警控制器

图4-5 干式系统组成示意图

干式系统的工作原理:平时,干式报警阀后配水管道及喷头内充满有压气体,用充气设备维持报警阀内气压大于水压,将水隔断在干式报警阀前,干式报警阀处于关闭状态。发生火灾时,闭式喷头受热开启首先喷出气体,排出管网中的压缩空气,于是报警阀后管网压力下降,干式报警阀阀前的压力大于阀后压力,干式报警阀开启,水流向配水管网,并通过已开启的喷头喷水灭火。在干式报警阀被打开的同时,通向水力警铃和压力开关的报警信号管路也被打开,水流推动水力警铃和压力开关发出声响报警信号,并启动消防水泵加压供水。干式系统的主要工作过程与湿式系统无本质区别,只是在喷头动作后有一个排气过程,这将影响灭火的速度和效果。因此,为使压力水迅速进入充气管网,缩短排气时间,尽快喷水灭火,干式系统的配水管道应设快速排气阀。有压充气管道的快速排气阀入口前应设电磁阀。

干式系统适用于环境温度低于4℃或高于70℃的场所,此时闭式喷头易熔元件(玻璃球或其他易熔元件)的动作控制温度应与场所的环境温度相适应。

3.预作用系统

预作用系统是指准工作状态时配水管道内不充水,由火灾自动报警系统或闭式喷头作为探测元件,自动开启雨淋阀或预作用报警阀组后,转换为湿式系统的闭式系统。预作用系统主要由闭式喷头、预作用报警阀组或雨淋阀组、充气设备、管道系统、给水设备和火灾探测报警控制装置等组成,如图4-6所示。

预作用系统的工作原理:该系统在报警阀后的管道内平时无水,充以有压或无压气体,呈干式。发生火灾时,保护区内的火灾探测器,首先发出火警报警信号,报警控制器在接到报警信号后作声光显示的同时即启动电磁阀排气,报警阀随即打开,使压力水迅速充满管道,这样原来呈干式的系统迅速自动转变成湿式系统,完成了预作用过程。待闭式喷头开启后,便即刻喷水灭火。对于充气式预作用系统,火灾发生时,即使由于火灾探测器发生故障,火灾探测系统不能发出报警信号来启动预作用阀,使配水管道充水,也能够因喷头在高温作用下自行开启,使配水管道内气压迅速下降,引起压力开关报警,并启动预作用阀供水灭火。因此,对于充气式预作用系统,即使火灾探测器发生故障,预作用系统仍能正常工作。

预作用系统与干式系统的区别:预作用系统的排气是由报警信号启动电磁阀控制的,管道中的气体排出后管道充水,但不直接喷,待喷头受热熔爆后方可喷出,而干式系统的排气和喷水都由喷头完成,无须报警控制器控制。

具有下列要求之一的场所应采用预作用系统,即系统处于准工作状态时严禁管道漏水,严禁系统误喷以及替代干式系统的场所。如医院的病房楼和手术室、大型图书馆、重要的资料库、文物库房、邮政库房以及处于寒冷地带大型的棉、毛、丝、麻及其制品仓库等。

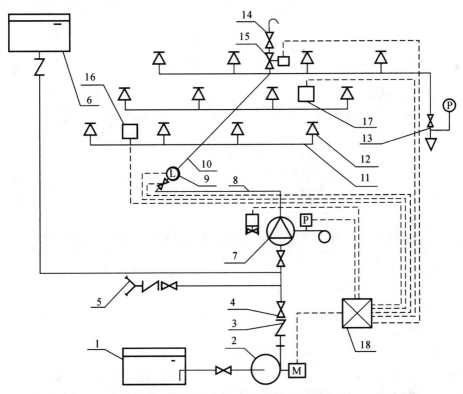

1—水池； 2—消防水泵； 3—止回阀； 4—闸阀； 5—水泵接合器； 6—消防水箱；
7—干式报警阀组； 8—配水干管； 9—水流指示器； 10—配水管； 11—配水支管；
12—闭式喷头； 13—末端试水装置； 14—快速排气阀； 15—电动阀； 16—报警控制器

图4-6　预作用系统组成示意图

4.自动喷水-泡沫联用系统

自动喷水-泡沫联用系统是在自动喷水灭火系统的基础上,增设了泡沫混合液供给设备,并通过自动控制实现在喷头喷放初期的一段时间内喷射泡沫的一种高效灭火系统。其主要由自动喷水灭火系统和泡沫混合液供给装置、泡沫液等部件组成,如图4-7所示。

输送管网存在较多易燃液体的场所(如地下车库、装卸油品的栈桥、易燃液体储存仓库、油泵房、燃油锅炉房等),宜按下列方式之一采用自动喷水-泡沫联用系统:采用泡沫灭火剂强化闭式系统性能;雨淋系统前期喷水控火,后期喷泡沫强化灭火效能;雨淋系统前期喷泡沫灭火,后期喷水冷却防止复燃。

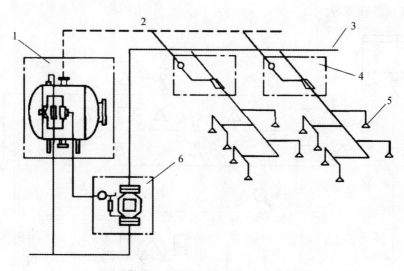

1—泡沫液储罐； 2—泡沫液输送管； 3—输水管；

4—比例混合器组； 5—喷头； 6—湿式报警阀

图4-7 自动喷水-泡沫联用灭火系统组成示意图

5.雨淋系统

雨淋系统是指由火灾自动报警系统或传动管控制,自动开启雨淋阀和启动消防水泵后,向开式洒水喷头供水的自动喷水灭火系统。雨淋系统由开式喷头、雨淋阀启动装置、雨淋阀组、管道以及供水设施等组成,如图4-8所示。

雨淋系统的工作原理:雨淋阀入口侧与进水管相通,出口侧接喷水灭火管路,平时雨淋阀处于关闭状态。发生火灾时,雨淋阀开启装置探测到火灾信号后,通过传动阀门自动地释放掉传动管网中有压力的水,使传动管网中的水压骤然降低,于是雨淋阀在进水管的水压推动下瞬间自动开启,压力水便立即充满灭火管网,系统上所有开式喷头同时喷水,可以在瞬间喷出大量的水,覆盖或阻隔整个火区,实现对保护区的整体灭火或控火。

雨淋系统与一般自动喷水灭火系统的最大区别是信号响应迅速,喷水强度大。喷头采用大流量开式直喷喷头,喷头间距2m,正方形布置,一个喷头的喷水强度不小于0.5L/s。

应采用雨淋系统的场所:火灾的水平蔓延速度快、闭式喷头的开放不能及时使喷水有效覆盖着火区域;室内净空高度超过闭式系统最大允许净空高度,且必须迅速扑救初期火灾;严重危险级的仓库、厂房和剧院的舞台等。

(1)火柴厂的氯酸钾压碾厂房;建筑面积大于 100m² 生产、使用硝化棉、喷漆棉、火胶棉、赛璐珞胶片、硝化纤维的厂房。

(2)建筑面积超过 60m² 或储存量超过 2t 的硝化棉、喷漆棉、火胶棉、赛璐珞胶片、硝化纤维的厂房。

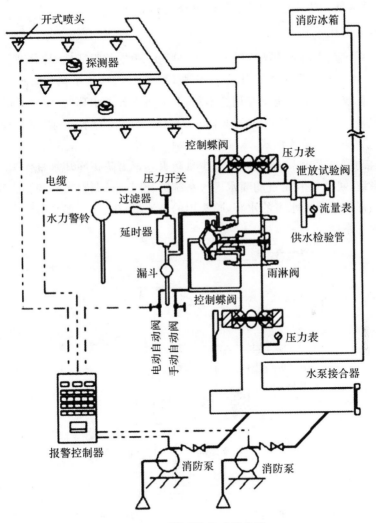

图 4-8　雨淋系统组成示意图

(3)日装瓶数量超过 3 000 瓶的液化石油气储配站的灌瓶间、实瓶库。

(4)特等、甲等或超过 1 500 个座位的其他等级的剧院和超过 2 000 个座位的会堂或礼堂的舞台的葡萄架下部。

(5)建筑面积大于等于 $400m^2$ 的演播室,建筑面积大于等于 $5\ 000m^2$ 的电影摄影棚。

(6)储量较大的严重危险级石油化工用品仓库(不宜用水救的除外)。

(7)乒乓球厂的轧坯、切片、磨球、分球检验部位。

6.水幕系统

水幕系统是指由开式洒水喷头或水幕喷头、雨淋阀组或感温雨淋阀,以及水流报警装置(水流指示器或压力开关)等组成(见图4-9),用于挡烟阻火和冷却分隔物的喷水系统。水幕系统按其用途不同,分为防火分隔水幕(密集喷洒形成水墙或水帘的水幕)和防护冷却水幕(冷却防火卷帘等分隔物的水幕)两种类型。防护冷却水幕的喷头喷口是狭缝式,水喷出后呈扇形水帘状,多个水帘相接即成水幕。对于设有自动喷水灭火系统的建筑,当少量防火卷帘需防护冷却水幕保护时,无须另设水幕系统,可直接利用自动喷水灭火系统的管网通过调整喷头和喷头间距实现。密集喷洒形成水墙或水帘的水幕,喷头用的是流量较大的开式水幕喷头,这种系统类似于雨淋系统。

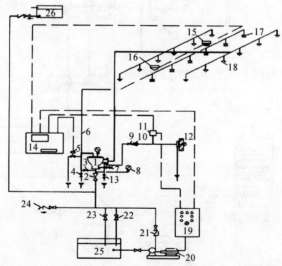

1—雨淋阀组; 2—总供水阀; 3—压力腔阀; 4—手动阀; 5—电磁阀; 6—传动管;
7—试铃阀; 8—供水压力表; 9—报警阀; 10—过滤器; 11—压力开关; 12—水力警铃;
13—排水阀; 14—报警控制装置; 15—感温探测器; 16—感烟探测器; 17—闭式喷头;
18—水幕喷头; 19—水泵控制柜; 20—消防水泵; 21—止回阀; 22—泄压阀;
23—水泵试验阀; 24—水泵接合器; 25—消防水池; 26—消防水箱

图4-9 水幕系统组成示意图

应设置水幕系统的部位如下：

(1)特等、甲等或超过1 500个座位的其他等级的剧院和超过2 000个座位的会堂或礼堂的舞台口,以及与舞台相连的侧台、后台的门窗洞口。

(2)需要冷却保护的防火卷帘或防火幕的上部。

(3)应设防火墙等防火分隔物而无法设置的局部开口部位(如舞台口)。

(4)相邻建筑物之间的防火间距不能满足要求时,建筑物外墙上的门、窗、洞口处。

(5)石油化工企业中的防火分区或生产装置设备之间。

为了防止水幕漏烟漏水,两个水幕喷头之间的距离应为2～2.5m;当用防火卷帘代替防火墙而需水幕保护时,其喷水强度不小于0.5L/s,喷水时间不应小于3h。

雨淋系统和水幕系统都属于开式系统,即洒水喷头呈开启状态,和湿式系统、预作用系统及干式系统等闭式系统不同的是,雨淋阀到喷头之间的管道内既没有水,也没有气,其喷头喷水全靠控制信号操作雨淋阀来完成。

第四节　水喷雾与细水雾灭火系统

一、水喷雾灭火系统

1.水喷雾灭火系统的作用

水喷雾灭火系统是利用水雾喷头在较高的水压力作用下,将水流分离成0.2～2mm甚至更小的细小水雾滴,喷向保护对象,由于雾滴受热后很容易变成蒸汽,因此,水喷雾灭火系统的灭火机理主要是通过表面冷却、窒息、稀释、冲击、乳化和覆盖等作用。在实际应用中,水喷雾的灭火作用往往是几种作用的综合结果,对某些特定部位,可能是其中一两个要素起主要作用,而其他灭火作用是辅助的。水喷雾灭火系统的防护目的有灭火和防护冷却两种。

2.水喷雾灭火系统的设置场所

(1)高层民用建筑内的可燃油油浸电力变压器、充可燃油的高压电容器和多油开关室等房间。

(2)单台容量在40MV·A及以上的厂矿企业油浸电力变压器、单台容量在90MV·A及以上的电厂油浸电力变压器,或单台容量在125MV·A及以上的独立变电所油浸电力变压器。

(3)飞机发动机试验台的试车部位。

(4)天然气凝液、液化石油气罐区总容量大于50m^{3}或单罐容量大于20m^{3}时。

(5)其他需要设置的场所按有关规定执行。

3.水喷雾灭火系统的组成及工作原理

水喷雾灭火系统是由水源、供水设备、管道、雨淋阀组、过滤器、水雾喷头和火灾自动探测控制设备等组成,如图4-10所示。系统的自动开启雨淋阀装置,可采用带火灾探测器的电动控制装置和带闭式喷头的传动管装置。该系统在组成上与雨淋系统的区别主要在于喷头的结构和性能不同,而工作原理与雨淋系统基本相同。它是利用水雾喷头在较高的水压力作用下,将水流分离成细小水雾滴,喷向保护对象实现灭火和防护冷却作用的。

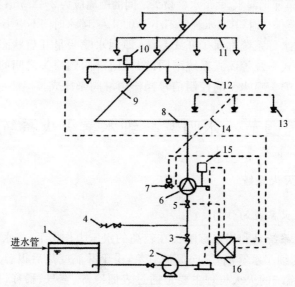

1—水池; 2—消防水泵; 3—闸阀; 4—水泵接合器; 5—信号阀; 6—雨淋阀组;
7—电磁阀; 8—配水干管; 9—配水管; 10—火灾探测器; 11—配水支管;
12—水雾喷头; 13—闭式喷头; 14—传动管; 15—压力开关; 16—报警控制装置

图4-10 水喷雾灭火系统组成示意图

二、细水雾灭火系统

1.细水雾灭火系统的作用

细水雾灭火系统是指通过细水雾喷头在适宜的工作压力范围内将水分散成细水雾,在发生火灾时向保护对象或空间喷放进行扑灭、抑制或控制火灾的自动灭火系统。细水雾灭火系统的灭火机理主要通过吸收热量(冷却)、降低氧浓度(窒息)、阻隔辐射热三种方式达到控火、灭火的目的。与一般水雾相比较,细水雾的雾滴直径更小,水量也更少。因此,其灭火有别于水喷雾灭火系统,类似于二氧化碳等气体灭火系统。

2.细水雾灭火系统的设置场所

细水雾灭火系统主要适用于钢铁、冶金企业,对于一般工业、民用建筑应当设置细水雾灭火系统的场所见表4-2。另外,细水雾灭火系统覆盖面积大,吸热效率高,用水量少,水雾冲击破坏力小,系统容易实现小型化、机动化,现在也广泛应用于偏远缺水的文物古建筑火灾的扑救。

表4-2 细水雾灭火系统的设置场所

设置场所		设置要求
控制室、电气室、通信中心(含交换机室、总配线室和电力室等)、操作室、调度室		宜设细水雾灭火系统
变配电系统	单台设备油量100kg以上的配电室、大于等于8MV·A且小于40MV·A的油浸变压器室、油浸电抗器室、有可燃介质的电容器室	宜设细水雾灭火系统
	单台容量在40MV·A及以上的油浸电力变压器	宜设细水雾灭火系统
柴油发电机房	总装机容量＞400kV·A	应设细水雾灭火系统
	总装机容量≤400kV·A	应设细水雾灭火系统
电气地下室、厂房内的电缆隧(廊)道、厂房外的连接总降压变电所或其他变(配)电所的电缆隧(廊)道、建筑面积＞500m² 的电缆夹层		应设细水雾灭火系统
厂房外长度＞100m的非连接总降压变电所或其他变(配)电所且电缆桥架层数≥4层的电缆隧(廊)道,建筑面积≤500m² 的电缆夹层,与电缆夹层、电气地下室、电缆隧(廊)道连通或穿越3个及以上防火分区的电缆竖井		宜设细水雾灭火系统
液压站、润滑油站(库)、轧制油系统、集中供油系统、储油间、油管廊	储油总容积≥2m³ 的地下液压站和润滑油站(库),储油总容积≥10m³ 的地下油管廊和储油间;距地坪标高24m以上且储油总容积≥2m³ 的平台封闭液压站房;距地坪标高24m以下且储油总容积≥10m³ 的地上封闭液压站和润滑油站(库)	应设细水雾灭火系统
油质淬火间、地下循环油冷却库、成品涂油间、燃油泵房、桶装油库、油箱间、油加热器间、油泵房(间)		宜设细水雾灭火系统
热连轧高速轧机机架(未设油雾抑制系统)		宜设细水雾灭火系统

3.细水雾灭火系统的组成及工作原理

不同类型的细水雾灭火系统,其组成及工作原理有所不同。

(1)泵组式细水雾灭火系统。泵组式细水雾灭火系统由细水雾喷头、泵组、储水箱、控制阀组、安全阀、过滤器、信号反馈装置、火灾报警控制装置、系统附件、管道等部件组成,图4-11为典型泵组式细水雾灭火系统组成示意图。泵组式细水雾灭火系统以储存在储水箱内的水为水源,利用泵组产生的压力,使压力水流通过管道输送到喷头产生细水雾。

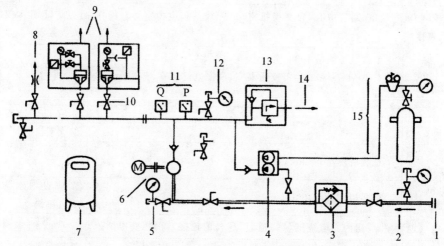

1—接储水箱; 2—压力表; 3—过滤器; 4—稳压泵; 5—真空表; 6—泵组;

7—泵组控制盘; 8—接口; 9—控制阀组; 10—手动截止阀; 11—信号反馈装置;

12—压力表; 13—安全阀; 14—泄放管; 15—稳压泵供气管道

图4-11 典型泵组式细水雾灭火系统组成示意图

(2)瓶组式细水雾灭火系统。瓶组式细水雾灭火系统主要由细水雾喷头、储水瓶组、储气瓶组、释放阀、过滤器、驱动装置、分配阀、安全泄放装置、气体单向阀、减压装置、信号反馈装置、火灾报警控制装置、检漏装置、连接管、管道管件等组成,如图4-12所示。

瓶组式细水雾灭火系统的工作原理是利用储存在高压储气瓶中的高压氮气为动力,将储存在储水瓶组中的水压出或将一部分气体混入水流中,通过管道输送至细水雾喷头,在高压气体的作用下生成细水雾。

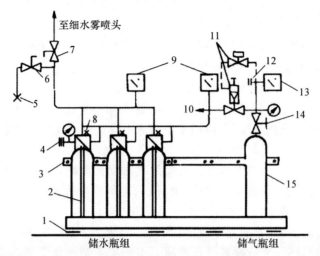

1—检漏装置; 2—储水瓶组; 3—容器支架; 4—充装接口; 5—试验口;
6—排水口; 7—分配阀; 8—储水瓶排气口; 9—压力开关; 10—低泄高阻阀;
11—电磁释放阀; 12—安全泄放装置; 13—压力表; 14—容器阀; 15—储气瓶
图4-12 瓶组式细水雾灭火系统组成示意图

第五节 消防炮灭火系统

一、固定消防炮灭火系统

固定消防炮灭火系统是指由固定消防炮和相应配置的系统组件组成的固定灭火系统。

1. 固定消防炮灭火系统的设置场所

(1)单层、多层建筑。现行国家标准《建筑设计防火规范》(GB50016)规定,建筑面积大于3 000m²且无法采用自动喷水灭火系统的展览厅、体育馆观众厅等人员密集场所,建筑面积大于5 000m²且无法采用自动喷水灭火系统的丙类厂房,宜设置固定消防炮等灭火系统。

(2)飞机库。现行国家标准《飞机库设计防火规范》(GB50284)规定,Ⅱ类飞机库飞机停放和维修区内应设置远控泡沫炮灭火系统。

(3)石油天然气工程。现行国家标准《石油天然气工程设计防火规范》(GB50183)规定,三级天然气净化厂生产装置区的高大塔架及其设备群宜设置固定水炮;三级天然气凝液装置区,有条件时可设固定泡沫炮保护。

2.固定消防炮灭火系统的类型

(1)按喷射介质分类。固定消防炮灭火系统按喷射介质不同,分为水炮系统、泡沫炮系统和干粉炮系统三种类型。

1)水炮系统。水炮系统是指喷射水灭火剂的固定消防炮系统。水炮系统由水源、消防泵组、消防水炮、管路、阀门、动力源和控制装置等组成。水炮系统适用于一般固体可燃物火灾场所,不得用于扑救遇水发生化学反应而引起燃烧、爆炸等物质的火灾。

2)泡沫炮系统。泡沫炮系统是指喷射泡沫灭火剂的固定消防炮系统。泡沫炮系统主要由水源、泡沫液罐、消防泵组、泡沫比例混合装置、管道、阀门、泡沫炮、动力源和控制装置等组成。泡沫炮系统适用于甲、乙、丙类液体火灾、固体可燃物火灾场所。但不得用于扑救遇水发生化学反应而引起燃烧、爆炸等物质的火灾。

3)干粉炮系统。干粉炮系统是指喷射干粉灭火剂的固定消防炮系统。干粉炮系统主要由干粉罐、氮气瓶组、管道、阀门、干粉炮、动力源和控制装置等组成。干粉炮系统适用于液化石油气、天然气等可燃气体火灾场所。

(2)按安装形式分类。固定消防炮根据消防炮安装形式的不同,分为固定式系统和移动式系统两种类型。

1)固定式系统。固定式系统由永久固定消防炮和相应配置的系统组件组成,当防护区发生火灾时,开启消防水泵及管路阀门,灭火介质通过固定消防炮喷嘴射向火源,起到迅速扑灭或抑制火灾的作用。固定式消防炮灭火系统是应用范围最广的消防炮系统。

2)移动式系统。移动式系统以移动式消防炮为核心,由灭火剂供给装置(如车载/手抬消防泵、泡沫比例混合装置等)、管路及阀门等部件组成,若使用带遥控功能的远程控制移动式消防炮还应配备无线遥控装置。移动式系统是一种能够迅速接近火源、实施就近灭火的系统,它主要配备消防部队或企事业单位消防队的专业人员使用。

(3)按控制方式分类。消防炮灭火系统根据操作方式不同,分为远控消防炮系统和手动消防炮灭火系统两种类型。

1)远控消防炮系统。远控消防炮系统是指可以远距离控制消防炮向保护对象喷射灭火剂灭火的固定消防炮灭火系统。远控消防炮系统一般都配备电气控制装置,分为有线遥控和无线遥控两种方式。

下列场所宜选用远控消防炮系统:有爆炸危险性的场所;有大量有毒气体产生的场所;燃烧猛烈,产生强烈辐射热的场所;火灾蔓延面积较大且损失严重的场所;

高度超过 8m 且火灾危险性较大的室内场所；发生火灾时，灭火人员难以及时接近或撤离固定消防炮位的场所。如大型石油库、化学危险品仓库等。

2）手动消防炮灭火系统。手动消防炮灭火系统是指只能在现场手动操作消防炮的固定消防炮灭火系统。手动消防炮灭火系统以手动消防炮为核心，由灭火剂供给装置、管路及阀门、塔架等部件组成。这类系统操作简单，但应有安全的操作平台。

手动消防炮灭火系统适用于热辐射不大、人员便于靠近的场所。

二、智能消防炮灭火系统

智能消防炮灭火系统是指能够在无人工干预的情况下自动发现火灾并展开灭火作业的消防炮灭火系统。

1. 智能消防炮灭火系统的设置场所

凡按照国家有关标准要求应设置自动喷水灭火系统，火灾类别为 A 类，但由于空间高度较高，采用自动喷水灭火系统难以有效探测、扑灭及控制火灾的大空间场所，宜设置智能消防炮灭火系统。

2. 智能消防炮灭火系统的类型

智能消防炮灭火系统有寻的式和扫射式两种不同类型。

（1）寻的式智能消防炮灭火系统。寻的式智能消防炮灭火系统由智能消防炮、CCD（Charge Coupled Device）传感器、管路及电动阀、供水/液系统、控制系统等部分组成，如图 4-13 所示。其工作流程：发生火灾时，由火灾探测器探测火灾，寻找到火源，并将火源点坐标传送至控制系统，同时发出火警信号。控制系统接到火警信号后，一方面启动供水/液设备准备进行灭火作业，另一方面根据火源点坐标参数及数据库中消防炮不同的俯仰及水平喷射角度对应的射流溅落点坐标，确定消防炮应转动的角度，并驱动消防炮做相应的回转动作。在灭火中，系统不断根据探测器监测的结果调整消防炮的喷射角度，以达到最佳的灭火效果。当由探测器给出火灾已被扑灭，或者达到系统程序规定的灭火时间时，系统自动关闭相关设备，结束灭火作业。该系统具有精确、快速的特点，适用于室内大空间场所。如大型的展览馆、候机楼等。

（2）扫射式智能消防炮灭火系统。扫射式智能消防炮灭火系统的组成及工作原理与寻的式智能消防炮灭火系统基本相同，区别在于该系统使用的消防炮为扫射式智能消防炮（自摆炮），且设有消防炮喷射角度与射流溅落点坐标数据库，从而解决了实际应用中由于意外条件对消防炮射流溅落点的影响。因此，该系统可以应用在室外的危险场所。如大型的易燃易爆危险物品的储罐区。

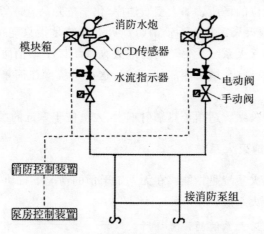

图 4-13　寻的式智能消防炮系统原理图

第六节　气体灭火系统

一、气体灭火系统的作用

气体灭火系统是以某些在常温、常压下呈现气态的物质作为灭火介质,通过这些气体在整个防护区内或保护对象周围的局部区域建立起灭火浓度实现灭火。该系统的灭火速度快,灭火效率高,对保护对象无任何污损,不导电,但系统一次投资较大,不能扑灭固体物质深位火灾,且某些气体灭火剂排放对大气环境有一定影响。因此,根据气体灭火系统特有的性能特点,其主要用于保护重要且要求洁净的特定场合,它是建筑灭火设施中的一种重要形式。

二、气体灭火系统的设置场所

气体灭火系统主要适用于不能使用自动喷水灭火系统的场所,包括电器火灾、固体表面火灾、液体火灾、灭火前能切断气源的气体火灾等,主要有以下几类:

(1)国家、省级和人口超过 100 万人的城市广播电视发射塔内的微波机房、分米波机房、变配电室和不间断电源室。

(2)国际电信局、大区中心、省中心和一万路以上的地区中心内的长途程控交换机房、控制室和信令转接点室。

（3）两万线以上的市话汇接局和六万门以上的市话端局内的程控交换机房、控制室和信令转接点室。

（4）中央及省级公安、防灾和网局级以上电力等调度指挥中心内的通信机房和控制室。

（5）A、B级电子信息系统机房的主机房和基本工作间的已记录磁（纸）介质库。

（6）中央和省级广播电视中心内建筑面积不小于120m² 的音像制品库房。

（7）国家、省级或藏书量超过100万册图书馆内的特藏库；中央和省级档案馆内的珍藏库和非纸质档案库；大、中型博物馆内的珍品库房；一级纸绢质文物的陈列室；藏有重要壁画的文物古建筑。

（8）其他特殊重要设备室。

三、气体灭火系统的类型

为满足各种保护对象的需要，最大限度地降低火灾损失，气体灭火系统具有多种应用形式。

1. 按使用的灭火剂分类

（1）卤代烷气体灭火系统。以哈龙1211（二氟一氯一溴甲烷）或哈龙1301（三氟一溴甲烷）作为灭火介质的气体灭火系统。该系统灭火效率高，对现场设施设备无污染，但由于其对大气臭氧层有较大的破坏作用，使用已受到严格限制。

（2）二氧化碳灭火系统。以二氧化碳作为灭火介质的气体灭火系统。二氧化碳是一种惰性气体，对燃烧具有良好的窒息作用，喷射出的液态和固态二氧化碳在气化过程中要吸热，具有一定的冷却作用。

二氧化碳灭火系统有高压系统（指灭火剂在常温下储存的系统）和低压系统（指将灭火剂在−18～−20℃低温下储存的系统）两种应用形式。

（3）惰性气体灭火系统。惰性气体灭火系统，包括IG01（氩气）灭火系统、IG100（氮气）灭火系统、IG55（氩气、氮气）灭火系统、IG541（氩气、氮气、二氧化碳）灭火系统。惰性气体由于纯粹来自于自然，是一种无毒、无色、无味、惰性及不导电的纯"绿色"压缩气体，故又称为洁净气体灭火系统。

（4）七氟丙烷灭火系统。以七氟丙烷作为灭火介质的气体灭火系统。七氟丙烷灭火剂属于卤代烷灭火剂系列，具有灭火能力强、灭火性能稳定的特点，但与卤代烷1301和卤代烷1211灭火剂相比，臭氧层损耗能力（ODP）为0，全球温室效应潜能值（GWP）很小，不会破坏大气环境。但七氟丙烷灭火剂及其分解产物对人体有毒性危害,使用时应引起重视。

(5)热气溶胶灭火系统。以热气溶胶作为介质的气体灭火系统。由于该介质的喷射动力是气溶胶燃烧时产生的气体压力,而且以烟雾的形式喷射出来,故也称烟雾灭火系统。它的灭火机理是以全淹没、稀释可燃气体浓度或窒息的方式实现灭火。这种系统的优点是装置简单,投资较少,缺点是点燃灭火剂的电爆管控制对电源的稳定性要求较高,控制不好易造成误喷,同时气溶胶烟雾也有一定的污染,限制了它在洁净度要求较高的场所的使用,适用于配电室、自备柴油发电机房等对污染要求不高的场所。

2.按灭火方式分类

(1)全淹没气体灭火系统。全淹没气体灭火系统指喷头均匀布置在保护房间的顶部,喷射的灭火剂能在封闭空间内迅速形成浓度比较均匀的灭火剂气体与空气的混合气体,并在灭火必需的"浸渍"时间内维持灭火浓度,即通过灭火剂气体将封闭空间淹没实施灭火的系统形式。

(2)局部应用气体灭火系统。局部应用气体灭火系统指喷头均匀布置在保护对象的四周围,将灭火剂直接而集中地喷射到燃烧着的物体上,使其笼罩整个保护物外表面,在燃烧物周围局部范围内达到较高的灭火剂气体浓度的系统形式。

3.按管网的布置分类

(1)组合分配灭火系统。用一套灭火剂储存装置同时保护多个防护区的气体灭火系统称为组合分配系统。组合分配系统是通过选择阀的控制,实现灭火剂释放到着火的保护区。组合分配系统具有同时保护但不能同时灭火的特点。对于几个不会同时着火的相邻防护区或保护对象,可采用组合分配灭火系统。

(2)单元独立灭火系统。在每个防护区各自设置气体灭火系统保护的系统称为单元独立灭火系统。若几个防护区都非常重要或有同时着火的可能性,为了确保安全,宜采用单元独立灭火系统。

(3)无管网灭火装置。将灭火剂储存容器、控制和释放部件等组合装配在一起,系统没有管网或仅有一段短管的系统称为无管网灭火装置。该装置一般由工厂成系列生产,使用时可根据防护区的大小直接选用,亦称预制灭火系统。其适应于较小的、无特殊要求的防护区。无管网灭火装置又分为柜式气体灭火装置和悬挂式气体灭火装置两种。

4.按加压方式分类

(1)自压式气体灭火系统。自压式气体灭火系统指灭火剂无须加压而是依靠自身饱和蒸气压力进行输送的灭火系统,如二氧化碳系统。

(2)内储压式气体灭火系统。内储压式气体灭火系统指灭火剂在瓶组内用惰性气体进行加压储存,系统动作时灭火剂靠瓶组内的充压气体进行输送的系统,如IG541系统。

(3)外储压式气体灭火系统。外储压式气体灭火系统指系统动作时灭火剂由专设的充压气体瓶组按设计压力对其进行充压输送的系统,如七氟丙烷系统。

四、气体灭火系统的组成及工作原理

充装不同种类灭火剂、采用不同增压方式的气体灭火系统,其系统部件组成是不同的,随之其工作原理也不尽相同,以下分别进行说明。

1. 内储压式灭火系统

这类系统由灭火剂瓶组、驱动气体瓶组(可选)、单向阀、选择阀、驱动装置、集流管、连接管、喷头、信号反馈装置、安全泄放装置、控制盘、检漏装置、管道管件及吊钩支架等部件构成,如图4-14所示。

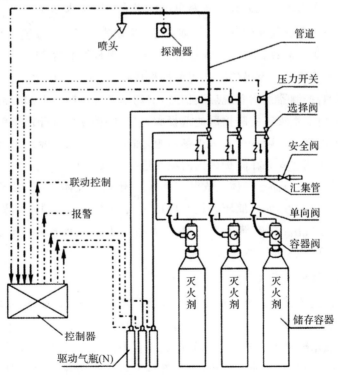

图4-14 内储压式气体灭火系统组成示意图

内储压式气体灭火系统的工作原理：平时，系统处于准工作状态。当防护区发生火灾，产生的烟雾、高温和光辐射使感烟、感温、感光等探测器探测到火灾信号，探测器将火灾信号转变成电信号传送到报警灭火控制器，控制器自动发出声光报警并经逻辑判断后，启动联动装置（关闭开口、停止通风、空调系统运行等），经一定的时间延时（视情况确定），发出系统启动信号，启动驱动气体瓶组上的容器阀释放驱动气体，打开通向发生火灾的防护区的选择阀，之后（或同时）打开灭火剂瓶组的容器阀，各瓶组的灭火剂经连接管汇集到集流管，通过选择阀到达安装在防护区内的喷头进行喷放灭火，同时安装在管道上的信号反馈装置动作，信号传送到控制器，由控制器启动防护区外的释放警示灯和警铃。

另外，通过压力开关监测系统是否正常工作，若启动指令发出，而压力开关的信号迟迟不返回，说明系统故障，值班人员听到事故报警，应尽快到储瓶间，手动开启储存容器上的容器阀，实施人工启动灭火。

这类气体灭火系统常见于内储压式七氟丙烷灭火系统，卤代烷 1211、1301 灭火系统与高压二氧化碳灭火系统。

2. 外储压式七氟丙烷灭火系统和 IG541 混合气体灭火系统

该类系统由灭火剂瓶组、加压气体瓶组、驱动气体瓶组（可选）、单向阀、选择阀、减压装置、驱动装置、集流管、连接管、喷头、信号反馈装置、安全泄放装置、控制盘、检漏装置、管道管件及吊钩支架等部件构成，如图 4－15 所示。

工作原理：控制器发出系统启动信号，启动驱动气体瓶组上的容器阀释放驱动气体，打开通向发生火灾的防护区的选择阀，之后（或同时）打开顶压单元气体瓶组的容器阀，加压气体经减压进入灭火剂瓶组，加压后的灭火剂经连接管汇集到集流管，通过选择阀到达安装在防护区内的喷头进行喷放灭火。

这类装置相较内储压气体灭火装置多了一套驱动气体瓶组，用来给灭火剂钢瓶提供驱动喷放压力，而内储压式钢瓶内的灭火剂或靠灭火剂自身蒸汽压或靠预储压力能自行喷出，故内储压式气体灭火系统不需气体瓶组，其他基本相同。IG541 系统也属于这种类型。

3. 低压二氧化碳灭火系统

低压二氧化碳灭火系统一般由灭火剂储存装置、总控阀、驱动器、喷头、管道超压泄放装置、信号反馈装置、控制器等部件构成，如图 4－16 所示。

低压二氧化碳灭火系统灭火剂的释放靠自身蒸汽压完成，相较其他气体灭火系统，该系统没有驱动装置。另外，为了维持其喷射压力在适度范围，在其储存灭火剂的容器外设有保温层,使其温度保持在−18～20℃,以避免环境温度对它的蒸汽压的影响,其他装置和工作原理与内储压式灭火系统基本相同。其灭火流程如图 4−17 所示。

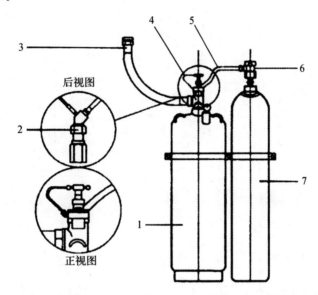

1—灭火剂瓶组; 2—减压装置; 3—连接管; 4—瓶头阀;
5—送气软管; 6—加压气瓶瓶口阀; 7—加压气体瓶组

图 4−15 外储压式七氟丙烷灭火系统组成示意图

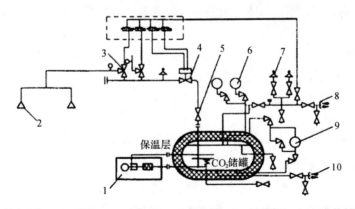

1—制冷系统; 2—喷头; 3—选择阀; 4—总控阀; 5—检修阀; 6—压力控制器;
7—安全泄放阀; 8—平衡阀; 9—液位计; 10—充装口

图 4−16 低压二氧化碳灭火系统组成示意图

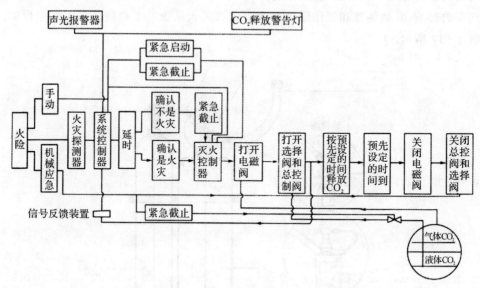

图4-17 低压二氧化碳灭火系统灭火流程图

4.热气溶胶灭火系统

热气溶胶灭火系统由信号控制装置、灭火剂储筒、点燃装置、箱体和气体喷射管组成。工作原理:当气溶胶灭火装置收到外部启动信号后,药筒内的固体药剂就会被激活,迅速产生灭火气体。药剂启动方式有以下三种:

(1)电启动。启动信号由系统中的灭火控制器或手动紧急启动按钮提供,即向点燃装置(电爆管)输入一个24V、1A的脉冲电流,电流经电点火头点燃固体药粒,产生灭火气体,压力达到定值气体释放灭火。

(2)导火索点燃。当外部火焰引燃连接在固体药剂上的导火索后,导火索点燃固体药剂而启动。

(3)热启动。当外部温度达到170℃时,利用热敏线自发启动灭火系统内部药剂点燃释放出灭火气体。

为了控制药剂的燃烧反应速度,不致使药筒发生爆炸,常在药剂中加些金属散热片或吸热物品(碱式碳酸镁)从而达到降温、控制燃烧速度的目的。

热气溶胶灭火系统大多用于无管网灭火装置,有柜式、手持式和壁挂式三种,根据不同的场所和用途,有不同的结构设计。常见的柜式装置如图4-18所示。

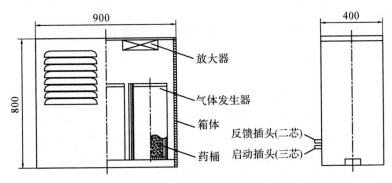

图4-18　柜式热气溶胶灭火系统装置图

5.无管网灭火装置

无管网灭火装置指各个场所之间的灭火系统无管网连接,均独立设置。这种系统装置简单,常用于面积、空间较小且防护区分散而应当设置气体灭火系统的场所,以替代有管网气体灭火系统。常见的装置形式如下:

(1)柜式气体灭火装置。柜式气体灭火装置一般由灭火剂瓶组、驱动气体瓶组(可选)、容器阀、减压装置(针对惰性气体灭火装置)、驱动装置、集流管(只限多瓶组)、连接管、喷嘴、信号反馈装置、安全泄放装置、控制盘、检漏装置、管道管件等部件组成。其基本组件与有管网装置相同,只是少了保护场所的选择阀和之间的连接管道。另外,因保护面积小,所需的灭火剂钢瓶少,故可将整个装置集成在一个柜子里。

(2)悬挂式气体灭火装置。悬挂式气体灭火装置由灭火剂储存容器、启动释放组件、悬挂支架等组成,如图4-19所示。

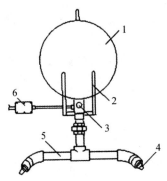

1—储存容器;　2—支架;　3—电爆阀;　4—喷头;　5—短管;　6—接线盒

图4-19　悬挂式气体灭火装置

第七节　泡沫灭火系统

一、泡沫灭火系统的作用

泡沫灭火系统是指将泡沫灭火剂与水按一定比例混合,经泡沫产生装置产生灭火泡沫的灭火系统。由于该系统具有安全可靠、经济实用、灭火效率高、无毒性的特点,所以从 20 世纪初开始应用至今,是扑灭甲、乙、丙类液体火灾和某些固体火灾的一种主要灭火设施。

二、泡沫灭火系统的设置场所

泡沫灭火系统主要应用于石油化工企业、石油库、石油天然气工程、飞机库、汽车库、修车库、停车场等场所,具体要求参照相关国家规范执行。

三、泡沫灭火系统的组成及工作原理

泡沫灭火系统由泡沫产生装置、泡沫比例混合器、泡沫混合液管道、泡沫液储罐、消防泵、消防水源、控制阀门等组成。

工作原理:保护场所起火后,自动或手动启动消防泵,打开出水阀门,水流经过泡沫比例混合器后,将泡沫液与水按规定比例混合形成混合液,然后经混合液管道输送至泡沫产生装置,将产生的泡沫施放到燃烧物的表面上,将燃烧物表面覆盖,从而实施灭火,灭火过程如图 4-20 所示。

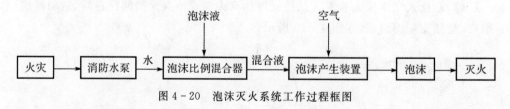

图 4-20　泡沫灭火系统工作过程框图

三、泡沫灭火系统的类型

1.按安装方式分类

(1)固定式泡沫灭火系统。固定式泡沫灭火系统指由固定的消防水源、消防泵、泡沫比例混合器、泡沫产生装置和管道组成,永久安装在使用场所,当被保护场所发生火灾需要使用时,不需其他临时设备配合的泡沫灭火系统。这种系统的保

护对象也是固定的。

(2)半固定式泡沫灭火系统。半固定式泡沫灭火系统指由固定的泡沫产生装置、局部泡沫混合液管道和固定接口以及移动式的泡沫混合液供给设备组成的灭火系统。当被保护场所发生火灾时,用消防水带将泡沫消防车或其他泡沫混合液供给设备与固定接口连接起来,通过泡沫消防车或其他泡沫供给设备向保护场所内供给泡沫混合液实施灭火。这种系统的保护对象不是单一的,它可以用消防水带将泡沫产生装置与不同的保护对象连接起来,组成一个个独立系统。这种系统灵活多变,节省投资,但要在灭火时连接水带,不能用于联动控制。

(3)移动式泡沫灭火系统。移动式泡沫灭火系统指用水带将消防车或机动消防泵、泡沫比例混合装置、移动式泡沫产生装置等临时连接组成的灭火系统。当被保护对象发生火灾时,靠移动式泡沫产生装置向着火对象供给泡沫灭火。需要指出,移动式泡沫灭火系统的各组成部分都是针对所保护对象设计的,其泡沫混合液供给量、机动设施到场时间等方面都有要求,而不是随意组合的。

2.按发泡倍数分类

(1)低倍数泡沫灭火系统指发泡倍数小于 20 的泡沫灭火系统。

(2)中倍数泡沫灭火系统指发泡倍数为 21～200 的泡沫灭火系统。

(3)高倍数泡沫灭火系统指发泡倍数为 201～1 000 的泡沫灭火系统。

高倍数泡沫灭火系统分为全淹没式、局部应用式和移动式三种类型。①全淹没式,指用管道输送高倍数泡沫液和水,发泡后连续地将高倍数泡沫施放并按规定的高度充满被保护区域,并将泡沫保持到所需的时间,进行控火或灭火的固定系统。②局部应用式,指向局部空间喷放高倍数泡沫,进行控火或灭火的固定、半固定系统。③移动式指车载式或便携式系统。

3.按泡沫喷射形式分类

低倍泡沫灭火系统按泡沫喷射形式不同分为以下五种类型。

(1)液上喷射泡沫灭火系统。液上喷射泡沫灭火系统指将泡沫产生装置或泡沫管道的喷射口安装在罐体的上方,使泡沫从液面上部喷入罐内,并顺罐壁流下覆盖燃烧油品液面的灭火系统,如图 4-21 所示。这种灭火系统的泡沫喷射口应高于液面,常用于扑救固定顶罐的液面火灾。

(2)液下喷射泡沫灭火系统。液下喷射泡沫灭火系统是将泡沫从液面下喷入罐内,泡沫在初始动能和浮力的推动下上浮到达燃烧液面,在液面与火焰之间形成泡沫隔离层以实施灭火的系统,如图 4-22 所示。这种灭火系统既能用于固定顶罐液面火灾,也适用于浮顶罐的液面火灾。

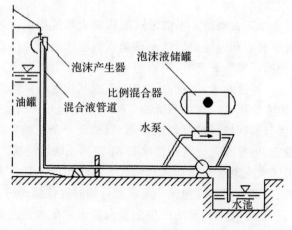

图 4-21　固定式液上喷射泡沫灭火系统示意图

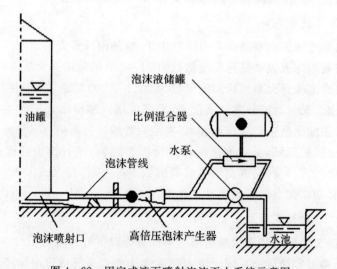

图 4-22　固定式液下喷射泡沫灭火系统示意图

　　(3)半液下喷射泡沫灭火系统。将一轻质软带卷存于液下喷射管内,当使用时,在泡沫压力和浮力的作用下软带漂浮到燃烧液表面使泡沫从燃烧液表面上施放出来实现灭火,如图 4-23 所示。这种灭火系统的优点是泡沫由软带直接送达液面或接近液面,省了一段泡沫漂浮的距离,泡沫到达液面的时间短、覆盖速度快,灭火效率自然高。这种灭火系统由于喷射管内的软带长度有限,液面高度也会不同,有时软带会达不到液面,泡沫仍会有一段漂浮上升距离,故称为半液下喷射泡沫灭火系统。

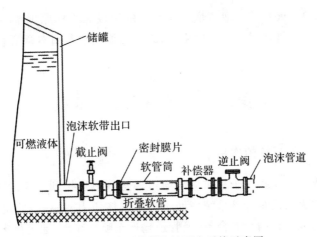

图 4-23　半液下喷射泡沫灭火系统示意图

(4)泡沫喷淋灭火系统。泡沫喷淋灭火系统是在自动喷水灭火系统的基础上发展起来的一种灭火系统,其主要由火灾自动报警及联动控制设施、消防供水设施、泡沫比例混合器、雨淋阀组、泡沫喷头等组成,如图 4-24 所示。其工作原理与雨淋系统类似,利用设置在防护区上方的泡沫喷头,通过喷淋或喷雾的形式释放泡沫或释放水成膜泡沫混合液,覆盖和阻隔整个火区,用来扑救室内外甲、乙、丙类液体初期的地面流淌火灾。

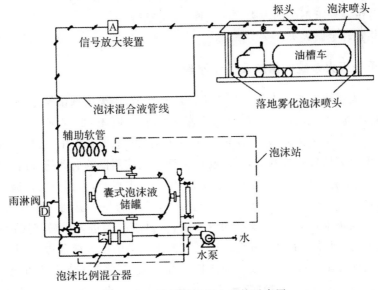

图 4-24　泡沫喷淋灭火系统示意图

(5)泡沫炮灭火系统。泡沫炮灭火系统的组成和工作原理基本和固定消防炮系统相同,只不过是增加了泡沫发生器,故详细说明请参阅本章第五节固定消防炮系统的相关内容。

第八节　干粉灭火系统

一、干粉灭火系统的作用

干粉灭火系统是指由干粉供应源通过输送管道连接到固定的喷嘴上,通过喷嘴喷放干粉的灭火系统。该系统借助于惰性气体压力的驱动,并由这些气体携带干粉灭火剂形成气粉两相混合流,经管道输送至喷嘴喷出,通过化学抑制和物理灭火共同作用来实施灭火。

二、干粉灭火系统的设置场所

现行国家标准《石油化工企业设计防火规范》(GB50160)和《石油天然气工程设计防火规范》(GB50183)规定:

(1)石油化工企业内烷基铝类催化剂配制区宜设置局部喷雾式 D 类干粉灭火系统。

(2)火车、汽车装卸液化石油气栈台宜设置干粉灭火设施。

(3)对污染要求不高的丙类物品仓库、配电室等。

(4)某些轻金属火灾。

三、干粉灭火系统的组成及工作原理

干粉灭火系统在组成上与气体灭火系统相类似,由灭火剂供给源、输送灭火剂管网、干粉喷嘴、火灾探测与控制启动装置等组成,如图 4-25 所示。

干粉灭火系统工作原理:当保护对象着火后,温度迅速上升达到规定的数值,探测器发出火灾信号到控制器,当启动机构接收到控制器的启动信号后,将启动瓶打开,启动瓶中的一部分气体通过报警喇叭发出火灾报警,大部分气体通过管道上的止回阀,把高压驱动气体气瓶的瓶头阀打开,瓶中的高压驱动气体进入集气管,经高压阀进入减压阀,减压至规定的压力后,通过进气阀进入干粉储罐内,搅动罐中干粉灭火剂,使罐中干粉灭火剂疏松形成便于流动的粉气混合物,当干粉罐内的压力上升到规定压力数值时,定压动作机构开始动作,将干粉罐出口的球阀打开,干粉灭火剂则经总阀门、选择阀、输粉管和喷嘴喷向着火对象,或者经喷枪喷射到着火物的表面,实施灭火。

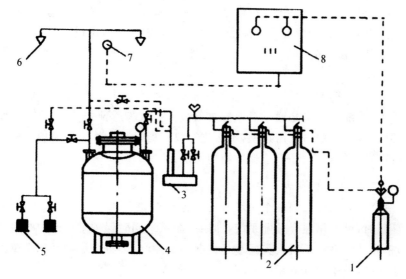

1—启动气体瓶组; 2—高压驱动气体瓶组; 3—减压器; 4—干粉罐;

5—干粉枪及卷盘; 6—喷嘴; 7—火灾探测器; 8—控制装置

图4-25 干粉灭火系统组成示意图

四、干粉灭火系统类型

1.按灭火方式分类

(1)全淹没式干粉灭火系统。全淹没式干粉灭火系统指将干粉灭火剂释放到整个防护区,通过在防护区空间建立起灭火浓度来实施灭火的系统形式。该系统的特点是对防护区提供整体保护,适用于较小的封闭空间、火灾燃烧表面不宜确定且不会复燃的场合,如油泵房等场合。

(2)局部应用式干粉灭火系统。局部应用式干粉灭火系统指通过喷嘴直接向火焰或燃烧表面喷射灭火剂实施灭火的系统。当不宜在整个房间建立灭火浓度或仅保护某一局部范围、某一设备、室外火灾危险场所等,可选择局部应用式干粉灭火系统,例如用于保护甲、乙、丙类液体的敞顶罐或槽,不怕粉末污染的电气设备以及其他场所等。

(3)手持软管干粉灭火系统。手持软管干粉灭火系统具有固定的干粉供给源,并配备有一条或数条输送干粉灭火剂的软管及喷枪,火灾时通过人来操作实施灭火。

2.按设计情况分类

(1)设计型干粉灭火系统。设计型干粉灭火系统指根据保护对象的具体情况,通过设计计算确定的系统形式。该系统中的所有参数都需经设计确定,并按设计要求选择各部件设备的型号。一般较大的保护场所或有特殊要求的保护场所宜采用设计型系统。

(2)预制型干粉灭火系统。预制型干粉灭火系统指由工厂生产的系列成套干粉灭火设备,系统的规格是通过对保护对象做灭火试验后预先设计好的,即所有设计参数都已确定,使用时只需选型,不必进行复杂的设计计算。当保护对象不是很大且无特殊要求的场合,一般选择预制型系统。

3.按系统保护情况分类

(1)组合分配系统。当一个区域有几个保护对象且每个保护对象发生火灾后又不会蔓延时,可选用组合分配系统,即用一套系统同时保护多个保护对象。

(2)单元独立系统。若火灾的蔓延情况不能预测,则每个保护对象应单独设置一套系统保护,即单元独立系统。

4.按驱动气体储存方式分类

(1)储气式干粉灭火系统。储气式干粉灭火系统指将驱动气体(氮气或二氧化碳气体)单独储存在储气瓶中,灭火使用时,再将驱动气体充入干粉储罐,进而携带驱动干粉喷射实施灭火。干粉灭火系统大多数采用的是该种系统形式。

(2)储压式干粉灭火系统。储压式干粉灭火系统指将驱动气体与干粉灭火剂同储于一个容器,灭火时直接启动干粉储罐。这种系统结构比储气系统简单,但要求驱动气体不能泄漏。

(3)燃气式干粉灭火系统。燃气式干粉灭火系统指驱动气体不采用压缩气体,而是在火灾时点燃燃气发生器内的固体燃料,通过其燃烧生成的燃气压力来驱动干粉喷射实施灭火,其组成如图4-26所示。

第九节　防排烟系统

一、防排烟系统的作用

大量火灾表明,烟气是导致建筑火灾人员伤亡的最主要原因,建筑物内设置防排烟系统,主要有以下三个方面的作用。

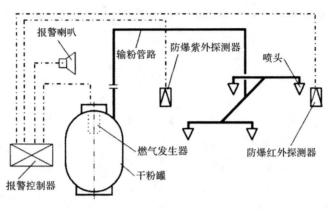

图4-26 燃气式干粉系统组成示意图

1.为安全疏散创造有利条件

火灾统计和试验表明,凡设有完善的防排烟设施和自动喷水灭火系统的建筑,就算存在浓烟或高温作用,室内人员也很少出现睁不开眼、透不过气的情况,对疏散方向、路线较为清楚,为安全疏散创造有利条件。

2.为消防扑救创造有利条件

当建筑物发生火灾处于熏烧阶段,房间充满烟雾、门窗处于紧闭状态,在这种情况下,当消防人员进入火场时,由于浓烟和热气的作用,消防人员往往睁不开眼,看不清火场情况,不能迅速而准确地确定起火点,大大影响了灭火战斗。但如果采取了防排烟设施,则就可避免以上现象,从而为扑救火灾创造有利条件。

3.控制火势蔓延

试验表明,设有完善防排烟设施的建筑,发生火灾时不但能排除大量烟气,还能排出初期火灾中 $70\%\sim80\%$ 的热量,从而起到控制火势蔓延的作用。

二、防排烟系统的设置场所

建筑中的防烟可采用机械加压送风防烟方式或可开启外窗的自然防烟方式。
建筑中的排烟可采用机械排烟方式或可开启外窗的自然排烟方式。

1.下列场所应设置排烟设施

(1)丙类厂房中建筑面积大于 $300m^2$ 的地上房间;人员、可燃物较多的丙类厂房或高度大于 $32m$ 的高层厂房中长度大于 $20m$ 的内走道;任一层建筑面积大于 $5\ 000m^2$ 的丁类厂房。

(2)占地面积大于 $1\ 000m^2$ 的丙类仓库。

(3)公共建筑中经常有人停留或可燃物较多,且建筑面积大于 300m² 的地上房间;公共建筑中长度大于 20m 的内走道。

　　(4)中庭。

　　(5)设置在一、二、三层且房间建筑面积大于 200m² 或设置在四层及四层以上或地下、半地下的歌舞、娱乐、放映、游艺场所。

　　(6)总建筑面积大于 200m² 或一个房间建筑面积大于 50m² 且经常有人停留或可燃物较多的地下、半地下建筑(室)。

　　机械排烟系统与通风、空气调节系统宜分开设置。当合用时,必须采取可靠的防火安全措施,并应符合机械排烟系统的有关要求。

　　2.下列场所应设置机械加压送风防烟设施

　　(1)不具备自然排烟条件的防烟楼梯间。

　　(2)不具备自然排烟条件的消防电梯间前室或合用前室。

　　(3)设置自然排烟设施的防烟楼梯间,但不具备自然排烟条件的前室。

　　对其他要求设置防排烟系统的场所应按国家相关标准执行。

三、防排烟系统的组成及工作原理

　　防排烟系统分为防烟系统和排烟系统。防烟系统是指采用机械加压送风方式或自然通风方式,防止建筑物发生火灾时烟气进入疏散通道和避难场所的系统。排烟系统是指采用机械排烟方式或自然通风方式,将烟气排至建筑物外,控制建筑内的有烟区域保持一定能见度,以利人们安全疏散的系统。自然排烟系统主要由自然排烟口、通风口等组成,相对较简单。下面主要介绍机械排烟系统和机械加压送风防烟系统的组成及工作原理。

　　1.机械排烟系统的组成及工作原理

　　(1)系统的组成及工作原理。机械排烟系统是由挡烟构件(活动式或固定式挡烟垂壁、挡烟隔墙、挡烟梁)、排烟口、排烟防火阀门、排烟道、排烟风机、排烟出口及防排烟控制器等组成。当建筑物内发生火灾时,由火场人员手动控制或由感烟探测器将火灾信号传递给防排烟控制器,开启活动的挡烟垂壁将烟气控制在发生火灾的防烟分区内,并打开排烟口以及和排烟口联动的排烟防火阀,同时关闭空调系统和送风管道内的防火阀,防止烟气从空调、通风系统蔓延到其他非着火房间,最后由设置在屋顶的排烟机将烟气通过排烟管道排至室外。

　　火灾状态下,排烟防火阀的关闭由阀体内的易熔片控制,当火场烟气温度达到 280℃时,易熔片熔断,阀门关闭,防止烟火窜入其他防火分区。排烟防火阀还应能手动和电动关闭,并具有信号反馈功能。手动或电动操作机构还应能复位,以便平时的检查。

(2)系统的安装要求。

1)机械排烟系统的管道应用非燃材料制作,并应具有一定的耐火极限和刚度。

2)设置于闷顶内的排烟管道应有保温措施,且与可燃物的距离应大于1.5m。

3)跨过防火分区的排烟管道应当在防火分区隔墙或楼板处安装排烟防火阀。排烟管道不应穿过建筑物的沉降缝,并不应穿过楼梯间及其防烟前室、生产调度控制室、重要的资料档案室、消防控制室、水泵房、配电室、备用发电机房以及其他火灾状态下需要正常工作的场所。

4)排烟口应设在房间或走道隔墙的上部。大空间场所应划分防烟分区,每个防烟分区的排烟口宜居中布置。

2.机械加压送风防烟系统的组成及工作原理

机械加压送风防烟系统主要由送风口、排烟口、送风或排烟管道、送风机和排烟机、防排烟部位(楼梯间、前室或合用前室)以及风机控制柜等组成。机械加压送风防烟系统示意图如图4-27所示。

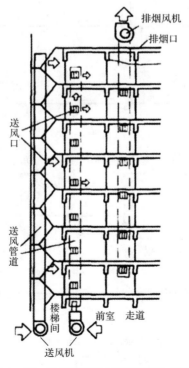

图4-27 机械加压送风防烟系统示意图

机械加压送风防烟是在疏散通道等需要防烟的部位送入足够的新空气,使其维持高于建筑物其他部位的压力,从而把着火区域所产生的烟气堵截于防烟部位之外,而在需要排烟的部位设置排烟管道和排烟机排烟。图4-28为加压送风防烟原理图,其中图4-28(a)为前室、楼梯间加压送风,从走道排烟;图4-28(b)为前室加压送风,楼梯间自然排烟(楼梯间靠外墙时),走道机械排烟。

为保证疏散通道不受烟气侵害使人员安全疏散,发生火灾时,从安全性角度出发,建筑内可分为四个安全区:第一类安全区为防烟楼梯间、避难层;第二类安全区为防烟楼梯间前室、消防电梯间前室或合用前室;第三类安全区为走道;第四类安全区为房间。依据上述原则,加压送风时应使防烟楼梯间压力>前室压力>走道压力>房间压力,同时还要保证各部分之间的压差不要过大,以免造成开门困难影响疏散。一般楼梯间送风口的风速不大于7m/s,宜每隔二至三层设一个加压送风口,前室的加压送风口每层设一个;楼梯间风压设置为40~50Pa,前室及合用前室的风压设置为25~30Pa。

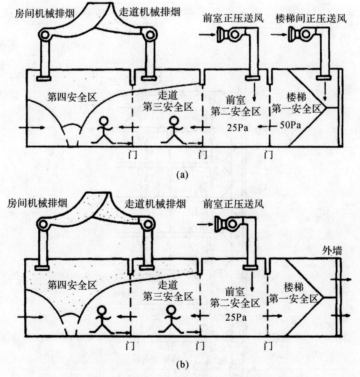

(a)前室、楼梯间加压送风,走道排烟; (b)前室加压送风、楼梯间自然排烟、走道排烟

图4-28 加压送风防烟的原理图

第十节 通风和空气调节系统

通风和空气调节系统是建筑内的重要功能设施,但在火灾发生时也容易成为火灾蔓延的通道,因此,凡设有通风和空气调节系统的建筑,除应当在系统中设置防火阀外,对管道的设置和布置也有一定的要求,用以满足建筑功能、结构和防火安全的需要。

通风和空气调节系统主要由风机、通风管道、通风口(进风口或排风口)、防火阀及其控制电路组成。

1.通风和空气调节系统的设置要求

(1)通风和空气调节系统的管道,横向宜按防火分区设置,竖向不宜超过5层。当管道设置防止回流设施或防火阀时,管道布置可不受此限制。竖向风管应设置在管道井内。

(2)厂房内有爆炸危险场所的排风管道,严禁穿过防火墙和有爆炸危险的房间隔墙。

(3)甲、乙、丙类厂房内的送、排风管道宜分层设置。当水平或竖向送风管在进入生产车间处设置防火阀时,各层的水平或竖向送风管可合用一个送风系统。

(4)空气中含有易燃、易爆危险物质的房间,其送、排风系统应采用防爆型的通风设备。当送风机布置在单独分隔的通风机房内且送风干管上设置防止回流设施时,可采用普通型的通风设备。

(5)含有燃烧和爆炸危险粉尘的空气,在进入排风机前应采用不产生火花的除尘器进行处理,除尘器、排风机的设置应与其他普通型的风机、除尘器分开设置,并宜按单一粉尘分组布置。对于遇水可能形成爆炸的粉尘,严禁采用湿式除尘器。

(6)净化有爆炸危险粉尘的干式除尘器和过滤器宜布置在厂房外的独立建筑内,建筑外墙与所属厂房的防火间距不应小于10m。除尘器、过滤器或管道,均应设置泄压装置。

(7)排除有燃烧或爆炸危险气体、蒸气和粉尘的排风系统,应设置导除静电的接地装置;排风设备不应布置在地下或半地下建筑(室)内;排风管应采用金属管道,并应直接通向室外安全地点,不应暗设。

(8)排除和输送温度超过80℃的空气或其他气体以及易燃碎屑的管道,与可燃或难燃物体之间的间隙不应小于150mm,或采用厚度不小于50mm的不燃材料隔热;当管道上下布置时,表面温度较高者应布置在上面。

(9)通风、空气调节系统的风管应采用不燃材料,但接触腐蚀性介质的风管和柔性接头可采用难燃材料；体育馆、展览馆、候机(车、船)建筑(厅)等大空间建筑，单、多层办公建筑和丙、丁、戊类厂房内通风、空气调节系统的风管，当不跨越防火分区且在穿越房间隔墙处设置防火阀时，可采用难燃材料；设备和风管的绝热材料、用于加湿器的加湿材料、消声材料及其黏结剂，宜采用不燃材料，确有困难时，可采用难燃材料。

(10)燃油或燃气锅炉房应设置自然通风或机械通风设施。燃气锅炉房应选用防爆型的事故排风机。当采取机械通风时，燃油锅炉房的正常通风量应按换气次数不少于 3 次/h 确定，事故排风量应按换气次数不少于 6 次/h 确定；燃气锅炉房的正常通风量应按换气次数不少于 6 次/h 确定，事故排风量应按换气次数不少于 12 次/h 确定。

2.通风和空气调节系统防火阀的设置

通风和空气调节系统的风管在下列部位应设置公称动作温度为 70℃ 的防火阀：

(1)穿越防火分区处。

(2)穿越通风、空气调节机房的房间隔墙和楼板处。

(3)穿越重要或火灾危险性大的场所的房间隔墙和楼板处。

(4)穿越防火分隔处的变形缝两侧。

(5)竖向风管与每层水平风管交接处的水平管段上。

第十一节　建筑物防火分隔设施

建筑物防火分隔设施是按建筑物功能和防火分区的要求在建筑物内部空间设置的设施，包括防火墙、防火门(窗)、防火卷帘以及通风排烟管道上的防火阀和排烟防火阀等。

一、防火墙

防火墙是建筑中的重要分隔设施，一般由实体砖或钢筋混凝土建造，主要用于防火分区的分隔和功能单元的分割。其设置应满足下列要求：

(1)防火墙的耐火极限应达到 3h。

(2)防火墙应直接设置在建筑物的基础或钢筋混凝土框架、梁等承重结构上，轻质防火墙体可不受此限。

(3)防火墙应从楼地面基层隔断至顶层底面基层。当屋顶承重结构和屋面板的耐火极限低于 0.50h，高层厂房(仓库)屋面板的耐火等级低于 1.00h 时，防火墙应高出不燃烧体屋面 0.4m 以上,高出燃烧体或难燃烧体屋面 0.5m 以上。其他情况时,防火墙可不高出屋面,但应砌至屋面结构层的底面。建筑物内的防火墙不宜设置在转角处。如设置在转角附近,内转角两侧墙上的门、窗洞口之间最近边缘的水平距离不应小于 4m。

(4)防火墙上不应开设门窗洞口,当必须开设时,应设置固定的、火灾时能自动关闭的甲级防火门窗。

(5)可燃气体和甲、乙、丙类液体的管道严禁穿过防火墙。其他管道不宜穿过防火墙,当必须穿过时,应采用防火封堵材料将墙与管道之间的空隙紧密填实;当管道为难燃烧及可燃材质时,应在防火墙两侧的管道上采取防火措施。

(6)防火墙内不应设置排气道。

(7)防火墙的构造还应满足稳定性要求,即防火墙任意一侧的屋架、梁、楼板等受到火灾的影响而破坏时,不致使防火墙倒塌。

二、防火门(窗)

防火门是指在一定时间内,连同框架能满足耐火稳定性、完整性和隔热性要求的门。它除了有普通门的作用外,更重要的是阻止火势蔓延和烟气扩散,确保人员安全疏散。

1.防火门的分类

(1)防火门按其材质可分为木质防火门、钢质防火门、钢木质防火门和其他材质防火门。

(2)防火门按其门扇数量可分为单扇防火门、双扇防火门和多扇防火门(含有两个以上门扇的防火门)。

(3)防火门按其结构形式可分为门扇上带防火玻璃的防火门、带亮窗防火门、带玻璃带亮窗防火门和无玻璃防火门。

(4)防火门(窗)按耐火极限可分为甲级防火门、乙级防火门和丙级防火门。其中甲级防火门耐火极限不低于 1.5h,乙级防火门耐火极限不低于 1.0h,丙级防火门耐火极限不低于 0.5h。

(5)防火门按其工作原理还可分为常闭式防火门和常开式防火门。

常闭防火门平常在闭门器的作用下处于关闭状态,因此火灾时能阻止火势及烟气蔓延。

常开防火门平时在防火门释放器作用下处于开启状态,火灾时,防火门释放器自动释放,防火门在闭门器和顺序器的作用下关闭,从而起到防火门应有的作用。常开式防火门,一般是平开门,单扇时装一个防火门释放器及一个单联动模块,双扇时装两个防火门释放器及两个单联动模块。防火门任一侧的感烟火灾探测器动作报警后,通过总线报告给火灾报警探测器,火灾报警探测器发出动作指令给防火门专用的单联动模块,模块的无源常开触头闭合,接通防火门释放器的DC24V线圈回路,线圈瞬间通电释放防火门,防火门借助闭门器弹力自动关闭,DC24V线圈回路因防火门脱离释放器而自动被切断,同时,防火门释放器将防火门状态信号输入单联动模块,再通过报警总线送至消防控制室。

2.防火门的设置要求

(1)甲级防火门(窗)主要安装于防火分区之间的防火墙上。建筑物内附设一些特殊房间的门也为甲级防火门,如燃油气锅炉房、变压器室、中间储油间等。防烟楼梯间和通向前室的门,高层建筑封闭楼梯间的门以及消防电梯前室或合用前室的门均应采用乙级防火门。建筑物中管道井、电缆井等竖向井道的检查门和高层民用建筑中垃圾道前室的门均应采用丙级防火门。

(2)防火门应为向疏散方向开启的平(推)开门,并在关闭后能从任何一侧手动开启。有特殊设置要求的场所除外,如超市、图书馆等人员密集场所平时需要控制人员随意进入的疏散用门,或设有门禁系统的居住建筑外门,应保证火灾时能自动解除门禁或不需使用钥匙等任何工具即能从内部易于打开,并应在显著位置设置标志和使用提示。

(3)用于疏散走道、楼梯间及其前室的防火门,应能由闭门器自行按顺序关闭。

(4)常开式防火门,在发生火灾时,应具有自行关闭和信号反馈功能。通常由感烟探测器信号控制无门槛的一扇先行关闭,由感温探测器信号控制带门槛的另一扇后关闭。常开式防火门由于控制功能复杂,故只用在建筑内部的主要疏散通道上。

(5)设在变形缝附近的防火门,应设在楼层数较多的一侧,且门开启后不应跨越变形缝,防止烟火通过变形缝蔓延扩大,同时门应安装在变形缝的同一侧,不能在不同楼层变形缝两侧交错安装,否则烟火会通过变形缝蔓延至相邻的防火分区。

(6)安装防火门的隔墙应为地面至楼板底面上下贯通的实体墙。防火门安装时与周围墙体的缝隙应用相同耐火等级的材料填实封堵。

三、防火卷帘

防火卷帘是指在一定时间内,连同框架能满足耐火稳定性和耐火完整性要求的卷帘。它是一种活动的防火分隔物,平时卷起放在分隔位置的上方或门窗上口的转轴箱中,起火时将其放下展开,用以阻止火势穿越防火分区或从门窗洞口蔓延。防火卷帘主要应用于大面积工业与民用建筑防火分区的分隔。

常用的防火卷帘,按其材料可分为普通钢质防火卷帘、钢质复合防火卷帘和无机纤维复合防火卷帘。

防火卷帘设置的部位一般有消防电梯前室、自动扶梯周围、中庭与每层走道、过厅、房间相通的开口部位、代替防火墙分隔的部位等。

1.防火卷帘的工作原理

防火卷帘可以通过卷帘附近设置的手动按钮实现现场手动升降或由卷帘箱中拉出机械链条实现机械升降,也可由消防控制室实现远程手动控制,还可通过烟感、温感探测器信号实现单动控制或与整体建筑消防智能控制系统联网实现联动控制。火灾时,烟感、温感探测器探测到的烟感、温感信号先传输到火灾报警控制器,控制器再给卷门机发出动作指令,使防火卷帘完成一步降、二步降等动作;也可以由消防智能控制系统发出指令,控制防火卷帘升降和完成设定的动作,从而阻隔火势及烟气蔓延。其中,一步降指防火卷帘接到动作指令后一步下降到地面,它主要用于建筑中庭和自动扶梯周围的分隔。二步降指防火卷帘在接到第一个动作指令后,先下降至距地面1.8m处暂停,待接到第二个指令后方下降至地面。一般情况下两个动作指令分别由感烟和感温探测器信号来控制,它主要用于建筑内火灾状态下不同防火分区之间有疏散需要的分隔处的防火卷帘。

2.防火卷帘设置的要求

(1)帘板各接缝处、导轨、转轴箱与墙面或楼板的缝隙,应有防火防烟密封措施,防止烟火窜入。

(2)用防火卷帘代替防火墙的场所,当采用以背火面温升做耐火等级极限判定条件的防火卷帘时,其耐火极限不应小于3h;当采用不以背火面温升做耐火极限判定条件的防火卷帘时,其卷帘两侧应设独立的闭式自动喷水系统保护,系统喷水延续时间不应小于3h,喷头的喷水强度不应小于0.5L/(s·m),喷头间距应为2～2.5m,喷头距卷帘的垂直距离宜为0.5m。

(3)当防火卷帘既用作防火分隔又要考虑卷帘两侧不同防火分区之间的人员疏散时,应设置二步降的功能,并能实现手动和联动控制。仅用于划分防火分区的防火卷帘,设置在自动扶梯四周、中庭与房间、走道等开口部位的防火卷帘,均应与火灾探测器联动。当发生火灾时,应采用一步降落的控制方式,并应具有自动、手动和机械控制的功能。设在疏散走道和消防电梯前室的防火卷帘,除应具有二步降的功能外,还应具有能从两侧手动控制,并在降落时有短时间停滞的功能,以保障人员安全疏散和消防员施救时的安全。

(4)需在火灾时自动降落的防火卷帘,应具有信号反馈的功能。

(5)防火卷帘除应有上述功能外,还应有温度(易熔金属)控制功能,以确保在火灾探测器或联动装置或消防电源发生故障时,凭借易熔金属的温度响应功能仍能降落,以发挥防火卷帘的防火分隔作用。

(6)防火卷帘上部、周围的缝隙应采用相同耐火极限的不燃烧材料填充、封隔。

(7)除中庭外,当防火分隔部位的宽度不大于30m时,防火卷帘的宽度不应大于10m;当防火分隔部位的宽度大于30m时,防火卷帘的宽度不应大于该部位宽度的1/3,且不应大于20m;不宜采用侧拉式防火卷帘。

四、通风和排烟管道中的防火阀、排烟防火阀

防火阀和排烟防火阀是用于建筑内部通风、排烟管道上的重要防火分隔组件。典型的防火阀、排烟防火阀的工作原理是凭借易熔合金的温度响应功能,有利用阀片的重力作用关闭阀门的,亦有利用记忆合金产生形变使阀门关闭的。当发生火灾时,高温烟气或火焰侵入风道,高温使阀门的阀片与阀体之间连接的易熔合金熔断,阀片跌落关闭阀门,或记忆合金产生形变后使阀门自动关闭。它被用于风道与防火分区贯通的场所,起隔烟阻火作用。

防火阀安装在通风、空气调节系统的送、回风管道上,平时呈开启状态,火灾时管道内烟气温度达到70℃时关闭,并在一定时间内能满足漏烟量和耐火完整性要求,起隔烟阻火作用。防火阀一般由阀体、阀片、弹簧、电动或手动执行机构及其感温器等部件组成,其中,弹簧和执行机构用于阀门的紧急切断和日常的系统功能检查。

排烟防火阀安装在机械排烟系统的管道上,平时呈开启状态,火灾时当排烟管道内烟气温度达到280℃时关闭,并在一定时间内满足漏烟量和耐火完整性要求,起隔烟阻火作用。排烟防火阀的结构与防火阀一样,不同的仅是易熔金属的响应温度不同。

防火阀应安装牢固,一般应靠近实体墙安装,当安装在吊顶内时应留有检查孔。防火阀表面焊缝应光滑,无虚焊、气孔和裂缝;内部应做防锈处理,且涂漆均匀。

第十二节 应急照明和疏散指示标志

建筑火灾应急照明和疏散指示系统包括消防应急照明灯、消防疏散指示标志、消防应急广播等,是构成建筑疏散系统的重要设备。消防应急照明有集中控制型(由消防控制室控制切换至消防电源)、分组控制型(根据火灾发展需要,分组切换

至消防电源)和分散自控型(应急灯自备电池)。疏散指示标志有灯光型和蓄光型,一般疏散指示标志都要求直接与消防电源(蓄电池)连接。

一、消防应急照明灯具

1.应急照明灯具设置要求

(1)消防应急照明的设置场所。除多层住宅外的民用建筑、厂房和丙类仓库的下列部位,应设置消防应急照明灯具:

1)封闭楼梯间、防烟楼梯间及其前室、消防电梯间的前室或合用前室,避难走道和避难层(间);

2)公共建筑内的疏散走道;

3)观众厅、展览厅、营业厅、多功能厅和建筑面积大于 $200m^2$ 的餐厅、营业厅、演播室等人员密集场所;

4)建筑面积大于 $100m^2$ 的地下、半地下室中的公共活动场所;

5)消防控制室、消防水泵房、自备发动机房、配电室、防烟与排烟机房以及发生火灾时仍需正常工作的其他房间。

(2)消防应急照明光源选择。消防应急照明光源应选择能快速点亮的光源,一般采用白炽灯、荧光灯等。需要正常工作照明条件下切换实现应急照明时,可选用一般的荧光灯;用作疏散应急照明的电光源要求具有快速启点和便于维护等特性,通常选择白炽灯。不管是何种光源,消防应急照明灯具的应急转换时间应不大于5s,高危险区域使用的消防应急灯具的应急转换时间应不大于0.25s。

2.应急照明灯具的功能要求

(1)应急照明灯具照度要求。

1)疏散走道的地面最低水平照度不应低于 1.0lx;

2)人员密集场所、避难层(间)内的地面最低水平照度不应低于 3.0lx;病房楼或手术部的避难间最低水平照度不应低于 10.0lx;

3)楼梯间及其前室、避难走道的地面最低水平照度不应低于 5.0lx;

4)地下、半地下建筑中设置在疏散走道、楼梯间、防烟前室、公共活动场所的应急照明,其最低照度不应低于 5.0lx;

5)消防控制室、消防水泵房、自备发电机房、配电室、防烟与排烟机房以及发生火灾时仍需要正常工作的其他房间的消防应急照明,仍应保证设备工作面正常照明的照度。其中消防控制室、通信机房的照度宜为 500lx,自备发电机房、配电室的照度宜为 200lx,消防水泵房、防排烟机房宜为 100lx。

（2）应急照明灯的设置位置。消防应急照明灯具应设置在墙面的上部、顶棚上或出口的顶部。消防应急照明灯设在楼梯间的，一般设在端部墙面或休息平台板下；在走道，设在墙面或顶棚下；在厅、堂，设在顶棚或墙面上；在楼梯口、太平门一般设在门口上部。

（3）应急疏散照明及其应急工作照明的持续时间。应急疏散照明电源可以连接到消防电源上，也可以运用灯内自备蓄电池供电，其工作时间应大于90min。但不管什么形式，其持续供电时间应满足：

1）对于建筑高度超过100m的高层建筑，其应急疏散照明工作状态的持续时间应大于1.5h；

2）建筑高度低于100m的医疗建筑、老年人建筑、总建筑面积大于100 000m²的公共建筑和总建筑面积大于20 000m²的地下、半地下建筑应大于1.0h；其他建筑应大于30min。

二、消防疏散指示标志

1.疏散指示标志设置要求

（1）公共建筑、高于54m的住宅建筑、高层厂房（仓库）及甲、乙、丙类厂房应沿疏散走道和在安全出口、人员密集场所的疏散门的正上方设置灯光疏散指示标志，并应符合下列规定：

1）安全出口和疏散门的正上方应采用"安全出口"作为指示标志；

2）沿疏散走道设置的灯光疏散指示标志，应设置在疏散走道及其转角处地面高度1.0m以下的墙面上，且灯光疏散指示标志间距不应大于20m，对于袋形走道间距不应大于10m，在走道转角区，距转角处不应大于1.0m。在该范围内符合人们行走的习惯，容易发现目标，利于疏散。

（2）下列建筑或场所应在其内疏散走道和主要疏散路线的地面上增设能保持视觉连续的灯光疏散指示标志或蓄光疏散指示标志：

1）总建筑面积超过8 000m²的展览建筑；

2）总建筑面积超过5 000m²的地上商店；

3）总建筑面积超过500m²的地下、半地下商店；

4）歌舞、娱乐、放映、游艺场所；

5）座位数超过1 500个的电影院、剧院，座位数超过3 000个的体育馆、会堂或礼堂。

（3）对于悬挂在空中的疏散指示标志应设在与疏散途径有关的醒目位置（高度2～3m），标志的正面或其临近不得有妨碍公共视读的障碍物。

2.疏散标志的功能要求

(1)需要内部照明的消防疏散指示标志在通常情况下其表面的最低平均照度不应小于 5.0lx。当发生火灾,正常照明电源中断的情况下,应在 5s 内自动切换成应急照明电源。无论在哪种电源供电进行内部照明的情况下,标志表面的最低平均照度和照度均匀度仍应满足上述要求。

(2)消防疏散指示标志一般应连接于消防电源上,给消防疏散指示标志提供应急照明的电源,其连续供电时间应满足所处环境的相应标准或规范要求,应与应急疏散照明的持续时间相一致。

(3)蓄光型疏散指示标志(用锶铝酸盐作母体,掺入氧化铝和碳酸锶等稀土金属制成)的蓄光能力应能满足标志表面照度不小于 1.0lx 和安装场所的持续照明时间的要求,且标志装贴间距一般不大于 3m,以保证在火灾烟气中疏散人员的视觉连续。

三、消防应急广播

消防应急广播是消防应急疏散系统的重要设备,它包括功放设备和扬声器。消防应急广播功放设备一般都集成于消防控制室内的消防报警控制操作台上,可以预置语音或临时广播。临时广播个别设置于单位的广播室。消防应急广播的扬声器可分为壁挂式和吸顶式两种。在民用建筑里,扬声器应设置在走道和大厅等公共场所,每个扬声器的功率不小于 3W,客房设置的专用扬声器的功率不小于 1W,当场所背景噪音大于 60dB 时,扬声器在其播放范围最远点的声压级应高于背景噪音 15dB,以报告灾情,稳定人们的情绪,消除人们的恐惧,引导人们有秩序地疏散,避免拥挤和踩踏。

思　考　题

1.简述火灾自动报警系统的组成及工作原理。

2.简述防排烟系统的作用。

3.简述机械排烟系统的组成及工作原理。

4.简述机械加压送风防烟系统的组成及防烟原理。

5.室外消防给水系统有哪些类型?

6.室外消火栓给水系统通常由哪些部分组成?

7.室内消火栓给水系统通常由哪些部分组成?

8.室内消火栓给水系统有哪些类型?

9. 简述自动喷水灭火系统的含义及作用。

10. 简述湿式系统的含义、组成及工作原理与适用范围。

11. 简述干式系统的含义、组成及工作原理与适用范围。

12. 简述预作用系统的含义、组成及工作原理与适用范围。

13. 简述雨淋系统的含义、组成及工作原理与适用范围。

14. 简述水幕系统的作用及类型。

15. 简述水喷雾灭火系统的组成及防护目的。

16. 什么是细水雾灭火系统？细水雾灭火系统有哪些类型？

17. 简述泵组式细水雾灭火系统的组成及工作原理。

18. 简述瓶组式细水雾灭火系统的组成及工作原理。

19. 固定消防炮灭火系统有哪些类型？各适用何种场所？

20. 简述气体灭火系统的组成及工作原理。

21. 气体灭火系统有哪些类型？

22. 简述泡沫灭火系统的组成及工作原理。

23. 泡沫灭火系统有哪些类型？

24. 简述干粉灭火系统的含义及作用。

25. 简述干粉灭火系统的组成及工作原理。

26. 干粉灭火系统有哪些类型？

27. 哪些场所应设防排烟设施？

28. 通风管道防火阀的设置要求有哪些？

29. 防火墙和普通分割墙有什么不同？

30. 常开防火门和常闭防火门有什么不同？

31. 甲、乙、丙级防火门的耐火极限各是多少？

32. 防火卷帘按功能分几类，有何区别？

33. 防火卷帘按功能划分为几类？

34. 防火卷帘的设置有何要求？

35. 防火阀和排烟防火阀有什么不同？

36. 火灾应急照明灯的设置有哪些要求？

37. 不同场所应急照明灯的照度有何要求？

38. 疏散指示灯的设置有哪些要求？

39. 哪些场所还应在地面设置连续的灯光疏散指示标志？

40. 应急广播扬声器设置有何要求？

第五章

重点行业(单位)防火

————————— ★ —————————

　　企事业单位防火就其涉及面来讲非常宽泛,但就其火灾危险性以及火灾所造成的财产损失和人员伤亡来说会有很大不同,防火监督部门通常将这些火灾危险性大且容易造成群死群伤火灾或发生火灾后政治、经济、社会影响大的单位作为重点单位进行防控,而且每一个单位根据单位的实际情况,还可以确定一定的重点防火部位。一般来讲,只要抓住了重点单位和重点部位的火灾防控,掌握了某些典型场所的防火知识,企事业单位的防火工作就会收到事半功倍的效果,这也是对企事业单位保卫人员的基本要求。

第一节　电气防火

　　由于电气方面原因产生火源而引起火灾,称为电气火灾。为了抑制电气火源的产生而采取的各种技术措施和安全管理措施,称为电气防火。

　　导致电气火灾的原因有许多,如过载、短路、接触不良、电弧火花、漏电、雷电或静电等。从电气防火角度看,电气火灾大都是因电气线路和设备的安装或使用不当、电器产品质量差、雷击或静电以及管理不善等造成的。

一、过载

　　过载是指电气设备和电气线路在运行中超过安全载流量或额定值。正常情况下,电流通过导体都会使导体发热,其发热量与导体的电阻和电流的平方成正比。

在安全载流量下,其发热量会和散热量达到平衡,但当过载时,导体的发热量远大于散热量,就会造成导体和绝缘物局部过热,达到一定温度时,就会引起火灾。

1.造成过载的原因

造成过载的主要原因如下:

(1)设计、安装时选型不正确,使电气设备的额定容量小于实际负载容量。

(2)设备或导线随意装接,增加负荷,造成超载运行。

(3)检修、维护不及时,使设备或导线长期处于带病运行状态。

(4)供电电源电压不稳或因故障造成失压。

2.防止过载的措施

通常防止过载的措施主要如下:

(1)低压配电装置不能超负荷运行,其电压、电流指示值应在正常范围。

(2)正确选用和安装过载保护装置。

(3)电路开关和插座应选用合格产品,并且不能超负荷使用。

(4)正确选用不同规格的电线电缆,要根据使用负荷正确选择导线的截面,杜绝乱拉乱接。

(5)对于需用电动机的场合,要正确选择电动机功率和连接方式,避免"小马拉大车"或三角形、星形接法互换导致过载。

二、短路、电弧和火花

短路是电气设备最严重的一种故障状态。相线与相线、相线与零线(或地线)在某一点相碰或相接,引起电器回路中电流突然增大的现象,称为短路。

短路时,在短路点或导线连接松动的电气接头处,会产生电弧或火花。电弧温度很高,可达3 000℃以上,不但可引燃它本身的绝缘材料,还可将它附近的可燃材料、蒸汽和粉尘引燃。电弧还可能由于接地装置不良、雷电压侵入或线路间过电压击穿空气隙引起。切断或接通大电流电路时,或大截面熔断器熔断时,也能产生电弧。

1.造成短路的原因

造成短路的主要原因如下:

(1)电气设备的使用和安装与使用环境不符,致使其绝缘在高温、潮湿、酸碱环境条件下受到破坏。

(2)电气设备使用时间过长,超过使用寿命,致使绝缘老化或受损脱落。

(3)金属等导电物质或鼠、蛇等小动物,跨越在输电裸线的两线之间或相线与地之间。

（4）导线由于拖拉、摩擦、挤压、长期接触尖硬物体等，绝缘层造成机械损伤或鼠咬使绝缘损坏。

（5）过电压侵入使绝缘层击穿。

（6）错误操作或把电源投向故障线路。

（7）恶劣天气，如大风暴雨造成线路金属性连接。

2.防止短路的措施

通常防止短路的措施主要如下：

（1）电气线路应选用绝缘线缆。在高温、潮湿、酸碱腐蚀环境条件下，应选用适应相应环境的防湿、防热、耐火或防腐线缆类型和保护附件。例如，高温电热元件的电气连接应以石棉、玻璃丝、瓷珠、云母等做成耐热配线；敷设在建筑闷顶内或夹层内的电线应穿金属管保护或使用有护套保护的绝缘导线；明敷于潮湿场所的线管应采用水煤气钢管保护等。

（2）确保电气线路的安装施工质量和加强日常安全检查，注意电气线路的相线间及其相线与其他金属物体间保持一定安全间距，并防止导线机械性损伤导致绝缘性能降低。例如，室内明敷导线穿过墙壁或金属构件时须用绝缘套管保护，架空线路要注意敷设路径的安全性、线路的张弛度和安装的牢固度，及时检查发现放电打火的痕迹，及时更换老化线路等。

（3）低压配电装置和大负荷开关安装灭弧装置，如灭弧触头、灭弧罩、灭弧绝缘板或浸入绝缘液体中等。

（4）配电箱、插座、开关等易产生电弧打火的设备附近不要放置易燃物品。

（5）插座和开关等设备应保持完好无损，在潮湿场所应采取防水、防溅措施。

（6）安装漏电监测与保护装置，及时发现线路和用电设备的绝缘故障，并提供保护。

三、接触不良

接触不良是指导线与导线、导线与电器设备的连接处由于接触面处理不好，接头松动，造成接触电阻过大，形成局部过热的现象。接触不良也会出现电弧、电火花，造成潜在点火源。

1.造成接触电阻过大的原因

造成接触电阻过大的主要原因如下：

（1）电气接头表面污损，接触电阻增加。

(2)电气接头长期运行,产生导电不良的氧化膜未及时清除。

(3)电气接头因振动或冷热变化的作用,使连接处发生松动、氧化。

(4)铜铝连接处未按规定方法处理,发生电化学腐蚀。

(5)接头没有按规定方法连接,连接不牢或接触面不足。

2.防止接触不良的措施

防止接触不良的措施主要如下:

(1)导线的各种方式连接均要确保牢固可靠,接头应具有足够的机械强度,并耐腐蚀。

(2)铜铝线连接要使用铜铝接头并防止接触面松动、受潮、氧化。

(3)检查或检测线路和设备的局部过热现象(包括直观检查、红外测温、热成像、温度监测报警系统等手段),及时消除隐患。

(4)定期对电器连接点进行检查和维护,保持连接可靠性。

四、电热烘烤

电热器具(如电炉、电暖气、电熨斗、电热毯等)、照明灯具,在正常通电的状态下,相当于一个火源或高温热源。当其安装不当或长期通电无人监护管理时,就可能使附近的可燃物受高温烘烤而起火。

通常防止电热高温烘烤起火的措施主要如下:

(1)应根据环境场所的火灾危险性来选择照明灯具,并且照明装置应与可燃物、可燃结构之间保持一定的距离,严禁用纸、布或其他可燃物遮挡灯具。日光灯、霓虹灯等的镇流器不能直接安装在可燃物基座上,应与可燃物保持适当距离。

(2)使用电熨斗必须有人监管,使用时切勿长时间通电,用完后不要忘记切断电源,并将其放置在专用的架子上自然降温,防止余热引起火灾。

(3)使用电热毯要选择优良产品,避免在保温良好的条件下长时间通电,下床后要切断电源,平时使用避免折叠和受潮。

(4)电热设备(电烘箱、电炉等)应设置在不燃材料基座之上,与周围可燃物须保持一定的安全距离,导线与电热元件接线处应牢固,进、出线处要采用耐高温绝缘材料予以保护。

五、电动设备摩擦

发电机和电动机等旋转电气设备,转子与定子相碰或轴承出现润滑不良、干涸,产生干磨发热或虽润滑正常但出现高速旋转时,都会引起火灾。最危险的是轴承长时间摩擦,轴承磨损后会使支架与滚珠间间隙增大而引起局部过热,以致润滑脂变稀而溢出轴承室，使润滑状况变差进而使温度更高。如果轴承球体被碾碎或支架破裂，电动机轴承被卡住，会导致电机过载而被烧毁。

选择匹配的电动机功率、精准的安装和合理的运行保护是预防电动机火灾的几个主要方面，忽视任一个方面都可能引起事故，造成火灾。因此只有把握好每一个环节，定期检查维修，才有可能避免烧毁电动机和由此引起的火灾事故。

六、接地故障

接地故障一般由两种情况造成，一种是电源线未经接地装置而直接与大地相接，这种极端状况也称为对地短路，一般状况是相线经过某些不良导体，如混凝土、墙体抹灰层、干燥的土壤与大地相接，线路中电流增加有限，这种状况也称为漏电；另一种是因接地装置设计安装不符合要求，在雷电、静电或其他非正常电流通过接地装置时发生过热而引起火灾。由于第一种故障原因类似于短路，故这里只讨论第二种接地故障的形成原因和预防。

1. 接地故障引起火灾的原因

接地故障引起火灾的主要原因如下：

（1）当绝缘损坏时，相线与接地线或接地金属物之间漏电，会形成火花放电。

（2）在接地回路中，因接地线接头太松或腐蚀等，使电阻增加形成局部过热。

（3）在高阻值回路流通的故障电流，会沿邻近阻抗小的接地金属结构流散。若是向燃气管道弧光放电，则会将煤气管道击穿，使煤气泄漏而着火。

（4）在低阻值回路，若接地线截面过小，会影响其热稳定性，使接地线产生过热现象。

（5）可燃液体输送管道、设备的接地不良会导致静电积累，产生静电放电引发火灾。

2. 接地故障火灾的预防措施

接地故障火灾的预防措施主要如下：

（1）在接地系统设计时要综合考虑，确保系统安全。一般在接地线上不要装设开关和熔断器，防止接零设备上呈现危险的对地电压。

（2）保证接地装置足够的载流量、热稳定性和可靠性连接。

（3）低压配电系统实行等电位连接，对防止触电和电气火灾事故的发生具有重要作用，等电位连接可降低接地故障的接触电压，从而减轻由于保护电器动作失误带来的危险。

（4）装设漏电保护器，将低压电路的故障利用对地短路电流或泄漏电流而自动切断电路,从而及时安全地切除故障电路,进一步提高用电安全水平。

(5)隐蔽工程中电源线或接地线应可靠连接,必要时应穿管保护。

七、静电

静电是自然界一种常见现象,它是正、负电荷在局部范围内失去平衡(如两种不同物质之间的摩擦或分离)的结果。平时静电是一种处于相对稳定状态的电荷,但当它累积到一定程度,且具有放电的条件时就可能产生危害。静电的危害具有高电位、低电量、小电流和作用时间短的特点。静电放电产生的电火花,在易燃易爆场所往往成为引火源,造成火灾。

1.引起静电火灾的条件

大量实验表明,只要同时具备以下四个充分和必要条件,就会引起静电火灾或爆炸事故。

(1)周围和空间必须有可燃物(可燃气体)存在。

(2)具有产生和累积静电的条件,包括流动介质与管道之间或摩擦物体自身之间因摩擦和分离而产生的静电且静电不能及时导除。

(3)静电累积起足够高的静电电位后,并将周围的空气介质击穿与其他金属体之间产生放电,或带电体直接与其他金属体接触产生放电。

(4)静电放电的能量大于或等于附近可燃物的最小点火能量。

2.防止静电的基本措施

根据形成静电火灾的基本条件,若能有效控制其中任意一个条件,就会防止静电火灾事故。

(1)控制静电场合的危险程度。

1)用非可燃物取代易燃介质(在清洗机器设备的零件时和在精密加工去油过程中,用非燃烧性的洗涤剂取代煤油或汽油,会减少静电危害的可能性)。

2)降低爆炸混合物在空气中的浓度(防止设备或容器发生"跑冒滴漏",减少易燃气体的挥发,加强场所的通风防止可燃气体的集聚)。

3)减少场所的氧气含量。减少空气中的氧含量可使用注入惰性气体的方法稀释场所的氧气浓度,在一般的条件下,氧含量不超过8%时就不会使可燃物引起燃烧和爆炸。

(2)减少静电荷的产生和积累。

1)正确地选择材料(选择不容易起电的材料、根据带电序列选用位置相近的偶件材料、选用吸湿性材料)。

2)消除液体装卸过程中的冲击或喷溅。

3)降低固体材料的摩擦速度或液体的流速。

4)增加场所空气的相对湿度、采用抗静电添加剂。

5)减少静电荷的积累（采用静电消除器防止带电、管道和容器的可靠接地）。

6)防止人体静电（人体接地、防止穿戴的衣服和佩带物带电）。

八、雷电

雷电是自然界的一种复杂放电现象。带着不同电荷的雷云之间或雷云与大地之间的绝缘(空间)被击穿,会产生放电现象。当地面上的建筑物和电力系统内的电气设备遭受直接雷击或电感应时,其放电电压可达数百万伏到数千万伏,电流达几十万安培,远远大于发、供电系统的正常值。雷电的破坏性极大,不仅能击毙人畜、劈裂树木、击毁电气设备、破坏建筑物及各种设施,还能引起火灾和爆炸事故。

1.雷电的危害

雷电有以下三方面的破坏作用:

(1)电效应。电效应主要是雷电产生的数百万伏乃至更高的冲击电压,有可能击毁电气设备的绝缘,烧断电线或劈裂电杆,造成大规模停电;绝缘损坏还能引起短路,导致火灾或爆炸事故,巨大的雷电流流经防雷装置时会造成防雷装置的电位升高,这样的高电位同样可以作用在电气线路、电气设备或其他金属管道上,它们之间会产生放电。这种接地导体由于电位升高而向带电导体或与地绝缘的其他金属物放电的现象,叫作反击。反击能引起电气设备绝缘破坏,造成高压窜入低压系统,可能直接导致接触电压和跨步电压,造成严重事故,可使金属管道烧穿,甚至造成易燃易爆物品着火和爆炸。

(2)热效应。热效应主要是雷电流通过导体,在极短的时间内转换成大量的热能,造成易爆品燃烧或造成金属熔化飞溅而引起火灾或爆炸事故。

(3)机械效能。机械效能是指巨大的雷电流通过被击物时,使被击物缝隙中的气体剧烈膨胀,缝隙中的水分也急剧蒸发为大量气体,因而在被击物体内部出现强大的机械压力,致使被击物体遭受严重破坏摧毁,如树干被劈裂、建筑被击垮。

2.防雷的主要措施

(1)防直击雷的措施。防直击雷的主要措施:设避雷针或避雷线、带(网),使建筑物及突出屋面的物体均处于接闪器的保护范围内。完整的一套防雷装置由接闪器、引下线和接地装置三部分组成。接闪器是专门直接接受雷击的金属导体,利用其高出被保护物的突出位置,把雷电引向自身,然后通过引下线和接地装置,把雷电流导入大地,使被保护物免受雷击。避雷针、避雷线、避雷网和避雷带实际上都是接闪器。引下线是连接接闪器与接地装置的金属导体,应满足机械强度、耐腐蚀和热稳定性的要求。接地装置包括接地线和接地体,是防雷装置的重要组成部分。

(2)防雷电感应的措施。由于雷电影响,在距直接雷击处一定范围内,有时会产生静电感应所引起的电荷放电现象。为了避免雷电所引起的静电感应作用而形成的火花放电,必须将被保护物的一切金属部分可靠接地。同时为避免雷电电磁感应的危害,应将屋内的金属回路连接成一个闭合回路(接触电阻越小越好),形成静电屏蔽。

(3)防雷电波(流)侵入的措施。为了防止雷电的高压沿架空线侵入室内,除了在供电系统中加强过电压保护外,最简单的方法是将线路绝缘瓷瓶的铁脚接地。在居住的房屋中如果有电视机或收音机的天线,要防止由天线引进雷电高压电,应装避雷器或装一个防雷的转换开关,在雷雨即将来临前,将天线转换到接地体上,使雷电流泻入大地中。

第二节　化学危险品防火

化学危险品火灾是最常见的火灾类型之一,这类火灾不但扑救困难,而且很容易造成重大人员伤亡和重大财产损失,如 2015 年 8 月 12 日发生在天津滨海新区某物流仓库火灾,不但造成几百人的伤亡和上百亿的财产损失,而且其间接损失和对周围环境的污染所带来的损失更是难以估量。因此,预防化学危险品火灾是化学危险品生产、储存、经营企业安全防范工作的重中之重。

一、化学危险品的定义

危险品系指有爆炸、易燃、毒害、感染、腐蚀、放射性等危险特性,在运输、储存、生产、经营、使用和处置中,容易造成人身伤亡、财产损毁或环境污染而需要特别防护的物品。

一般认为,只要此类危险品为化学品,那么它就是化学危险品。

二、化学危险品的分类

化学危险品品种繁多,化学危险品的分类是一个比较复杂的问题。根据现行标准,可以有不同的分类方法,最常用的是根据国家标准《危险货物分类和品名编号》(GB6944 — 2005)和《危险货物品名表》(GB12268 — 2005),将危险品分成九大类。

1. 爆炸品

爆炸品指在外界条件作用下（如受热、摩擦、撞击等）能发生剧烈的化学反应，瞬间产生大量的气体和热量，使周围的压力急剧上升，发生爆炸，对周围环境、设备、人员造成破坏和伤害的物品。爆炸品包括爆炸性物质、爆炸性物品和为产生爆炸或烟火实际效果而制造的前述两项中未提及的物质或物品。

2. 易燃气体

气体是指在 50℃时，蒸汽压力大于 300kPa 的物质或 20℃时在 101.3kPa 标准压力下完全是气态的物质，包括压缩气体、液化气体、溶解气体和冷冻液化气体、一种或多种气体与一种或多种其他类别物质的蒸汽的混合物、充有气体的物品和烟雾剂。

易燃气体是指在 20℃和 101.3kPa 条件下与空气的混合物按体积分数占 13% 或更少时可点燃的气体，如石油气、氢气等。

3. 易燃液体

易燃液体指在其闪点温度（其闭杯试验闪点不高于 60.5℃，或其开杯试验闪点不高于 65.6℃）时放出易燃蒸汽的液体或液体混合物，或是在溶液或悬浮液中含有固体的液体，如汽油、柴油、煤油、甲醇、乙醇等。

4. 易燃固体、易于自燃的物质、遇水放出易燃气体的物质

易燃固体指燃点低，对热、撞击、摩擦敏感，易被外部火源点燃，迅速燃烧，能散发有毒烟雾或有毒气体的固体。

易于自燃的物质指自燃点低，在空气中易于发生氧化反应放出热量，而自行燃烧的物品，如黄磷、三氯化钛等。

遇水放出易燃气体的物质指与水相互作用易变成自燃物质或能放出达到危险数量的易燃气体的物质，如金属钠、氢化钾等。

5. 氧化性物质和有机过氧化物

氧化性物质是指本身不一定可燃，但通常因放出氧或起氧化反应可能引起或促使其他物质燃烧的物质，如氯酸铵、高锰酸钾等。

有机过氧化物指其分子组成中含有过氧基的有机物质，该类物质为热不稳定物质，可能发生放热的自加速分解，如过氧化苯甲酰、过氧化甲乙酮等。

6. 毒性物质和感染性物质

毒害物质指经吞食、吸入或皮肤接触后可能造成死亡或严重受伤或健康损害的物质，如各种氰化物、砷化物、化学农药等。

感染性物质指含有病原体的物质,包括生物制品、诊断样品、基因突变的微生物、生物体和其他媒介,如病毒蛋白等。

7.放射性物品

放射性物品指含有放射性核素且其放射性活度浓度和总活度都分别超过国家标准《放射性物质安全运输规程》(GB11806)规定的限值的物质,如镭、钴、铀等。

8.腐蚀性物品

腐蚀性物品指通过化学作用使生物组织接触时会造成严重损伤,或在渗漏时会严重损害甚至毁坏其他货物或运载工具的物质,如强酸、强碱等。

9.杂项危险物质和物品

杂项危险物质和物品指具有其他类别未包括的危险的物质和物品,如危害环境物质、高温物质和经过基因修改的微生物或组织。

三、化学危险品的危险特性

1.爆炸物的危险特性

爆炸物的危险特性主要表现在当它受到摩擦、撞击、振动、高热或其他能量激发后,不仅能发生激烈的化学反应,并在极短的时间内释放出大量热量和气体导致爆炸性燃烧,而且燃爆突然,破坏作用强,同时释放出的气体还具有一定的毒害性。

2.易燃气体的危险特性

易燃气体的危险特性主要表现在以下几方面:

(1)易燃易爆性。处于燃烧浓度范围之内的易燃气体,遇着火源都能着火或爆炸,有的甚至只需极微小能量就可燃爆。易燃气体与易燃液体、固体相比,更容易燃烧,且燃烧速度快,一燃即尽。简单组分的比复杂组分的气体易燃、燃速快、着火爆炸危险性大。

(2)扩散性。由于气体分子间距大,相互作用力小,所以非常容易扩散,能自行充满任何容器。气体的扩散与气体对空气的相对密度和气体的扩散系数有关。比空气轻的易燃气体容易扩散与空气形成爆炸性混合物,遇火源则发生爆炸燃烧;比空气重的易燃气体,泄露时往往聚集在地表、沟渠、隧道、房屋死角等处,长时间不散,易与空气在局部形成爆炸性混合物,遇到火源则发生燃烧或爆炸。而且,相对密度大的可燃性气体,一般都有较大的发热量,在火灾条件下易于造成火势扩大。

(3)物理爆炸性。易燃、可燃气体有很大的压缩性,在压力和温度的影响下,易于改变自身的体积。储存于容器内的压缩气体特别是液化气体压力会升高,当超过容器的耐压强度时,即会引起容器爆裂或爆炸。

(4)带电性。当压力容器内的易燃气体(如氢气、乙烷、乙炔、天然气、液化石油气等)从容器、管道口或破损处高速喷出,或放空速度过快时,由于强烈的摩擦作用,都容易产生静电而引起火灾或爆炸事故。

(5)腐蚀毒害性。大多数易燃气体(如氢气、氨气、硫化氢等)既有腐蚀性,也有毒害性。

(6)窒息性。有些易燃气体,如一氧化碳、氨气、氯气等气体,一旦发生泄漏,均能使人窒息死亡。

(7)氧化性。有些压缩气体氧化性很强,与可燃气体混合后能产生燃烧或爆炸,如氯气遇乙炔即可爆炸,氯气遇氢气见光可爆炸,氟气遇氢气即爆炸,油脂接触氧气能自燃。

3.易燃液体的危险特性

(1)易燃性。由于易燃液体的沸点都很低,易燃液体很容易挥发出易燃蒸汽,其闪点低,自燃点也低,且着火所需的能量极小。因此,易燃液体都具有高度的易燃易爆性,这是易燃液体的主要特征。

(2)蒸发性。易燃液体由于自身分子的运动,都具有一定的挥发性,挥发的蒸汽易与空气形成爆炸性混合物,所以易燃液体存在着爆炸的危险性。挥发性越强,爆炸的危险就越大。

(3)热膨胀性。易燃液体的膨胀系数一般都较大,储存在密闭容器中的易燃液体,受热后在本身体积膨胀的同时会使蒸汽压力增加,容器内部压力增大,若超过了容器所能承受的压力限度,就会造成容器的膨胀,甚至破裂。而容器的突然破裂,大量液体在涌出时极易产生静电火花从而导致火灾、爆炸事故。

此外,对于沸程较宽的重质油品,由于其黏度大,油品中含有乳化水或悬浮状态的水或者在油层下有水层,发生火灾后,在热波作用下产生的高温层作用可能导致油品发生沸溢或喷溅。

(4)流动性。液体流动性的强弱主要取决于液体本身的黏度。液体的黏度越小,其流动性就越强。黏度大的液体随着温度升高而增强其流动性。易燃液体大都是黏度较小的液体,一旦泄漏,便会很快向四周流动扩散和渗透,扩大其表面积,加快蒸发速度,使空气中的蒸汽浓度增加,火灾爆炸危险性增大。

(5)静电性。多数易燃液体在灌注、输送、流动过程中能够产生静电,静电积聚到一定程度时就会放电,引起着火或爆炸。

(6)毒害性。易燃液体本身或蒸汽大多具有毒害性。不饱和芳香族碳氢化合物和石油产品比饱和的碳氢化合物、不易挥发的石油产品的毒性大。

4.易燃固体的危险特性

易燃固体的危险特性主要表现在三个方面：

(1)燃点低，易点燃。易燃固体由于其熔点低，受热时容易溶解蒸发或汽化，因而易着火，燃烧速度也较快。某些低熔点的易燃固体还有闪燃现象，由于其燃点低，在能量较小的热源或受撞击、摩擦等作用下，会很快受热达到燃点而着火，且着火后燃烧速度快，极易蔓延扩大。

(2)遇酸、氧化剂易燃易爆。绝大多数易燃固体与无机酸性腐蚀品、氧化剂等接触能够立即引起燃烧或爆炸。如萘与发烟硫酸接触反应非常剧烈，甚至引起爆炸；红磷与氯酸钾，硫黄粉与过氧化钠或氯酸钾，稍经摩擦或撞击，都会引起燃烧或爆炸。

(3)自燃性。易燃固体的自燃点一般都低于易燃液体和气体的自燃点。由于易燃固体热解温度都较低，有的物质在热解过程中，能放出大量的热使温度上升到自燃点而引起自燃，甚至在绝氧条件下也能分解燃烧，一旦着火，燃烧猛烈，蔓延迅速。

5.自燃固体与自燃液体的危险特性

自燃物品的危险特性主要表现在三个方面：

(1)遇空气自燃性。自燃物质大部分化学性质非常活泼，具有极强的还原性，接触空气后能迅速与空气中的氧化合，并产生大量热量，达到自燃点而着火。接触氧化剂和其他氧化性物质反应会更加剧烈，甚至爆炸。

(2)遇湿易燃易爆性。硼、锌、锑、铝的烷基化合物类的自燃物品，除在空气中能自燃外，遇水或受潮还能分解自燃或爆炸。

(3)积热分解自燃性。硝化纤维及其制品，不但由于本身含有硝酸根，化学性质很不稳定，在常温下就能缓慢分解放热，当堆积在一起或仓库通风不良时，分解产生的热量越积越多，当温度达到其自燃点就会引起自燃，火焰温度可达1 200℃，并伴有有毒或刺激性气体放出；由于其分子中含有—ONO_2基团，具有较强的氧化性，一旦发生分解，在空气不足的条件下也会发生自燃，在高温下，即使没有空气也会因自身含有氧而分解燃烧。

6.遇水放出易燃气体物质的危险特性

遇水放出易燃气体的物质的危险特性主要表现在三个方面：

(1)遇水易燃易爆性。这是遇湿易燃物品的共性。遇湿易燃物品遇水或受潮后，发生剧烈的化学反应使水分解，夺取水中的氧与之化合，放出可燃气体和热量。当可燃气体在空气中接触明火或反应放出的热量达到引燃温度时就会发生燃烧或爆炸。

(2)遇氧化剂、酸着火爆炸性。遇湿易燃物品遇氧化剂、酸性溶剂时，反应更剧烈,更易引起燃烧或爆炸。

(3)自燃危险性。有些遇湿易燃物品不仅有遇湿易燃性,而且还有自燃性。如金属粉末类的锌粉、铝、镁粉等,在潮湿空气中能自燃,与水接触,特别是在高温下反应剧烈,能放出氢气和热量;碱金属、硼氢化物,放置于空气中即具有自燃性;有的(如氢化钾)遇水能生成易燃气体并放出大量的热量而具有自燃性。

7.氧化性物质的危险特性

氧化性物质的危险特性主要表现在三个方面:

(1)强烈的氧化性。氧化性物质多数为碱金属、碱土金属的盐或过氧化基所组成的化合物,其氧化价态高,金属活泼性强,易分解,有极强的氧化性。氧化剂的分解主要有以下几种情况:受热或撞击摩擦分解、与酸作用分解、遇水或二氧化碳分解、强氧化剂与弱氧化剂作用复分解。

(2)可燃性。有机氧化剂除具有强氧化性外,本身还是可燃的,遇火会引起燃烧。

(3)混合接触着火爆炸性。强氧化性物质与具有还原性的物质混合接触后,有的形成爆炸性混合物,有的混合后立即引起燃烧;氧化性物质与强酸混合接触后会产生游离的酸或酸酐,呈现极强的氧化性,当与有机物接触时,能产生爆炸或燃烧;氧化性物质相互之间接触也可能引起燃烧或爆炸。

8.有机过氧化物的危险特性

有机过氧化物的危险特性主要表现在三个方面:爆炸性、易燃性、伤害性。其危险性的大小主要取决于过氧基含量和分解温度。

9.毒性物质的危险特性

大多数毒性物质遇酸、受热分解放出有毒气体或烟雾。其中有机毒害品具有可燃性,遇明火、热源与氧化剂会着火爆炸,同时放出有毒气体。液体毒害品还易于挥发、渗透和污染环境。

毒性物质的主要危险性是毒害性。毒害性主要表现为对人体或其他动物的伤害。引起人体或其他动物中毒的主要途径是呼吸道、消化道和皮肤,造成人体或其他动物发生呼吸中毒、消化中毒、皮肤中毒。除此之外,大多数有毒品具有一定的火灾危险性。如无机有毒物品中,锑、汞、铅等金属的氧化物大多具有氧化性;有机毒品中有200多种是透明或油状易燃液体,具有易燃易爆性;大多数有毒品,遇酸或酸雾能分解并放出极毒的气体,有的气体不仅有毒,而且有易燃和自燃危险性;有的甚至遇水发生爆炸;芳香族含2、4位两个硝基的氯化物,萘酚、酚钠等化合物,遇高热、明火、撞击有发生燃烧爆炸的危险。

10.腐蚀性物质的危险特性

腐蚀性物质不但会对有机物、金属造成腐蚀性破坏,和人体接触也会对人体造成伤害。还有一部分腐蚀性物质能挥发出有强烈腐蚀和毒害性的气体,也会对人体造成伤害。另外,腐蚀性物质一般也是强氧化性物质或易分解物质,在氧化或分解过程中产生的新物质大多为可燃物,有很大的火灾危险性。

四、化学危险品仓储防火

1.化学危险品仓库类型

化学危险品仓库按其使用性质和规模大小,可分为三种类型:大型的商业、外贸、物资和交通运输等部门的专业性储备、中转仓库;中型的厂矿企业单位的生产附属仓库;小型的一般使用性质的仓库。

(1)大型仓库。这类仓库占地面积较大,建筑设施也多,存放物品的品种多,数量大。这种专业仓库必须设在城市的郊区,不得设在城镇人口密集的地区,并应选在当地主导风向的下风方向。

在规划布局时,这类仓库与邻近居住区和公共建筑物的距离至少保持 150m;与邻近工矿企业、铁路干线的距离至少保持 100m;与公路至少保持 50m 的距离。

仓库的行政管理区和生活区应设在库区之外。库区应用高度不低于 2m 的实体围墙隔开。仓库应配备企业专职消防队,队站应设在生活区内,配备一定数量的消防车辆和人员,还应与就近的公安消防队之间装设直通的火灾报警电话。

(2)厂矿企业的生产附属仓库。这类仓库的特点是,周围环境和建筑条件比较差,管理不严;物品和人员车辆进出频繁,临时人员多;在生产旺季时,往往出现超量储存和混放的现象。从火灾实例来看,事故大都发生在这类仓库。因此,生产和使用化学危险品的工厂及其附属仓库不应设在城市的住宅区和公共建筑区。库址选择及建筑间距应根据规模大小及火灾危险程度提出要求。

(3)小型仓库。许多工厂企业、学校、科研单位甚至商店等,或多或少都使用化学危险物品,一般都设有小型仓库。这类仓库的特点是,使用面较广,存放地点分散,有的甚至附设在其他仓库之中,领取频繁,容易发生事故,殃及四邻。

有些单位在基建时,没有考虑危险品仓库的位置,后来随着生产的发展,需要设置危险品仓库,但因受场地条件的限制,往往达不到规定的防火间距要求。在这种情况下,能够单独建造一座耐火建筑物来存放危险品,还是比较安全的。实践证明,这样做,既有利于生产,又保证了安全。

有些单位使用的危险品单一,且数量又少,如单独存放酸类、油漆、试剂、少量汽油、几个氧气瓶等,确实没有条件建造仓库的,在不影响毗连单位安全的情况下,可以在周围边角设置简易的储存室(柜),以免分散或露天存放而发生事故。

2.化学危险品仓库的火灾危险性及起火原因

化学危险品仓库具有很大的火灾危险性,这是因为它储存的化学危险品大多数具有易燃、易爆的特性,稍有疏忽,就有可能引起火灾爆炸事故。

化学危险品仓库常见的火灾原因有下列几种:

(1)接触明火。在危险物品仓库中,明火主要有两种:一是外来火种,如烟囱飞火、汽车排气管的火星、仓库周围的明火作业、吸烟的烟头等等;二是仓库内部的设备不良、操作不当而引起的火花,如电气设备不防爆,使用铁制工具在装卸搬运时撞击摩擦等。

(2)混放性质相抵触的物品。出现混放性质相抵触的化学危险物品,往往是由于保管人员缺乏知识,或者是有些化学危险物品出厂时缺少鉴定,在产品说明书上没有说清楚而造成的;也有一些单位因储存场地缺少,而任意临时混放。

(3)产品变质。有些危险物品已经长期不用,仍废置在仓库中,又不及时处理,往往因变质而发生事故。如硝化甘油,安全储存期为8个月,逾期后自燃的可能性很大,而且在低温时容易析出结晶,当固、液两相共存时,硝化甘油的敏感度特别高,微小的外力作用就易使其分解而发生爆炸。

(4)受热、受潮、接触空气而起火。这是许多化学物品的危险特性。如果仓库的条件差,不采取隔热降温措施,会使物品受热,保管不善,仓库漏雨进水会使物品受潮;盛装的容器破损,使物品接触空气等,均会引起燃烧爆炸事故。

(5)雷击起火。化学危险物品仓库一般都是单独的建筑,特别是建在阴湿山谷和空旷地带中的化学危险品仓库,有时会遭受雷击而起火爆炸。

(6)包装损坏或不符合要求。化学危险物品的容器包装损坏,或者出厂的包装不符合安全要求,都会引起事故。常见的有硫酸坛之间用稻草等易燃物隔垫,压缩气瓶不戴安全帽,金属钾、钠的容器渗漏,黄磷的容器缺水,电石桶内充灌的氮气泄漏,盛装易燃液体的玻璃容器瓶盖不严,瓶身上有气泡疵点且受阳光照射而聚焦等。出现这些情况,往往导致危险。

(7)违反操作规程。搬运危险物品没有轻装轻卸,堆垛过高不稳发生倒塌,在库房内改装打包、封焊修理等违反操作规程的行为,都容易造成事故。

(8)库房建筑及其设施不符合存放要求。库房建筑过于简易,或是通风不良,造成库房内温度过高、湿度过大,或是不遮阳光直射,使某些遇热、遇湿、遇强光能自燃的物品发生自燃。此外,库房内电气线路、设备设置或安装、选型不当也易发生火灾。

(9)扑救不当。发生火灾时,因不熟悉化学危险物品的性能和灭火方法,使用不适当的灭火剂,反而使火灾扩大,造成更大危险。例如,用水扑救油类和遇水燃烧物,用二氧化碳扑救闪光粉、铝粉一类的轻金属粉等。

3.化学危险品仓库的防火要求(建筑要求)

化学危险品仓库容易发生火灾、爆炸事故,火势蔓延迅速。所以,仓库建筑应采用较高的耐火等级;各仓库之间要有足够的防火间距;不同性质的化学危险品应当分库存放;每座库房的占地面积不宜过大,一般不超过一个防火分区的面积,当面积超过时,应用防火墙分隔,以便在发生火灾时阻止火势蔓延,有利于扑救,减少损失。同时,危险品仓库建筑还应有相应的消防安全设施,才能保证危险品的安全储存。

(1)储存化学危险品的火灾危险性分类。储存化学危险品的火灾危险性一般分为甲、乙两类,举例见表5-1。

表5-1　储存化学危险品的火灾危险性分类示例

分　类		举　例
甲	1.闪点＜28℃的易燃液体	己烷,戊烷,石脑油,环戊烷,二硫化碳,苯,甲苯,甲醇,乙醇,乙醚,蚁酸甲酯,醋酸甲酯,硝酸乙酯,汽油,丙酮,丙烯腈,乙醛,乙醚,60度以上的白酒
	2.爆炸下限＜10%的可燃气体,以及受到水或空气中水蒸气的作用,能产生爆炸下限＜10%的可燃气体	乙炔,氢,甲烷,乙烯,丙烯,丁二烯,环氧乙烷,水煤气,硫化氢,氯乙烯,液化石油气
	3.常温下能自行分解或在空气中氧化即能导致迅速自燃或爆炸的物质	赤磷,五硫化磷,三硫化磷
	4.常温下受到水或空气中水蒸气的作用,能产生可燃气体并引起燃烧或爆炸的物质	电石,碳化铝
	5.遇酸、受热、撞击、摩擦以及遇有机物或硫黄等易燃的无机物,极易引起燃烧或爆炸的强氧化剂的固体物质	硝化棉,硝化纤维胶片,喷漆棉,火胶棉,赛璐珞棉,黄磷
	6.受撞击、摩擦或与氧化剂、有机物接触时能引起燃烧或爆炸的物质	氯酸钾,氯酸钠,过氧化钾,过氧化钠,硝酸铵

续 表

分 类	举 例
乙	
1.闪点≥28℃至60℃的易燃、可燃液体	煤油,松节油,丁烯醇,异戊醇,丁醚,醋酸丁酯,硝酸戊酯,乙酰丙酮,环己胺,溶剂油,冰醋酸,樟脑油,蚁酸
2.爆炸下限≥10%的可燃气体	氨气,液氯
3.不属于甲类的氧化剂	硝酸铜,铬酸,亚硝酸钾,重铬酸钠,铬酸钾,硝酸,硝酸汞,硝酸钴,发烟硫酸,漂白粉
4.不属于甲类的化学易燃危险固体	硫黄,镁粉,铝粉,赛璐珞板（片）,樟脑,萘,生松香,硝化纤维漆布,硝化纤维色片
5.助燃气体	氧气,氟气
6.常温下与空气接触能缓慢氧化、积热不散引起自燃的危险物品	桐油漆布及其制品,漆布及其制品,油纸及其制品,油绸及其制品

（2）库房的耐火等级、层数、占地面积和安全疏散。

1）化学危险物品库房的耐火等级、层数和占地面积应符合表5-2的要求,个别有特殊要求的按有关规范要求执行。

2）甲、乙类物品库房不应设在建筑物的地下室、半地下室内。50度以上的白酒库房不宜超过三层。

3）库房或每个防火隔间的安全出口的数目不宜少于两个,但面积不超过100m² 的库房可设一个,应是向外开的平开门。

表5-2 化学危险物品库房的耐火等级、层数和面积

储存物品类别		耐火等级	最多允许层数	最大允许占地面积/m²			
				单层		多层	
				每座库房	防火墙隔间	每座库房	防火墙隔间
甲	3,4项	一级	1	180	60	——	——
	1,2,5,6项	一、二级	1	750	250	——	——
乙	1,3,4项	一、二级	3	2 000	500	900	300
		三级	1	500	250		
	2,5,6项	一、二级	5	2 800	700	1 500	500
		三级	1	900	300		

（3）库房的防火间距。

1)甲类化学危险品库房之间的防火间距不应小于20m,但表5-2中第3、4项物品储量不超过2t,第1、2、5、6项物品储量不超过5t时,可减为12m。

2)甲类化学危险品库房与高层民用建筑和重要的公共建筑之间的防火间距不应小于50m,与其他民用建筑的间距应满足GB50016的要求。

3)乙类化学危险物品库房(乙类6项物品外)与重要公共建筑之间的防火间距不宜小于50m,与其他民用建筑的间距不宜小于25m。

4)库区的围墙与库区内建筑的距离不宜小于5m,并应满足围墙两侧建筑物之间的防火距离要求。当库区的建筑物防火间距不能满足要求时,可采取防火墙分隔,防火墙应高出屋顶1.2m、宽出两侧墙1.5m。

(4)隔热降温与通风。

1)化学危险品仓库应采取以下隔热降温措施:①库房檐口高度不应低于3.5m。库房应采用层通风式的屋顶,予以通风。②硝化纤维类物品的仓库顶部,应设屋顶通风管(兼有泄压作用)。③库房隔热外墙的厚度宜大于37cm。

2)为了防止阳光照入库内,应采取下列措施:

• 库房的门窗外部应设置遮阳板,并应加设门斗。

• 库房的窗应采用高窗,窗的下部离地面应不低于2m,窗上应安装防护铁栅加铁丝网,窗玻璃应采用毛玻璃,或涂色漆的玻璃,以防阳光的透射和因玻璃上的气泡疵点而引起的聚焦起火事故。

• 仓库主要依靠自然通风,应在早晚比较凉爽的时候,打开门窗进行通风,夏季中午应避免打开库房门窗,以免室外大量热空气进入,使库内温度升高。

• 墙脚通风洞是配合仓库通风的设施,一般设在窗户的下方离地面30cm处,面积为0.6m²。其形式内高外低,内衬铅丝或铜丝网,外装铁栅栏及铁板闸门防护,需要通风时予以打开。

(5)仓库地面。

1)储存氧化剂、易燃液体、固体和剧毒物品的库房,应采取容易冲洗的不燃烧地面。

2)存放甲、乙类桶装易燃液体的库房,为防止液体流淌出库外,或是需要收集冲洗地面有害废水的库房,均应在库房门设水泥斜坡,坡顶高出库内地坪15～20cm。离地1m的内墙面应用水泥粉刷,以防易燃液体溢渗墙内。在库内四周应设置明沟,通向库外墙角处的收集坑加设闸阀控制,收集坑应加铁板覆盖。

3)遇水燃烧爆炸的物品库房,应设有防止水渍损失的设施。

4)有防止产生火花要求的库房地面,应采用"不发火地面"。目前大量采用的是不发火无机材料地面。这种地面与一般水泥地面构造相同,只是在面层上选用粒径为 3～5mm 的白云石、大理石等细石骨料，用铜条或铝条分格。这种地面材料经济，且易于施工，为慎重起见，必须进行试验后，再进行施工。方法是用手持式砂轮机(1 440r/min)，装上直径 15cm 的金刚石砂轮，在暗室或夜间打磨试块，进行发火试验，以不产生火花为合格。

(6)电气照明设备。在危险物品仓库内，除安装防爆的电气照明设备外，不准安装其他电气设备。如亮度不够或安装防爆灯有困难时，可以在库房外面安装与窗户相对的投光照明灯，或采用在墙身内设壁龛，内墙面用固定钢化玻璃隔封，电线装在库外的壁龛式隔离照明灯。

(7)防雷。大型化学危险物品仓库必须设避雷装置，应采用独立避雷针，或在每座库房的两端防火墙上安装避雷针，高度应经过计算。

五、化学危险品生产防火

化学危险品生产企业包括石油化工、煤化工、医药化工等原料或产品为化学危险品以及生产过程中使用化学危险品的企业。整个化学危险品的生产过程不仅具有很大的火灾危险性，而且还会因火灾引发爆炸，造成大量的人员伤亡和巨额财产损失，所以这类企业的防火历来是消防工作的重中之重。

1.化学危险品生产企业的火灾危险性

(1)化学危险品企业生产中无论是生产原料还是生产的产品大都是化学危险品，如石油化工企业的生产原料——原油，还是终端产品——汽油、柴油、煤油等都属于甲、乙类易燃易爆物品，具有很大的火灾危险性。

生产的火灾危险性分类参见第三章表 3-2。

(2)生产过程中的催化、裂化等流程大多是在高温高压密闭的釜、罐、塔等容器中进行，稍有不慎造成泄漏或进入空气都可能酿成起火或爆炸，即使其他流程也都存在一定的火灾危险性。

(3)整个生产过程工艺复杂、控制过程环环相扣，任何一个环节出现问题都可能酿成重大事故。2014 年 4 月发生在延安炼油厂的爆炸事故就是由于在生产过程中误将生产中的中间产品高温混油导入碳三、碳四混装罐中，导致罐内低沸点液体迅速沸腾汽化，罐内压力急剧升高，撕裂罐顶，造成汽化气体大量泄漏而爆炸起火。

(4)生产作业区管道纵横、阀门接点比比皆是，"跑冒滴漏"往往难以杜绝，再加上温度、压力的变化对过道、容器的应力作用产生蠕变，在高温高压下很容易产生疲劳裂纹。另外，管道容器的腐蚀（化学腐蚀和应力腐蚀），阀门密封材料老化，这些潜在隐患随时可能造成大量泄漏引发事故。

(5)设备检修时动用明火切割或焊接，直接引爆残余气体或其他泄漏气体发生火灾或爆炸。

（6）生产作业区设置不当产生窝风窝气，或生产作业区与周边办公生活区、辅助生产区、铁路、公路、发电厂等易产生火花的场地、设施间距不足，火花飘入厂区或泄漏气体飘至火花地点引发火灾。

（7）厂区内因液体输送积累的静电、人体带电，以及进入厂区的交通工具产生的火花引发逸散气体火灾等。

2. 化学危险品生产火灾预防

（1）化学危险品生产企业宜设置在城市边缘和城市常年主导风向的下风向，避开低洼易受水涝灾害和地震断裂带区域，并能保证满足生产和消防用水的需求。

（2）应按照生产功能和生产流程划分生产作业区、辅助生产区和办公区以及生活区。各功能区之间应保持必要的防火间距和采取必要的防火隔离措施；生产区内厂房之间及其与周边其他建筑和设施之间也应保持相应的防火间距。其中，甲、乙类厂房之间及其与周边其他建筑和设施之间的防火间距的要求为：甲、乙类厂房与甲、乙类厂房之间防火间距不小于12m，与民用建筑的防火间距不小于25m，与厂外铁路中心线距离不小于30m，与厂外公路路边距离不小于15m，与厂外架空电力线的距离不小于为电杆（塔）高度的1.5倍。

（3）甲、乙类厂房应为一、二级耐火等级的单层或多层建筑（甲类宜为单层），不应设置在地下或半地下，并符合防火分区面积要求，具有符合规定的卸爆、泄压面积和通风降温措施。

（4）严格生产工艺流程管理，加强岗位责任制度，落实各项操作规程。防止混料、不按顺序和配料比加料、超（欠）温、超（欠）压、超（欠）时等不安全操作现象的发生。建立事故应急处理预案，一旦有误操作的情况发生能及时通过调整工艺流程控制事故的发展，最大限度减小事故危害，避免造成严重后果。

（5）加强安全检查和防火巡查，建立事故远程监控系统，及时发现隐患和问题，并能及时整改和修补。

（6）按设备维修周期及时检测、维护设备，杜绝设备带病作业。设备维修时，严格按照安全操作规程施行，并做好安全监护。需要动火的要严格按动火程序办理，禁止随意在禁火区域内动火。

（7）加强门卫安全管理，落实检查制度，内部人员按规定着装，外来人员严禁携带打火机、火柴或其他易燃易爆物品入内，外来汽车要带防火罩。

（8）按规定配足配齐消防设施和器材，加强维护保养，保证完好有效。由于化学危险品火灾往往温度能量高、烟气毒性大、发展速度快，特别要注意完善配套自动、远程、高效的灭火系统。

第三节　石油库防火

油库作为接收、储存和发放石油产品的企业，它既可能是原油加工企业的原料库和生产中转站，也可能是成品油的集收、储存、供应站，特别是一些大型油库也是国家石油储存和供应的基地，在整个国民经济运行中发挥着重要作用。因此，做好油库防火安全工作，防止油库发生火灾事故，对于保障国防战略安全和促进国民经济的发展具有重要的意义。

一、石油产品的火灾危险性

石油是原油及其成品油的总称。原油是一种呈黑褐色的黏性易燃液体，主要由碳和氢两种元素组成，碳占 83%～87%，氢占 11%～14%，从地下开采出来的叫天然石油，从煤和油母页岩中经干馏、高压、加氢合成反应而获得的叫人造石油。汽油、煤油、柴油以及各种润滑油都是石油产品，由原油经过蒸馏和精制加工而成。

石油产品的火灾危险性主要有下列七个方面。

1. 容易燃烧

石油产品具有容易燃烧的特点，因而也就潜藏着很大的火灾危险。石油产品火灾危险性的大小主要是以其闪点、燃点、自燃点来衡量的。从消防观点来说，闪燃就是着火的前兆，闪点越低的油品，着火的危险性越大，反之则火灾危险性就小。油品闪点是指在规定的试验条件下，油品蒸气与空气的混合气体，接近火焰闪出火花并立即熄灭时的最低温度。汽油的闪点一般在 -50～-30℃之间，在任何大气温度下均能使其挥发出大量的油蒸气，只要遇上极小点燃能量（一般只需 0.2～0.25mJ）的火花就能点燃，因此，汽油的火灾危险性很大。煤油的闪点一般为 45℃左右；-35 号轻柴油的闪点一般为 50℃左右，外部温度有可能达到或接近，因此，这类油品火灾危险性也较大。其他轻柴油和重柴油的闪点一般在 60～120℃，在正常情况下，环境温度不可能达到，但如果油品被加热或者在附近出现有足够温度的火源时，也存在被点燃而发生火灾的危险。润滑油类和润滑脂类的闪点均在 120℃以上，一般来讲，不易着火，但在附近发生具有高热辐射燃烧时，即可迅速传播燃烧，也同样具有火灾危险性。

石油产品的闪点与燃点相差 1～5℃，即使闪点在 100℃以上的油品，其燃点比闪点仅高 30℃左右。根据油品被引燃的难易程度，将油品按其闪点划分为易燃液体和可燃液体两个部分，并划分为甲、乙、丙三类。由于闪点高于 120℃的润滑油和有些重油在一般情况下较难起火，故而又将丙类油品分为丙 A 和丙 B 两类。石油库储存油品的火灾危险性分类见表 5-3 。

表 5-3　石油库储存油品的火灾危险性分类

类别		闪点/℃	举例
易燃液体	甲	<28	原油、汽油类
	乙	28～60	喷气燃料、灯用煤油、-35 号轻柴油
可燃液体　丙	A	60～120	轻柴油、重油、重柴油
	B	>120	润滑油类、100 号重油

　　由于石油产品具有容易燃烧的特点,结合石油库内建筑物和构筑物的使用性质和操作情况,从防止油库火灾造成灾难性后果出发,《建筑设计防火规范》对库内生产性建筑物和构筑物的耐火等级做出明确规定,这些规定不仅是设计油库时必须遵循的法规,也是石油库在消防安全管理上的重要依据。

　　2.容易爆炸

　　石油产品的蒸气和空气的混合比达到一定浓度范围时,遇火即能爆炸。爆炸浓度范围越大,下限越低的油品,发生火灾或爆炸的危险性越大。它是衡量易燃气体火灾危险性的重要指标,一般所说的爆炸极限就是指浓度极限。常用石油产品爆炸浓度极限和闪点、燃点见表 5-4 。

　　爆炸极限除用油品气体浓度来表示外,也可以用油品温度来表示,因为液体的蒸气浓度是在一定的温度下形成的,因此,液体的爆炸浓度极限,就体现着一定的温度极限。如汽油和煤油的爆炸温度极限分别为 -38～-8℃ 和 40～86℃ 。

　　石油产品在着火过程中,容器内气体空间的油蒸气浓度是随着燃烧状况而不断变化的。因此,燃烧和爆炸也往往是互相转变交替进行的。

表 5-4　石油产品爆炸极限及闪点、自燃点

石油产品名称	爆炸极限 油品蒸气在空气中浓度/(%)		温度/℃		备　注
	下限	上限	闪点	自燃点	
汽油	1.58	6.48	-50～-30	415～530	易燃液体
煤油	1.40	7.50	28～45	380～425	易燃液体
甲烷	5.00	15.00	—	540	易燃易爆气体

续 表

石油产品名称	爆炸极限 油品蒸气在 空气中浓度/（%）		温度/℃		备 注
	下限	上限	闪点	自燃点	
乙烷	3.12	15.00	——	510～522	易燃易爆气体、有毒害性
丙烷	2.9	9.50		460	稀薄石油气
丁烷	1.9	6.50	——	——	稀薄石油气
戊烷	1.4	8.00	—10	579	易燃液体
甲苯	1.28	7.00	6～30	522	易燃液体
苯	1.50	9.50	10～15	580～659	易燃液体
乙烯	3.00	34.00	——	543	易燃易爆气体
丙烯	2.00	11.10	——		稀薄石油气
丁烯	1.70	9.00	——		稀薄石油气
异丁烷	1.60	8.40	——		稀薄石油气
天然气	5.00	16.00	——	650～750	石油气
轻柴油	1.5	6.5	40～65	350～380	可燃液体

3.容易蒸发

石油产品尤其是轻质油品具有容易蒸发的特性。汽油在任何气温下都能蒸发，1kg 汽油大约可以蒸发为 0.4m³ 油蒸气；煤油和柴油在常温常压下只是蒸发得慢一些，润滑油的蒸发量则比较小。油品密度越小，蒸发得越快；闪点越低，火灾危险性就越大。

石油产品的蒸发有静止蒸发和流动蒸发两种情况。静止蒸发是指储存在比较严密的容器内的油在空气不太流通的情况下，液面发生蒸发的现象。流动蒸发是指油品在进行泵送或灌装时，油品或周围的空气处在流动情况下，或二者都处在流动情况下所发生的蒸发现象。这些蒸发出来的油气，因其相对密度较大，一般都在 1.59～4（相对于空气）之间，不易扩散，往往在储存处或作业场地的空间、地面弥漫飘荡，在低洼处积聚不散，这就大大增加了火灾危险因素。

石油产品的蒸发速度同下列因素有关：

(1)温度:温度高,蒸发快;温度低,蒸发慢。

(2)蒸发面积:面积大,蒸发量大;面积小,蒸发量小。

(3)液体表面空气流动速度:流动速度快,蒸发快;流动速度慢,蒸发慢。

(4)液面承受的压力:压力大,蒸发慢;压力小,蒸发快。

(5)密度:密度小,蒸发快;密度大,蒸发慢。

凡是蒸发速度较快的油品,其蒸发的油气在空气中的浓度容易超过爆炸下限而形成爆炸性混合物。在运输、装卸、储存、灌注石油产品(特别是轻质石油产品)时,应采取一切技术措施,减少油气蒸发。

4.容易产生静电

石油产品的电阻率一般在 $10^{12} \Omega \cdot cm$ 左右,当沿管道流动与管壁摩擦和在运输过程中因受到震荡与车、船、罐壁冲击,都会产生静电。

静电的主要危害是静电放电。当静电放电所产生的电火花能量达到或大于油品蒸气的最小着火能量时,就立刻引起燃烧或爆炸。汽油的最低着火能量为0.2～0.25mJ。而石油产品在装卸、灌装、泵送等作业过程中,由于流动、喷射、过滤、冲击等缘故所产生的静电电场强度和油面电位,往往能高达 20～30kV。

容器内石油产品放电有电晕放电和火花放电两种形式。电晕放电往往发生在靠近油面的突出接地金属(如罐壁的突出物、装油鹤管等)与油面之间。这种形式的放电能量是极微小的,一般不会点燃液面蒸气,但也有可能发展成为火花放电。例如,2016 年 10 月中油延长西安分公司临潼油库装卸栈台连续发生两次加油罐车爆燃事故就是加油鹤管与液面之间静电放电引起的。

火花放电大都发生在两金属体之间,如油面上的金属与容器壁之间(如偶然落入容器内而又飘浮在液面上的金属采样器等)。这种放电能量较大,很可能点燃液面蒸气。至于油面之间存在的电位差放电,以及油面与容器顶内壁突出物之间的放电,由于需要很大的电位差,故发生的可能性很小。

静电放电引起火灾,必须具备四个条件(见本章第一节),防止静电引起火灾的措施,就是要设法使构成上述的条件不要同时同地出现,如限制液体流量、控制液体流速、减少液体撞击摩擦,以及加强导电接地等。

油品静电电荷量的多少与下列因素有关:

(1)油品带电与输油管内壁粗糙程度成正比,油管内壁越粗糙,油品带电越多。

(2)空气的相对湿度(大气中所含水蒸气量)越大,产生的静电荷越少,空气越干燥,静电荷越不容易消散。

(3)油品在管内流动速度越快,流动的时间越长,产生的静电荷越多。

(4)油品的温度越高,产生的静电荷越多(柴油的特性相反,温度越低,产生的静电荷越多)。

(5)油品中含有杂质,或油与水混合泵送,或不同油品相混合时,静电荷显著增加。

(6)油品通过的过滤网越密,产生的静电荷越多。

(7)油品流经的闸阀、弯头等越多,产生的静电荷越多。

(8)用绝缘材料制成的容器和油管(如帆布管、塑料桶等)比用导电的金属制成的容器、油管产生的静电荷多。

(9)导电率低的油品比导电率高的油品产生的静电荷多。

(10)储运设备的防腐涂层导电性能越差,静电荷的产生和积聚越多。

(11)灌装油品时出油口与油面的落差越大,产生的静电荷越多。

(12)装卸油品管道的进出口形状对静电荷的产生和积聚有很大影响,集中并形成喷射的进出口形状比分散式、稳流形状的容易产生静电荷。

5.容易受热膨胀

一方面,石油产品受热后体积膨胀,蒸气压同时升高,若储存于密闭容器中,就会造成容器的膨胀,甚至爆裂。有些储油的铁桶出现的顶、底鼓凸现象,就是受热膨胀所致。另一方面,当容器内灌入热油冷却时,油品体积又会收缩而造成桶内负压,使容器被大气压瘪。这种热胀冷缩现象往往损坏储油容器,从而增加火灾危险因素。

6.容易流动扩散

液体都有流动扩散的特点。油品流动扩散的强弱取决于油品本身的黏度,黏度低的油品流动扩散性强,如有渗漏会很快向四周流散。无论是漫流的油品或飘荡在空间的油气,都属于起火的危险因素。重质油品的黏度虽然很高,但随着温度的升高其流动扩散性亦能增强。

7.容易沸腾突溢

储存重质油品的油罐着火后,有时会引起油品的沸腾突溢。燃烧的油品大量外溢,甚至从罐内猛烈喷出,形成巨大的火柱,可高达$70\sim80m$,火柱顺风向喷射距离可达$120m$,这种现象通常称为"突沸"。燃烧的油罐一旦发生"突沸",不仅容易造成扑救人员的伤亡,而且由于火场上辐射热大量增加,容易直接延烧邻近油罐,扩大灾情。

(1)重质油品发生沸腾突溢的原因如下:

1)辐射热的作用。油罐发生火灾时,辐射热在向四周扩散的同时,也加热了液面,并随着加热时间的增长,被加热的液层也越来越厚,当温度不断升高,油品被加热到沸点时,燃烧着的油品就沸腾出罐外。

2)热波的作用。石油及其产品是多种碳氢化合物的混合物。在油品燃烧时,首先是处于表面的轻馏分被烧掉,而剩余的重馏分则逐步下沉,并把热量带到下面,从而使油品逐层地往深部加热。这种现象称为热波,热油与冷油分界面称为热波面。在热波面处油温可达 149～316℃。

辐射热和热波往往是同时作用的,因而能使油品很快达到它的沸点温度而发生沸腾外溢。

3)水蒸气的作用。如果油品不纯,油中含水或油层中包裹游离状态水分。当热波面与油中悬浮水滴相遇或达到水垫层高度时,水被加热汽化,并形成气泡。水滴蒸发为水蒸气后,体积膨胀 1 700 倍,以很大的压力急剧冲出液面,把着火的油品带上高空,形成巨大火柱。

(2)重质油品发生沸腾突溢的条件。重质油品产生沸腾突溢,除上述原因外,只有在下列条件同时存在时才会发生。

1)由于油品具有热波的性质,通常仅在具有宽沸点范围的原油、重油等重质油品中存在明显的热波。而汽油,由于它的沸点范围比较窄,各组分间的密度差别不大,只能在距液面 6～9cm 处存在一个固定的热波界面,即热波界面的推移速度与燃烧的直线速度相等,故不会产生突溢沸腾。几种油品的热波传播速度和燃烧直线速度见表 5－5。

表 5－5   几种油品的热波传播速度和燃烧直线速度

油品名称	热波传播速度/(cm·s^{-1})	燃烧直线速度/(cm·s^{-1})
轻质原油:含水 0.3% 以下	38～90	10～46
含水 0.3% 以上	43～127	10～46
重质原油:含水 0.3% 以下	50～75	7.5～13
(和重油)含水 0.3% 以上	30～127	7.5～13
煤油	0	12.5～20
汽油	0	15～30

2)油品中含有乳化或悬浮状态的水或者在最下层有水垫层。

3)油品具有足够的黏度,能在蒸气泡周围形成油品薄膜。

油罐着火后突沸的时间取决于罐内储存油品的数量、含水量以及着火燃烧时间的长短。也可以根据罐中油位高度、水垫层高度以及热波传播速度和燃烧直线速度进行估算，以便采取有效的防护措施。一般在发生突沸前数分钟，油罐出现剧烈振动并发出强烈嘶哑声音时，即是突沸的前兆。火场指挥者如能掌握这种征兆，就能果断地抢先一步做出正确的决定。

二、油库的分类和选址

1. 油库的类型

油库有两大类型：一类为专门接收、储存和发放油品的独立油库；一类为工业、交通或其他企业为满足本身生产需要而设置的附属油库。各类油库又分为以下几种：

(1)将储油罐设置在地面上的称为地上油库。

(2)将储油罐部分或全部埋于地下，上面覆土的，称为半地下油库或地下油库。将储油罐建筑在人工挖的洞室或天然山洞内的，称为山洞油库。

(3)利用稳定的地下水位，将油品直接封存于地下水位的岩体里开挖的人工洞室中的，称为水封石洞油库。

(4)为了适应海上采油，将储油罐建设在水下的，称为水下油库。

2. 油库的分级

石油库按其总容量又可划分为四级，见表5-6。

表5-6 石油库的等级划分

等级	总容量/m³
一	50 000 及以上
二	10 000～50 000 以下
三	2 500～10 000 以下
四	500～2 500 以下

注：表中总容积系指石油库储存油罐的公称容量和桶装油品设计存放量的总和，不包括零位罐、高架罐、放空罐以及石油库自用油品储罐的容量。

此外，按照储罐的形式，又可分为固定顶罐、浮顶罐、卧式罐、立式罐、球罐等；按照储罐的位置，又可分为直埋式、被覆式、高架式、地上式等。一般大型油库多采用地上固定顶罐或浮顶罐，军用战略油库多采用地下或半地下被覆式固定顶罐，小型油库多采用地上或地下直埋卧式罐。

3. 油库的选址

石油库的库址选择应符合以下要求：

（1）油库作为易燃易爆单位，特别是大型油库，宜选在城市的边缘或远离主城区，且处于城市常年主导风向的下风向或侧风向。

（2）库址应具备良好的地质条件，不得选择在有土崩、断层、滑坡、沼泽、流沙及泥石流的地区和地下矿藏开采后有可能塌陷的地区。

（3）一、二、三级石油库不得选在地震烈度为9级及以上地区。

（4）库址应选在不受洪水、潮水或内涝威胁的地区。

（5）库址应具备满足生产、消防、生活所需的水源，还应具备污水排放的条件。

（6）库址与其他民用建筑、铁路、公路、桥梁、输电线路的防火安全距离以及库区内各建筑、设施之间的防火间距应满足《石油库设计规范》（GB50074—2014）的要求。

4.散装油品储存场地的选择

不论是大型油库还是小型油库，除了主油品用储罐储存外，都会有一定量的用油桶散装的油品，这些油品的储存需要专门的库房或场地。对于这类库房或场地的防火要求必须考虑危险性较大的如汽油、煤油这类油品，容易因温度升高使桶内油液膨胀，蒸气压力增大，在超过桶皮所能承受的压力时胀破。因此，易燃液体桶装油料不宜在露天存放，如条件所限必须在场地储存时，则应在场地上设置不燃结构遮棚，以及在炎热季节采取喷淋降温的措施。对轻质油品中的柴油类和其他可燃液体的桶装油品，在场地储存时，应采用以下防火措施：

（1）露天油桶堆放场不应设在铁路、公路干线附近，但应有专用的道路；也不宜设在有陡壁的山脚下。场地应坚实平整并高出地面0.2m，场地四周应有经水封的排水设施。桶堆应用土堤或围墙保护，其高度在0.5m左右，为避免阳光照射，可在堆场周围种植阔叶树木（不能种植针叶树木）。

（2）场地上的润滑油桶应卧放，双行并列，桶底相对，桶口朝外，大口向上，卧放垛高不得超过三层，层间加垫木；桶装轻质油品应使桶身与地面成75°斜放，与邻相靠，下加垫木。不论卧放、斜放均应分堆放置，各堆垛之间应保持一定防火间距，堆垛长度不超过25m，宽度不超过15m，堆与堆的间距不小于3m，每个围堤内最多四堆，堆与围堤应有不小于5m的间距，以防油品流散和便于扑救。堆中油桶应排列整齐，两行一排，排与排间应留有不小于1m的检修通道，便于发现油桶渗漏和进行处理。

（3）场地内不应设置电气设备，照明装置可设在堤外。

三、油库的防火管理

防火是油库管理的首要任务，也是一项经常性的工作，它要贯穿于一切生产作业、设备维修、技术革新、基建施工中，其重点如下。

1. 日常管理

(1)开展经常性安全教育。

1)运用各种形式对职工加强防火安全和守职尽责的教育，做到开会经常讲，逢年过节重点讲，冬防夏防定期讲，发现隐患及时讲，新进职工专门讲。

2)油库环境应有浓厚的防火安全气氛。如油库大门外设置醒目的"油库重地，严禁烟火""严禁火种入库"等警示牌，库内张贴各种防火安全警句、标语，作业场所设置的消防设备颜色规范、醒目。

(2)加强安全管理措施。

1)库区严禁烟火进入，外来车辆必须戴防火罩，方可进入；

2)栈台、泵房等收发油作业场所都属于高危险爆炸区域，严禁接入非防爆电器设备；

3)操作中应严格操作规程、流程，防止混油、抽空、溢罐，严格控制压力、流速，工艺装置中应设置事故紧急切断阀；

4)检查管道法兰连接处的跨接装置及接地装置，检查装、卸油罐车的静电接地，防止静电产生；

5)防止"跑冒滴漏"和加强通风，设置有气体泄漏或油品泄漏报警装置的应定期检查探头的工作状况，及时清洗和维护，防止可燃气体聚集形成爆炸性混合气体；

6)每年夏季雷雨来临前，检查油罐的防雷接地设施，如避雷针、接地线是否连接可靠，测量接地电阻是否符合要求（不大于10Ω）以及雷雨天应停止收发作业等；

7)经常检查油罐的呼吸阀、安全阀、阻火器等安全设施，杜绝安全隐患。

(3)严格动火审批，落实监护设施。

2. 油库的动火检修

油罐和输油管道等设备在检修时，往往要动火焊割。这对严禁明火的油库来说，是一个很大的威胁。因此必须十分注意，确保安全。

(1)检修动火的原则和一般要求。储罐、油管或其他火灾危险较大的部位的检修动火，必须从严掌握，按照下列原则办理：

1)有条件拆卸的构件如油管、法兰等，应拆下来移至安全场所，检修动火后再安装。

2)可以采用不动火的方法代替而同样能达到预期效果的，应尽量采用代替的方法处理，如用螺栓连接代替焊接施工；用轧箍加垫片代替焊补油管渗漏；用手锯方法代替气割作业等。

3)必须就地检修动火的,应经过批准,尽可能把动火的时间和范围压缩到最低限度,同时落实各项防火安全措施。

4)油罐和输油管道检修是最易造成火灾危险的作业,必须十分重视。事先应对现场情况详细了解,并组织专门小组进行研究,制定施工方案,施工前要将动火场所周围杂草和可燃物质、油脚污泥等清除干净,施工时应指派熟练技工操作,明确专人负责现场检查监护,除配置轻便灭火工具外,罐区内消防设备和灭火装置均要保证可靠,以防万一。

(2)油罐动火检修的安全措施(步骤)。

1)清出检修油罐罐内全部油品。

2)在油罐入孔口用消防水枪冲洗罐壁油垢,并将罐内含油积水用泵抽到其他罐内,清除出来的油泥、锈屑,应在罐区外安全地方埋入地下或作无害化处理。含硫油品的沉积污垢,必须在潮湿状态下及时埋入库外地下,防止自燃引起火灾。

3)用蒸汽蒸洗。一般油罐连续蒸洗时间不少于24h,5 000m³以上油罐应不少于48h;蒸汽应缓慢放入,压力不宜过高,控制在0.25MPa,输蒸汽的管子应良好接地,并外接在油罐壁上,以免发生静电事故。不要将装有能够撞击出火花的金属输气管道伸入罐内,以防蒸汽压力使输气管跳动时,由于金属的摩擦撞击产生火花引燃油气爆炸。储存柴油和润滑油的油罐,可以考虑不用蒸汽蒸洗。

对不具备蒸洗条件的地上金属油罐,先进行自然通风,时间一般不少于10d,然后向罐内充水,直到油污从罐顶各个孔口溢出。排水后测定罐内油气含量小于0.3mg/L,方可进入油罐,排除积污,并在动火之前再做测爆试验。禁止利用输油管线向罐内注水,以防带入油液。

4)自然通风。蒸洗完成后,打开入孔、采光孔、测量孔、泡沫室盖板等孔口和罐壁闸阀,拆下呼吸阀、液压安全阀,进行自然通风,排除罐内油气。打开孔盖时动作要轻,防止摩擦撞击出火。汽油罐自然通风时间一般为7~10d。

5)拆卸输油管线,使油罐与其他罐、管脱离。输油管非动火一端要加盲板封堵,阀门要关紧锁好,切忌只关阀门,不拆管线,不堵盲板。油罐上的固定消防泡沫管也应同时拆断,防止油气进入。

6)储存易燃液体的油罐,从打开孔口到开始动火这段时间,周围50m半径范围内应划为警戒区域。

7)动火之前应通过气样分析有无爆炸危险。或用测爆仪在测量孔、采光孔等各个孔口以及罐内低凹和容易积聚油气的死角等处测查油气,如升降管、虹吸放油口、中心柱等处;特别要注意罐底焊封不好处,下部可能隐存积油,最好用两台以上测爆仪同时进行测定，便于核对数据，防止因测爆仪失灵出现假象。测定气体浓度，必须是低于该油品爆炸下限的50%才算合格。对经过测爆正常，但未及时动火的油罐，在间隔一段时间，开始动火之前，仍需重新进行测查，以防意外。

8）动火油罐的邻近油罐，如系汽油罐，应与动火油罐同样采用相应的防范措施。对与动火罐相邻二罐中较大一个罐径的煤油、柴油罐，动火期间应停止油品收发作业，并在不影响油罐呼吸情况下，用石棉布或多层铜丝网遮盖呼吸阀（网不少于5层，网孔30～35目），若距离小于罐径，应清出罐内油品并满罐储水；但润滑油罐除外。为了减少罐区内附近易燃油品罐的气体散逸，根据季节、气温情况，还需对周围汽油、煤油罐喷淋降温。

9）当油罐间距不符合要求，且相邻罐又无条件出空时，应视具体情况调换邻罐的储存油品，必要时，应再在两个油罐之间，靠动火油罐的一侧喷水保护或临时用高度不低于罐顶、宽度适当的脚手架悬挂帆布并淋水作阻隔屏障。容量较小的油罐，可将油罐吊运到危险区外进行施工，但移动时要注意防止油罐变形。

10）对于储存汽油的油罐，在计划检修之前，应尽可能安排改储柴油过渡，创造安全施工条件。

（3）输油管道动火检修的安全措施。

1）输油管线动火前，应排除管内存油，将管线拆下，用水彻底清洗干净，敞开管口通风，移到指定安全地点用火。

2）对拆下的油管，在排除管内存油后，根据管线的输油品种危险程度，分别采取相应的安全用火措施，如全焊接管道，应将距离该管道焊接处20m以内油罐中的轻质油品移离，并在罐内充水，被修管段两端接头均应拆离，保持敞口，不进行修理的管段拆离后，端头应用盲板封闭。

3）若管段两端无法拆离，或管段较长，则尽可能带水操作，并在动火前用手动工具在修理处管道上部开一手孔，用泥团在焊接点的管内两端堵塞严密。完工后泥塞可用高压水冲除，或者结合焊修割断该处管体，改装成法兰连接并将泥塞取出。

4）若用蒸汽冲刷管道，要注意防止管道冷却时产生真空，从尚未拆断的管道中吸入油液或油气，在动火时发生危险。

第四节　百货商品仓储防火

社会主义生产的目的是为了不断满足人们的物质、文化生活的需要。而满足人们的物质、文化生活，在很多方面是通过购销日用百货商品来实现的。因此，日用百货商品就成了国家保障供给、活跃市场的重要物资,同人们的物质、文化生活息息相关。

这里所说的日用百货是广义的,它不仅仅指百货公司经营的商品,还包括商业、外贸部门经营的各种日用百货物资。

日用百货仓库,按经营管理范围和规模大小分为国家级的救灾物资储备库、地区性配送的大型仓库和区域性的中转仓库,以及大商店、商场附属的仓库和小商店的"前店后库";按储存的商品性质,又分为储存单一品种的专业仓库和储存多品种的综合仓库。

日用百货仓库储存的商品物资特别集中,而且价值高昂,一旦发生火灾,不仅经济损失严重,而且往往会造成市场商品供应的脱销,甚至影响军需战备和救灾抢险的需要。

一、百货物资的分类

日用百货种类繁多,用途广泛,按其燃烧特性可分为易燃商品、可燃商品和不燃商品。

1.易燃商品

易燃商品包括用硝化纤维、赛璐珞制成的乒乓球,眼镜架、指甲油、手风琴、三角尺,漆布,以及日常生活用的酒精、花露水,打火机用的汽油和丁烷气体、樟脑丸、油布伞、火柴、摩丝发胶,还有蜡纸、改正液、补胎橡胶水、强力胶、鞭炮等。

有些易燃商品还有自燃的特性,如赛璐珞制品等,应按化学危险物品的要求储存。

2.可燃商品

可燃商品包括各种棉、麻、毛、丝等天然纤维和人造纤维的纺织品;各种皮革、橡胶和塑料制品,簿、册,纸张、笔等各种文教用品以及各种可燃材料制成的玩具、体育器材和工艺美术品等。

可燃商品的着火点一般都比较低,遇到火种和高温就会燃烧,其中的棉、麻织品,即使在堆捆的条件下,也会阴燃。在扑灭这类商品火灾时,用水浇熄表面火焰之后,还会出现复燃。

3.难燃和不燃商品

难燃和不燃商品包括钟表、照相机、缝纫机、自行车、日用五金;各种家用电器以及瓶装的药品;还有搪瓷、陶瓷、玻璃器皿、铝制品等。

难燃或不燃商品本身是用难燃或非燃材料制成的。但是,商品的包装材料都是木材、稻草、麻袋、纸板箱等可燃物,大件家用电器的包装箱内还使用极为易燃的且燃烧后产生有毒气体的聚苯乙烯泡沫塑料作填充保护物,同样会发生火灾。在发生火灾时,这些商品虽然不至于完全烧毁,但因受热、受潮,也会造成严重损失。

二、百货商品仓储火灾原因

(1)库址选择不当。有些与工厂、居民住宅混杂在一起,俗称大杂院。这些仓库外来人员进出多,周围火种难以控制,往往因飞火或邻近失火而受殃及。

(2)商品入库前没有检查,将运输途中接触到的火种夹带入库,或车辆进入库区不戴防火罩等。

(3)值班人员在库区生火做饭、取暖,或在维修施工时动用明火不慎,以及随便吸烟等。

(4)电瓶车和装卸机械在操作时打出火花,汽车随便开进库房装卸时发动机起火,或排气管高温火星引起商品燃烧。

(5)电气设备、线路安装使用不当。常见的如下:

1)使用碘钨灯、日光灯等照明,镇流器发热起火或烤着可燃物;

2)在开架存放的货架上乱拉电灯线,并经常移动,用后顺手到处挂放,使灯泡烤着可燃物或电线绝缘破损发生短路事故;

3)电灯泡靠近商品或防潮、保暖的苫布或可燃的门、窗帘而起火;

4)一些存放高档电器、照相器材、钟表等商品的库房隔间内,使用去湿机装置时,线路敷设和放置位置不当,又无专人管理,因内部电气故障起火。

(6)将易燃商品混放在其他商品之中,如将油纸、漆布和油布伞等会自燃的商品卷紧长期堆积存放,不能散热而自燃。

(7)仓库或堆垛遭受雷击起火。

三、百货商品仓储防火措施

1.仓库的布局和建筑

日用百货仓库要选择周围环境安全,交通方便,防水患的地方建库。仓库建筑的耐火等级、层数、防火间距、防火分隔、安全疏散等应符合《建筑设计防火规范》的要求,还应注意以下几点:

(1)仓库必须有良好的防火分隔。面积较大的多层的百货仓库中,按建筑防火要求而设计的防火墙或楼板,是阻止火灾扩大蔓延的基本措施。但是有些单位仅从装运商品的方便考虑,为了要安装运输、传送机械,竟随意在库房的防火墙或楼板上打洞,破坏防火分隔,将整个库房搞成上、下、左、右、前、后全都贯通的"六通仓库"。万一发生火灾,火焰就会从这些洞孔向各个仓间和各个楼层迅速蔓延扩大。因此,决不容许这种情况存在。百货仓库的吊装孔和电梯井一定要布置在仓间外,经过各层的楼梯平台与仓间相通,井孔周围还应有围蔽结构防护。仓库的输送带必须设在防火分隔较好的专门走道内,绝对禁止输送带随便穿越防火分隔墙和楼板。

(2)禁止在仓库内用可燃材料搭建阁楼,并且不准在库房内设办公室、休息室和住宿人员。

(3)库房内不得进行拆包分装等加工生产。这类加工必须在库外专门房间内进行。拆下的包装材料应及时清理,不得与百货商品混在一起。

2.储存要求

(1)百货商品必须按性质分类分库储存。属于化学危险物品管理范围内的商品必须储存在专用仓库中,不得在百货仓库中混放。

(2)规模较小的仓库,对一些数量不多的易燃商品,如乒乓球、火柴等,又没有条件分库存放时,可分间、分堆隔离储存,但必须严格控制储存量,同其他商品保持一定的安全距离,并注意通风,指定专人保管。

(3)每个仓库都必须限额储存,否则商品堆得过多过高,平时检查困难,发生火灾时难于进行扑救和疏散,也不利于商品的养护。

(4)面对库房门的主要通道宽度一般不应小于 2m,仓库的门和通道不得堵塞。

(5)在商品堆放时,垛距、墙距、柱距、梁距均不应小于 50cm,库房照明灯应使用功率不超过 60W 的白炽灯,并布置在走道或垛距空隙的上方。

3.火源管理

(1)库内严禁吸烟、用火,严禁燃放烟花和爆竹。

(2)在生活区和维修工房安装和使用火炉,必须经仓库负责人批准。火炉的安装和使用必须严格按照安全规定。从炉内取出的炽热灰烬,必须用水浇灭后倒在指定地点。

(3)储存易燃和可燃商品的库房内,不准进行任何明火作业。

(4)库房内严禁明火采暖。商品因防冻必须采暖时,可用暖气。采暖管道的保温材料应采用非燃烧材料,散热器与可燃商品堆垛应保持一定安全距离。

(5)进入易燃、可燃百货仓库区的蒸汽机车和内燃机车必须装防火罩,蒸汽机车要关闭风箱和送风器,并不得在库区清炉出灰。仓库应当有专人负责监护。

(6)汽车、拖拉机进入库区时要戴防火罩,并不准进入库房。

（7）进入库房的电瓶车、铲车，必须有防止打出水花的防火铁罩等安全装置。

（8）运输易燃、可燃商品的车辆，一般应将商品用篷布盖严密。随车人员不准在车上吸烟。押运人员对商品要严加监护，防止沿途飞来火星落在商品上。

（9）仓库内确需动火时，电气焊应有严格的防火措施，包括配置灭火器材，动火点附近可燃物应清理出一定的间距，不能清理的应用不燃苫布覆盖，施工完或下班后应清理查巡现场，防止遗留火种。

4. 电气设备

（1）库房的电线应当穿管保护，控制开关应安装在室外。严禁在库房的闷顶内架设电线。库房内不准乱拉临时电线，确有必要时，应经领导批准，由正式电工安装，使用后应及时拆除。

（2）库房内不准使用碘钨灯、日光灯照明，应采用白炽灯照明。电灯应安装在库房的走道上方，并固定在库房顶部。灯具距离货堆、货架不应小于50cm，不准将灯头线随意延长，到处悬挂。灯具应该选用规定的形式，外面加玻璃罩或金属网保护。

（3）库区电源，应当设总闸、分闸，每个库房应单独安装开关箱，开关箱设在库房外，并安装防雷、防潮等保护设施。下班后库内的电源必须切断。

（4）库房为使用起吊、装卸等设备而敷设的电气线路，必须使用橡胶套电缆，插座应装在库房外，并避免被砸碰、撞击和车轮碾压，以保持绝缘良好。

（5）仓库内禁止使用不合格的保护装置。电气设备和线路不准超过安全负载。

（6）库房内不准安装使用电熨斗、电炉、电烙铁、电钟、电视机等。

（7）电气设备除经常检查外，每半年应进行一次绝缘测试，发现异常情况，必须立即修理。

5. 安全检查

（1）商品入库前必须进行认真检查。在检查进库商品中，如发现棉、毛、麻、丝、化纤等纺织品或用麻布、稻草、纸张包装的商品有夹带火种的可疑时，应将其放到观察区观察。一般应观察24h，确认无危险后，方可入库或归垛。

（2）仓库保管员离开库房前必须认真检查，库内是否有人潜入，货物有无可疑情况，窗户是否关闭等情况，确认安全后，再切断电源，闭门上锁。

（3）仓库的领导和守护人员，在节假日和夜间应加强值班，并不断巡回检查，以策安全。

6. 灭火设施

（1）在城市给水管网范围所及的百货仓库，应设计安装消火栓。室外消火栓的管道口径不应小于100mm。为了防止平时渗漏而造成水渍损失,室内消火栓不宜设在库房内。

(2)百货仓库还应根据规定要求配备适当种类和数量的灭火器。

(3)大型的百货仓库应安装自动报警装置和自动灭火装置。

第五节　公共聚集场所防火

公共聚集场所是指宾馆、饭店、商场、超市、集贸市场、客运车站候车室、客运码头候船厅、民用机场航站楼、体育场馆、会堂以及文艺娱乐场所等。长期以来,公共聚集场所一直是消防管理监督的重要方面,一般都被公安消防部门作为消防安全重点单位来加强管理。因此,这些单位场所的消防安全保卫工作就成为单位保卫人员的最重要职责。由于这种场所种类繁多,现仅以商场和公众娱乐场所为例,介绍这类场所的防火要求。

一、商场等购物场所防火

1.商场等购物场所的特点及火灾危险性

(1)营业面积大。商场等公共聚集场所建筑面积大,每层小的有数百平方米,大的数千甚至上万平方米,尤其是近年来大型购物中心、广场的出现将营业面积拓展至几万平方米。这么大的面积给防火分隔、人员疏散带来了新问题,特别是带有中庭等公共空间和自动扶梯的商业建筑更是上下贯通。如果分隔措施不当,一旦发生火灾,可以很快蔓延整个商场。

(2)功能复杂,致火因素多。现在大型的商场等高层建筑集购物、餐饮、娱乐、休闲于一体,规模大,功能复杂,各种通风、空调管道纵横,电梯井、管道井上下连通,餐饮等使用的各种燃料管道、明火使火灾因素大大上升,以及照明、广告、通风、空调、电梯运行等用电负荷大量提高,还有服装售卖点的电熨斗,以及各种修理店、铺的电烙铁等电热工具。

(3)装修豪华,火灾荷载大。商场等公共聚集场所为了美化和创造一个舒适环境,采用大量的可燃装修材料,加之本身的商品使火灾荷载大幅度提高,火灾很容易形成熊熊大火,加上有毒烟气给火灾扑救和人员逃生造成了很大困难。特别是某些大型集贸市场往往是集商贸、储存、人员生活为一体,有的在商铺窗户上还加有钢筋栅栏,更加大了火灾荷载和人员逃生的困难。

(4)人员密集,疏散困难。商场等公共聚集场所的另一特点是人员密集,男女老少摩肩接踵。一些大城市的大型商场每天接待的顾客人数大约30万人,高峰时每平方米有 5～6 人,逢节假日更加突出,这与影剧院、体育馆等公共场所规定人均占地面积 0.6m² 相比,已是大大超出,加上面积大,自然疏散距离大,给人员疏散带来了极大的困难。如果在营业期间发生火灾,常常会引起混乱,难免造成人员重大伤亡。

2.商场等购物场所的防火要求

(1)柜台布局和防火分隔。

1)商场作为公共场所,顾客流量和柜台布局是首先考虑的主要因素,一般应满足下列要求:①柜台、货架同顾客所占的公共面积应有适当比例,综合性大型商场或多层商场一般不应小于 1：1.5,较小的商场最低应不小于 1：1。②柜台分组布局时,组与组之间的距离应不小于 3m。③顾客所占公共面积,按高峰时间顾客平均流量计算,人均占有面积应不小于 0.4m²。④在布局上,应将顾客流量大的商品柜台设置在较低楼层,如日用百货等,对顾客流量较小的柜台应设置在较高楼层,如家具、五金等,餐饮业因有燃料及明火也宜设置在较高楼层。

2)面积超过 10 000m² 的大型商场,对高层建筑应按 1 500m² 划分防火分区,对多层建筑应按 2 500m² 划分防火分区,当商场内装有自动喷水灭火系统时,防火分区的面积可增加一倍。防火分区划分一般以楼层为限。

3)对于电梯间、楼梯间、自动扶梯等贯通上下楼层的部位要用严格的分割措施。电梯间、楼梯间宜用防火门分割,自动扶梯宜用防火卷帘分割。作为代替防火墙分隔的卷帘应达到耐火极限要求,达不到要求的要有水幕保护。

(2)商场内人员的安全疏散是防火工作的重中之重。在安全疏散方面,首先要保证安全出口的数量、宽度、疏散距离要求,平时不得堵塞楼梯、疏散走道等疏散通道,不得在楼梯间和走道上设置商品柜台和摆放杂物,保证通道畅通。对于有卷帘分隔并作为第二安全通道的防火卷帘要保证操作的可靠性,要防止卷帘落不下或停不下来等情况,保证疏散通畅。在火灾状态下要组织员工引导人们疏散,并保证进入楼梯间的防火门处于常闭状态,防止烟气侵入,保障通道安全。另外,出入商场等人员密集场所的门不得设置旋转门、卷闸门、侧拉门。对于宾馆、饭店设置的旋转门,两侧应设平开门并满足宽度要求,注意旋转门不得计入疏散宽度。

(3)严禁人员携带易燃易爆物品进入商场,对营业层经营的易燃物品要限量摆放,严禁在商场空间搭置阁楼储存商品。商场的小型中转仓库应设置在独立的防火分区内;商场内设置的燃料管道要独立沿外墙设置,直接到达用气楼层,不得穿过商场及人员疏散楼梯。

(4)商场等公共聚集场所的电气照明及其用电线路、设备的安装必须符合低压电气安装标准的要求。在吊顶内敷设电气线路应选用铜芯线,并穿管保护,接头必须用接线盒密封。电气线路的敷设配线应根据负载情况,按不同的对象来划分分支回路,以达到局部集中控制又便于检修的原则。但在全部停止营业后,应能做到除必要的夜间照明外,营业厅主要电源全部切断。安装在吊顶内及墙面装饰层上的埋入式照明灯具所使用的镇流器、开关、插座等要采取隔热、防火措施,防止因镇流器发热和开关插座接触不良而引起火灾。要注意霓虹灯防火,商场营业厅内、商品柜台上方、沿街玻璃橱窗内、建筑物的顶部及外墙上一般都安装了广告霓虹灯,由于霓虹灯的高压变压器极易发热起火,因此一定要采取散热或隔热措施。另外,该场所内严禁乱拉、乱接电线或电热设备,杜绝一切可能的不利因素。

(5)经常检查各种消防安全设施,保证有效、好用。要按照场所的火灾类型配足、配齐必要的灭火器材,不得遮挡室内消火栓,保证配件良好。在防火卷帘下禁放任何物品和设置柜台摊点,保证防火卷帘正常下落,防火卷帘两侧的柜台和可燃物距卷帘应不小于1m。对自动报警和自动灭火、排烟设施要定期检查,每年至少要进行一次全面检查,排除故障,及时更换损坏的探头、喷头,保证完好。

(6)加强防护巡查和消防控制室的值班。防火巡查是堵塞不安全漏洞的必要环节,公共聚集场所人多,各种不安全因素也多,一定要坚持巡查制度,营业期间要巡查,下班后要有专门保卫人员进行夜间巡查,巡查间隔不大于2h,检查遗留火种和电源管理,堵塞漏洞。

(7)制定灭火和应急疏散预案,定期演练,提高单位"四个能力"建设,保证在火灾状态下做到引导顾客疏散和处置初起火灾两不误。要定人、定岗、定位,充分发挥每个义务消防队员的作用,最大限度减少火灾损失及人员伤亡。

消防控制室是整个消防设施控制的神经枢纽,是接警和处置初期火灾的指挥中心,一定要保证24h有人值班,值班人员不得擅离职守,并将控制开关置于自动位置,以防不测。

二、公共娱乐场所防火

1.公共娱乐场所的定义

公共娱乐场所是指向公众开放的下列室内场所:

(1)影剧院、录像厅、礼堂等演出、放映、游艺、游乐场所;

(2)舞厅、卡拉OK厅等歌舞娱乐场所;

(3)具有娱乐功能的夜总会、音乐茶座和餐饮、保龄球馆、旱冰场、桑拿浴室等营业性健身、休闲场所。

2.公共娱乐场所的防火要求

公共娱乐场所是公众聚集场所的重要组成部分,它除了具备商场等购物场所的火灾危险性之外,还因其工作时间长,夜间营业多,以及环境封闭等特点,其火灾危险性更大,更容易造成群死群伤,因此该场所的防火一直是消防监督部门监管的重点。

(1)公共娱乐场所除单独建造外,都设置在规模大、功能复杂的建筑内,由于公共娱乐场所的特殊性,业主应当就公共娱乐场所的消防安全管理与经营者签订专门的消防安全责任书,即确定该场所的管理应由经营者负责,并从消防设施和疏散通道上协调其他经营者给予保证。

(2)公共娱乐场所的内部装修设计和施工,应当符合《建筑内部装修设计防火规范》和有关建筑内部装饰装修防火管理的规定。新建、改建、扩建公共娱乐场所或者变更公共娱乐场所内部装修的,建设或者经营单位应当依法将消防设计图纸报送当地公安消防机构审核,经审核同意方可施工;工程竣工时,必须经公安消防机构进行消防验收;未经验收或者经验收不合格的,不得投入使用。公众聚集的娱乐场所在使用或者开业前,必须具备消防安全条件,依法向当地公安消防机构申报检查,经消防安全检查合格后,发给《消防安全检查意见书》,方可使用或者开业。

(3)公共娱乐场所宜设置在耐火等级不低于二级的建筑物内;已经核准设置在三级耐火等级建筑内的公共娱乐场所,应当符合特定的防火安全要求。公共娱乐场所不得设置在文物古建筑和博物馆、图书馆建筑内,不得毗连重要仓库或者危险物品仓库;不得在居民住宅楼内改建公共娱乐场所。公共娱乐场所与其他建筑相毗连或者附设在其他建筑物内时,应当按照独立的防火分区设置;商住楼内的公共娱乐场所与居民住宅的安全出口应当分开设置。公共娱乐场所设置在四层及以上楼层时,还应符合特定的防火要求,设置必要的防火、灭火设施,如自动报警、自动灭火、防排烟设施等。

(4)公共娱乐场所的安全出口数目、疏散宽度和距离,应当符合国家有关建筑设计防火规范的规定。安全出口处不得设置门槛、台阶,疏散门应向外开启,不得采用卷帘门、转门、吊门和侧拉门,门口不得设置门帘、屏风等影响疏散的遮挡物。公共娱乐场所在营业时必须确保安全出口和疏散通道畅通无阻,严禁将安全出口上锁、阻塞。安全出口、疏散通道和楼梯口应当设置符合标准的消防应急照明和灯光疏散指示标志。应急照明灯应当设置在疏散走道顶棚下的墙面上或楼梯间的休息平台的墙面上;疏散指示标志应当设在门的顶部或疏散通道及转角处距地面1m以下的墙面上,并应在疏散通道地面设置灯光疏散指示标志或蓄光型疏散指示标志。设在走道上的指示标志的间距不得大于20m。公共娱乐场所内设置的火灾事故应急照明灯和疏散标志灯的持续供电时间不得少于30min。

(5)在地下建筑内设置公共娱乐场所,除符合本规定其他条款的要求外,还应当符合下列规定：

　　1）只允许设在地下一层；

　　2）通往地面的安全出口不应少于 2 个，安全出口、楼梯和走道的宽度应当符合有关建筑设计防火规范的规定；

　　3）应当设置机械防烟排烟设施、火灾自动报警系统和自动喷水灭火系统；

　　4）严禁使用液化石油气，严禁带入和存放易燃易爆物品。

　　（6）公共娱乐场所必须加强电气防火安全管理，及时消除火灾隐患。不得超负荷用电，不得擅自拉接临时电线。严禁在公共娱乐场所营业时进行设备检修、电气焊、油漆粉刷等施工、维修作业。演出、放映场所的观众厅内禁止吸烟和明火照明；公共娱乐场所在营业时，不得超过额定人数。卡拉 OK 厅及其包房内，应当设置声音或者视像警报，保证在火灾发生初期，将各卡拉 OK 房间的画面、音响消除，播送火灾警报，引导人们安全疏散。

　　（7）公共娱乐场所应当制定防火安全管理制度，制定紧急安全疏散方案。在营业时间和营业结束后，应当指定专人进行安全巡视检查，其巡查间隔不得大于 2h。公共娱乐场所应当建立全员防火安全责任制度，全体员工都应当熟知必要的消防安全知识，会报火警，会使用灭火器材，会组织人员疏散。新职工上岗前必须进行消防安全培训。

　　（8）公共娱乐场所应当按照《建筑灭火器配置设计规范》配置灭火器材，设置报警电话，并按照《消防法》的要求对消防设施至少每年检测一次，保证消防设施、设备完好有效。

第六节　物流运输防火

　　现代社会的生产已经成为专业化、社会化生产，也就是说一个设备的生产，其整个部件可能需要多个产地、多个厂商来协作。这样可以节约成本，提高质量，加快生产周期，但随之而来的是造成社会的物资流量大幅度增加，因而物流作为一个新兴行业正在飞速发展。物流行业主要包括采收、储存、分流、投寄、运输等诸多环节，而且物资的种类繁多，流量大，因而火灾危险性也愈显突出。由于前节已对化学危险品仓储及日用百货仓储等做了介绍，物流单位的物质储存可参照有关要求实施。本节仅介绍采收、转运、分投诸环节的防火要求。

一、物流货物采收过程防火要求

　　物流货物的采收要把好分类和分检两道关。

（1）分类：将采收的货物按火灾危险性类别分开，直接配送的按类别分装于不同车辆上，不得混装。对需要临时存储的按不同类型分别存储于不同的库房，防止混存混放，同时也便于对有特殊要求的货物进行分类保管。对小型的物流企业，由于营业面积小，货物分类分检后应立即将货物转运出营业场地，且不可临时堆放于营业室内，防止营业场所的有关电气设备失火或人员遗留火种而引着货物。

（2）分检：对采收的货物要进行检查，不光是数量、品质的检查，主要是检查货物内部是否夹带易燃易爆等化学危险物品，如雷管、火药纸等爆炸物，汽油、酒精、火柴等易燃物品，赛璐珞、胶片等易自燃物品，强酸性和强碱性物品等腐蚀品，强腐蚀制品以及各种可燃气体的小储罐和点火器，如丁烷罐、打火机等，还有某些设备附属的易燃物，当附属的易燃物较多时，应将易燃物与主货分开，如转运或旧汽车报废时，应将报废车辆或旧车辆的油料清空或保留少量（仅用于短距离转移）油料等。

分检工序应在独立的空间进行，不得与库存货物同库操作。当库房面积大而分检工作量较小时，也应分隔进行，并及时将分拣货物归类存放。

二、物流运输中的防火要求

物流配送运输中的防火除参照汽车及场库防火有关要求外，还应注意以下几点：

（1）运输车辆的司机和押运人员不准在驾驶室或货厢内吸烟。

（2）易燃可燃货物在运输过程中要用苫布覆盖，防止运输过程中的飞火侵入。

（3）对遇湿能自燃的货物，运输途中要用防雨布覆盖，防止雨水侵入。

（4）对怕高温的货物，运输要选择运输时段，避免在烈日下长时间暴晒。怕震动的货物要选择好道路、速度，保持平稳行驶。

（5）行驶途中故障车辆应尽可能选择在服务区域停车检修，远离明火地点，需动用明火的，要有严格的防控措施。

三、物流企业汽车及汽车库防火

汽车是现代使用最为广泛的交通运输工具，也是物流运输的重要手段。汽车上除了油箱、油路外，其他部件如轮胎、车厢等也都是可燃物。车上还设有电器和其他火源，很容易发生火灾。车载货物多种多样，汽车是流动物体，一旦发生火灾，扑救难度较大。物流企业一般都设有汽车库。汽车运输专业单位、汽车修理单位设有的汽车库规模更大（包括停车库、修车库、停车场）；也有专供外来车辆停车的停车场。汽车库通常停有较多的车辆，一旦发生火灾，后果相当严重。

汽车的种类很多,按用途分为客车、货车和各种特种车辆,每一类按其大小又可分出多种,如客车有微型车、小轿车、小客车等;货车有一般卡车、重型货车、冷藏车等;特种车辆如吊车、铲车、警车、救护车。这些车辆虽然用途不同,外形各异,但其发动机只有两种,即汽油机和柴油机。

1.分类

(1)汽油机。汽油机是以汽油为燃料的内燃机。在工作过程中,汽油经过汽化器与空气按一定的比例混合,形成可燃混合气体进入汽缸,被活塞压缩后,用电火花点火,引起燃烧,产生高压,推动活塞做功;汽油机结构紧凑,重量轻,转速高,起动方便,运转平稳,目前使用最广,客车基本上都是使用汽油机。

汽油是易燃液体。汽油机汽车的油箱容量为 20~200L 不等,有些长途运输的货车还另外携有油桶,所以火灾危险性较大。

(2)柴油机。柴油机是以柴油、重油等为燃料的内燃机。在工作过程中进入汽缸内的空气,被压缩到能使燃油着火的温度后,用射油泵及喷油器将燃油喷成雾状射入汽缸,即自行着火燃烧,产生高压,推动活塞做功。柴油机有较高的热效率,燃油价格低廉,为载重汽车广泛采用。

柴油的火灾危险比汽油小。但柴油机汽车多为大型车辆,携带的油量较多,而且比汽油熔点高,气温低时易凝固,发动时有时需要加温,如加温不当,也可能引起火灾。

2.常见的汽车火灾原因

(1)行驶途中的火灾原因。

1)直接向汽化器灌注汽油。汽车油路发生故障时,用杯、瓶、壶等容器盛装汽油,直接向汽化器灌注,俗称"喝老酒"法。因汽油与空气混合比例失调或点火提前,汽化器发生回火"放炮"现象,喷出的火焰引起汽油着火。或在灌注时汽油漏出遇到发动机高温物体或电火花而起火。这是汽车运输途中常见的起火原因之一。

2)汽油管路损坏,油品漏出,遇电火花、高温物体起火。

3)电气绝缘损坏短路起火。

4)汽车零件损坏脱落与地面摩擦,引起可燃物燃烧。

5)汽车维修后有手套、抹布、纱头等放在排气管上,因高温加热而引燃。

6)公路上晒有谷草等,缠绕在转动轴上摩擦发热起火。

7)乘客违章吸烟,乱扔烟蒂、火柴梗引起着火。

8)乘客违章携带化学危险物品上车引起火灾、爆炸事故。

9)装运可燃货物时,押运人员随手乱扔烟头或被外来火源(如烟囱飞火)引燃。

10)装运危险物品因配装不当,车速过快,未按规定接地等原因而发生火灾、爆炸事故。

11)汽车驶入有可燃气体、可燃液体蒸汽扩散区域而引起燃烧、爆炸。

12)冬季行驶中直接用喷灯、火把等明火烘烤油路或油箱引起燃烧、爆炸。

(2)维修过程中的火灾原因:

1)维修汽车时,电源未断,用金属刷等擦洗时,使电线短路产生火花。

2)金属物体触发蓄电池桩头,产生电弧火花。

3)在蓄电池充电结束后,用金属工具在两个电桩头间进行测试,以产生电弧强弱来判断充电是否充足。由于蓄电池内发生化学变化,有氢气逸出,遇电弧火花发生燃烧或爆炸。

4)断路器上白金触点粘连,蓄电池内电流倒回发电机,引起发电机线圈发热起火。

5)使用汽油清洗时违章吸烟,违章动火。

6)修补油箱时,未对油箱进行彻底清洗。

(3)停放时的火灾原因。汽车停放时发生火灾,大多是在停放前留下了火种,如未熄灭的烟头放置于烟灰缸或掉落在座垫上,以及油棉纱、手套等可燃物夹留于排气管上,电气短路,油箱漏油等。

此外,对柴油机加热不当也会引起火灾。有时车辆不慎发生了交通事故,撞坏油箱,油品流出,或装运的化学危险物品与其他物体相撞、泄漏,也会引发火灾、爆炸事故。

3.汽车防火要求

汽车的主要防火要求:保持车况良好,遵守操作规程,取得乘客和沿路群众的配合等。

(1)汽车在停放和行驶时的防火要求:

1)车辆上路行驶前,要认真进行检查,确认机器部件良好,特别是电路、油路良好,才能投入运行,防止"带病"运行。行驶途中如发生故障,要认真查明原因,进行抢修,严禁直接向汽化器供油。

2)要动员群众不要在公路上脱粒、晒草。车辆在有谷草的道路上行驶,驾驶员要特别谨慎,保持低速行驶,发现异常情况,应立即停车检查。

3)要向乘客宣传、劝阻严禁在汽车上吸烟,要查堵违章携带化学危险物品乘坐汽车。如发现已有化学危险物品带上车辆,要立即采取安全措施,并交前方车站处理。

4)装运可燃货物,必须用油布严密覆盖,押运人员和其他随车人员不得抽烟,

5)严格遵守交通规则,防止发生交通事故,而引发火灾、爆炸事故。

6)装运化学物品必须符合有关安全要求:①合理装配,禁止将性质抵触,防护、灭火方法不同的物质同车装运;②包装破损,不符合安全条件的不得装运;③装运易燃液体的槽车必须有导除静电的设备;④禁止无关人员搭乘车辆,严禁客货混装;⑤保持安全车速,按规定的时间和路线行驶。

7)汽车上装有化学物品或进入有易燃、易爆物品场所及其他禁火区域,应佩戴火星熄灭器(防火帽)。

8)柴油汽车冬季尽可能停在室内,如发现柴油或其他重油凝固,可用温水加热使其熔化,禁止使用明火或大功率灯泡直接烘烤。

9)汽车驶入禁火区域时发生故障,不得就地修理,应推出禁火区域后再进行修理。

(2)维修汽车的防火要求。拥有汽车的单位总要对运输车辆定期进行维护和修理。维修汽车的防火要求如下:

1)汽车维修作业应当在专用的维修车间或场地内进行。

2)一般不要用汽油清洗零件,可用金属洗涤剂、煤油或柴油清洗。

3)检修前,应把蓄电池上的电源线接头拆下,并把电线接头固定好,如需照明,应使用低压灯并加护罩。

4)尽量不要用钢丝刷擦拭汽车,尤其是在用汽油清洗后,禁止用钢丝刷擦拭,以免产生火星。

5)如修补油箱,应把油箱从车上拆下,将存油全部倒掉,经彻底清洗后才可动火。

6)维修后,对车况要进行认真检查,防止留下隐患,尤其是排气管等高温物体处不得留下手套、抹布、纱头等可燃物。

四、汽车库(场)的防火要求

汽车库(场)是车辆的集中存放地,存放车辆多、火灾荷载大,一旦发生火灾,损失惨重。汽车库(场)火灾多数是汽车引起的,其中有些是维修汽车时引起的,也有些火灾是汽车库(场)本身引起的,如电气线路短路、照明灯具贴近篷布和车载可燃物、采暖不当等。此外,目前有不少老式汽车库,是利用其他建筑物替代的,耐火等级低;即使是新建的汽车库,由于过去没有专门的建筑设计防火规范可循,采用可燃结构较多,又缺乏防火分隔,布局也不尽合理,灭火设施较少,一旦发生火灾,很容易蔓延,扑救也比较困难。汽车库发生火灾,燃烧的多是汽油,火势往往十分猛烈,油箱、轮胎还会发生爆炸,大量汽车停放在车(库)场,疏散难度较大,特别是夜间火灾,地下或楼层汽车库火灾,疏散更加困难。因此,做好汽车库(场)防火具有重要意义。

（1）停入汽车库的车辆应按规定存放,不得占用通道,以保证发生火灾时能及时对车辆和人员进行疏散。

（2）汽车库内严禁进行车辆的维修,故障车辆应及时拖出车库到维修点修理,防止维修过程中的失火事故。

（3）汽车库内不得堆放杂物,在车库内禁止吸烟和动用明火。

（4）随着新能源汽车的增多,车库内应设有专门为汽车(电动或混合能源)充电的充电桩,不得由车主私拉乱接电线给汽车充电。

（5）加强汽车库的安全防范值勤,汽车库曾发生过多起因偷盗油料或遗留火种而引起的火灾,因此对大型汽车库夜间要有人值守,定时巡查,防止此类事故的发生。

（6）经常检查和维护车库内的自动消防设施和灭火器材,保证完整好用。

第七节　文物古建筑防火

文物古建筑是人类祖先千百年来遗留的珍贵历史文化遗产,是全人类的共同财富。中国作为有 5 000 多年历史的文明古国,文物遗产更是丰富多彩,价值无法估量。它不但体现在其作为民族历史象征、凝聚民族力量、激发爱国热情的精神价值和历史考古价值、文献价值、美学艺术价值、科学技术价值等文化价值,而且还有重要的实用价值,供人们参观游览,领略历史文化,促进旅游业的发展,给国家带来大量的经济收入。因此,保护文物古建筑的意义非常重大,关系到对历史负责、对文化传承负责、对国家负责、对人民负责、对子孙后代负责的大问题。历史上,西安曾是十三朝古都,其巍峨迤逦的秦阿房宫,雄伟壮美的汉未央宫,举世闻名的唐大明宫都是被火毁于一旦,历史辉煌难以再现。因此,陕西作为中华文明的摇篮,文物大省,更有不可比肩的责任。

一、文物古建筑的火灾危险性

我国历史上太多的古建筑大多都是毁于战乱与火灾,即使今天,火灾仍是古建筑毁坏的主要原因。其原因有以下几点。

1. 火灾荷载大

我国古建筑以木材为主要材料,采用以木构架为主的结构形式,形成一种独特的风格,柱、梁、檩、枋、拱、椽无一不是木材构成,无论是金碧辉煌的宫殿,还是庄严肃穆的庙堂,或秀丽典雅的园林建筑,其实就是一个堆积成山的木柴垛,经年风干,含水量极低,火灾危险就更大。新进仓库的木材含水量在60％左右,经过长期自然干燥的"气干材"含水量一般稳定在12％～18％。而古建筑中的木材,经过多年的干燥成了"全干材",含水量大大低于"气干材",因此极易燃烧,特别是一些枯朽的木材,由于质地疏松,在干燥的季节,遇到火星也会起火。

我国的古建筑多采用松、柏、杉、楠等木材。普通松木每立方米重597kg,而楠木每立方米则重达904kg。如前所述,在古建筑中,大体上每平方米需用木材1m³,仍按每立方米木材重630kg计算,那么,古建筑的火灾荷载要比现代建筑的火灾荷载大31倍,故宫太和殿的火灾荷载还要翻一番,为62倍,应县佛宫寺释迦塔的火灾荷载则更大,约为现代建筑的148倍。

2.具备良好的燃烧条件

木材是传播火焰的媒介,而在古建筑中的各种木材构件又具有特别良好的燃烧和传播火焰的条件。古建筑起火后,犹如架满了干柴的炉膛,熊熊燃烧,难以控制,往往直到烧完为止。这种现象是由下列几种因素促成的。

(1)结构形式的影响。我国的古建筑无论采用何种结构形式,均系用大木柱支承巨大的屋顶,而屋顶又是由梁、枋、檩、椽、斗栱、望板,以及天花、藻井等大量的木构件组成,架于木柱的中、上部,等于架空的干柴。古建筑周围的墙壁、门窗和屋顶上覆盖的陶瓦、压背等围护材料形成炉膛,这就造成古建筑具有特别良好的燃烧条件。另外,古建筑屋顶严实紧密,在发生火灾时,屋顶内部的烟、热不易失散,温度容易积累,迅速导致"轰然"。"轰然"是在环境温度持续升高,并大大超过可燃物的燃点时发生的,无须火焰直接点燃。出现"轰然"后的火灾,会很快发展到极盛的阶段,是古建筑火灾难以扑救的原因之一。

(2)蔓延速度的影响。

1)木材在明火或高温的作用下,首先蒸发水分,然后分解出可燃气体,与空气混合后先在表面燃烧,因此,木材燃烧和蔓延的速度同木材的湿度和表面积与体积的比例有直接关系。木材湿度越小,燃烧速度就越快;表面积大的木材受热面积大,易于分解氧化,火灾危险性就大。古建筑中除少数大圆柱的表面积相对小一些外,经过加工的梁、枋、檩、椽等构件,表面积则大得多,特别是那些层层叠架的斗栱、藻井和经过雕镂具有不同几何形状的门窗、槅扇等。古建筑发生火灾时,出现"轰然"和大面积燃烧,主要就是木材已经干透以及建筑构件的巨大表面积所形成的。

2)木材着火时虽然在表面层燃烧,但热传导的作用会引起木材内部深层的分解,分解的产物通过木材的空隙不断形成炭层和裂缝,从而帮助燃烧的继续。如用松木做成的柱、梁、檩等在发生火灾时，其燃烧速度为 2 cm/min。由此推算，木构架建筑在起火以后，如果在 15～20min 之内得不到有效的施救，便会出现大面积的燃烧，温度可达 500～1 000℃。古建筑中的木材比疏松的松木还要差劲，由于长期干燥和自然的侵蚀，往往出现许多大小裂缝；另外，有的大圆柱其实并非完整的原木，而是用四根木料拼合而成，外面裹以麻布，涂以漆料。在发生火灾时，木材的裂缝和拼接的缝隙就成了火势向纵深蔓延的途径，从而加快了燃烧的速度。

3）木材的燃烧速度还同通风条件有关，取决于空气中氧的供应量。通风条件好，氧的供应充分，燃烧也就迅速、猛烈。古建筑的通风条件一般都比较好，殿堂高大宽阔，发生火灾时氧气供应充足，燃烧速度相当惊人。许多古建筑都建筑在高高的台基之上，特别是钟楼、鼓楼、门楼等建筑，更是四面迎风。还有一些古建筑坐落在高山之巅，情况更加突出。起火后，风助火势，火仗风威，很快付之一炬。

（3）平面布局的影响。我国的古建筑，无论是宫殿、道观、王府、衙署和禁苑、民居，都是以各式各样的单体建筑为基础，组成各种庭院。大型的建筑又以庭院为单元组成庞大的建筑群，这种庭院和建筑群的布局大多采用均衡对称的方式，沿着纵轴线和横轴线进行布局，高低错落，疏密相间，丰富多彩，成为我国建筑传统的一大特色。但从消防的观点来看，这种布局方式潜伏着极大的火灾危险性。

在庭院布局中，基本上采用四合院和廊院两种形式。四合院的形式是将主要建筑布置在中轴线上，两侧布置次要建筑。就是围绕一个院子，四周都是建筑物，组成一个封闭式的庭院。廊院的形式比较灵活，主要建筑和次要建筑都布置在中轴线上，通过两侧的回廊把所有的建筑都连接起来。这两种形式的建筑的火灾危险性在于，一旦某一建筑着火，通过连廊会将整个建筑群引着，形成火烧连营的局面。

3.消防施救困难重重

我国的古建筑不仅容易发生火灾和蔓延，而且在发生火灾时，难于施救，千百年来，已成定律。因而，当古建筑发生火灾时，一旦蔓延开来，人们往往束手无策。远离城市、没有消防施救力量的古建筑如此，就是在拥有现代消防施救力量的城市里的古建筑，一旦起火，也是难逃厄运。

1981 年 4 月，北京中轴线上的景山寿皇门发生火灾，消防部门立即出动 29 辆消防车、5 辆洒水车、300 多名消防人员，经过 7 个多小时的灭火战斗，寿皇门这颗中轴线上的明珠最终仍被烧毁。

为什么古建筑发生火灾后难于施救呢？除前述古建筑易于燃烧和蔓延等原因外，还在于扑救古建筑火灾时有许多棘手的问题。我国的古建筑分布全国各地，且大多远离城镇，建于环境幽静的高山深谷之中，而国家的消防力量则主要分布在大、中城市和部分县城、集镇。一旦发生火灾,设在城镇的消防队鞭长莫及,加上消防警力不足,这样,起火待援的古建筑就处于孤立无援的境地。1985年4月,位于甘肃省甘南藏族自治州的全国重点文物保护单位拉卜楞寺发生火灾,所在的夏河县城没有消防队,只好向省里、州里求援。但最近的甘南藏族自治州消防队也相距67km,较近的临夏回族自治州消防队相距120km,而力量较强的兰州市消防队则相距270km。虽然他们都以最快的速度出动,但等到赶至火场时,起火的大经堂已经烧塌了。因此,扑救古建筑火灾要想完全依靠社会消防力量,这在相当长的一段时间内都是不现实的,那么这些古建筑只有依靠自卫自救了。然而从目前情况来看,古建筑管理单位却又普遍缺乏自卫自救的能力,既没有足够的训练有素的人员,也没有具有一定威力的灭火设备,一旦起火,只有任其燃烧,直到烧完为止。峨眉山金顶的永明华藏寺、山西平顺县的龙祥观、陕西白云山的三清殿、河北涉县的清泉寺等古建筑火灾,莫不如此。其问题主要表现在以下几方面:

(1)山顶梁峁、水源缺乏。水是火的一大克星,扑救古建筑火灾主要靠水。当然,杯水车薪也是无济于事的,必须要有充足的水源。一般来说,1 000kg木材燃烧时,需要耗费2 000kg水才能使燃烧终止。水的耗费量要比燃烧物的体积大一倍。一座2 000m²的古代建筑,如果它的木材用量为2 000m³的话,那么,在这座古建筑失火时,要想及时加以扑救,至少需要4 000m³水的储备和供应。可是,目前许多地方的古建筑都缺乏消防水源,特别是北方缺水地区和高山上的古建筑群,连生活用水都比较艰难,消防用水就更成问题了。即使是一些建于历史名城的古建筑,已安装现代消防供水系统的也寥寥无几。这样,发生火灾时,没有消防水源,就像打起仗来没有枪炮弹药一样,只好任火这个敌人来逞凶肆虐了。

(2)台地槛阶、通道障碍。古建筑因为古,在设计施工时,根本就考虑不到消防车辆等现代装备的应用,所以缺乏现代消防通道。如坐落在一些名山上的古刹道观,根本就无车道可通。发生火灾时,消防车开到山前,也是可望而不可即。有一些古建筑,坐落在古老的街巷内,道路狭窄,连二人抬着手抬泵也很难通过,又如北京的紫禁城,被高墙分隔成九十多个庭院,处处是红墙夹道,门隰重重,台阶遍布,高低错落,现代的消防车辆,特别是曲臂登高车一类大型车辆,根本无法进入,即使进入也无法展开。

(3)火大烟重、难以近攻。古建筑以木结构居多,起火时烟雾弥漫,一座1 000m²的大殿,其中如有20kg木材在燃烧,5min内,就会使整个殿堂充满烟雾,在通常情况下,烟的流动速度为每秒1~2m,比人步行还要快。烟雾中含有许多有毒物质,如一氧化碳等。当一氧化碳在空气中的浓度达到0.1%时,人就会感到头昏,神志不清,行动不便。当一氧化碳在空气中的浓度达到0.5%时,人吸入半小时，就有中毒、窒息死亡的危险。烟雾还会降低火场上的能见度，使人视线不清，找不到起火点或火场上被围人员的准确位置，难以进行有效的施救。另外，由于火灾火焰高，辐射热强烈，古建筑周围往往又有高墙或其他建筑物阻挡，辐射热相对集中，使消防施救人员难以接近火源去有效地打击火势。

(4)堂高殿大、鞭长莫及。因为古建筑一般都比较高大，许多殿堂室内净高都在十几米以上，甚至高达30m，相当于一栋现代建筑10层楼的高度。现代建筑每隔三四米就是一层楼，失火时攀登救火、救人都比较方便。一座30m高的殿堂失火，却无法攀登，往往是人上不去，水也射不上去，再加上天花、斗栱等构件的阻挡，射流很难击中顶部的火点，粗大的梁、柱又不易施展拆破手段，这样，火势就难以控制了。

古建筑的屋面一般都是呈斜坡形或圆锥形，上面则以琉璃瓦或布袋瓦为主，瓦下铺一层灰泥，有的还铺一层锡背，防水防潮的效果很好，雨水落到屋面，很快下流，但这在发生火灾时，就成了有水难攻的又一难题了。当古建筑起火时，室内烟雾大，温度高，人员进不去，起火部位较低时，还可以在室外通过门窗朝有火光的地方射水；可是当火焰在大屋顶内燃烧时，灭火人员把水流射向屋面，只要屋顶未塌落，则水流射上去多少，流下来多少，根本达不到灭火的目的，而且由于屋面很滑，登上屋顶的消防人员很难展开灭火作业，稍不当心，便有可能滑下来造成伤亡事故。

4.使用、管理问题多

古建筑使用、管理方面，存在不少火灾危险因素，直接或间接地威胁和影响着古建筑的安全。这些火灾危险因素主要如下：

(1)古建筑用途不当，未能得到很好的保护而隐患重重。不少地方利用古建筑开设旅馆、饭店、招待所、食堂、工厂、仓库、办公室、幼儿园，或用作职工宿舍、居民住宅等，这不仅影响古建筑的外观，而且严重威胁着古建筑的安全。在全国造成重大损失的古建筑火灾中75％是由于占用单位忽视古建筑的防火安全，放松管理而造成的。

(2)周围环境不良，受到外来火灾的威胁。有些地方的古建筑处于居民包围之中，有的单位把易燃易爆的化学危险物品仓库设在古建筑旁边，还有一些古建筑比较集中的旅游胜地，往往有不少个体户临时设摊开店，经营各种小吃，这样虽然方便了游人，但由于缺乏统一规划和管理，他们临时搭建的棚屋，不是靠近古建筑，就是设在林间草丛，柴灶煤炉比比皆是，稍有不慎，便可能起火，并有蔓延扩大到古建筑的危险。

(3)火源、电源管理不善，隐患不少。有的寺庙、道观、香火旺盛，却无严格的防火要求,任香客在香台供桌上点烛烧香,甚至在供桌前焚化文书纸钱,殿内香烟缭绕,烛火通明,香客熙熙攘攘。神佛面前燃着长明油灯和蜡烛,而这些佛殿神堂之内,悬挂着幡幡伞帐又随风飘荡,稍不小心,就有可能引火上梁而使殿堂遭灾。

电源的管理问题尤为突出。目前,许多古建筑内,特别是游人香客众多的寺庙、道观,都已先后引进电源,但大多不符合安全要求,直接把电线敷设在梁、柱、檩、椽和楼板等上面,甚至临时乱拉乱接电线,随意乱钉线路开关。有的电线已经老化,长年得不到更新。在一些著名的古建筑内,管理部门借口接待外宾需要,不仅安装了豪华的照明设备,而且还安装了大功率的空调设备,使古老的建筑完全"现代化"了。这不仅增加了火灾危险性,而且使古建筑遭到破坏,很不协调。一些著名的古建筑专家对此十分恼火,批评这种做法"不伦不类"。

(4)消防器材短缺,装备落后,加上水源缺乏,不少古建筑单位没有自救能力,这种情况相当普遍。有的地方对一些著名的古建筑计划修缮或重建,但为了压缩投资,往往首先砍掉消防设计项目。

(5)在管理体制和领导思想方面也存在问题。我国的古建筑分别由文物、宗教、园林等部门管理和使用。在这种多头管理、使用的情况下,往往由于各主管部门之间分工不明,职责不清,使消防安全工作出现无人管理的混乱局面。1984年4月,昆明市筇竹寺华严阁被烧毁,教训之一就同这种管理体制有关。筇竹寺原属园林部门管理、使用,落实宗教政策后,划归宗教部门使用,但寺在园中,许多行政管理方面的事仍离不开园林部门。这样一来,在消防安全问题上就形成了两个部门都管,实际上两个部门都没有认真管的局面,以致在做佛事时疏于防范,使一座著名的元朝建筑毁于一旦。有些管理、使用单位的领导对古建筑的消防安全工作重视不够,甚至不闻不问,采取不负责任的官僚主义态度。据国家文物事业管理局调查,有的地方文物管理使用单位的领导对文化部、公安部1984年发布的《古建筑消防管理规则》竟一无所知,自然更谈不上如何去贯彻执行了。

二、古建筑的防火措施

古往今来,我国大量古建筑毁灭的历史事实证明,火灾是古建筑的大敌,因此加强古建筑的防火工作,落实各项消防措施,确保古建筑的安全,是全社会一项紧迫的任务。

1.加强领导,从严管理

(1)古建筑单位应建立消防安全小组或消防安全委员会,定期检查,督促所属部门的消防安全工作。

(2)单位及所属各部门都要确定一名主要行政领导为防火负责人,负责本单位和本部门的消防安全工作。认真贯彻和执行《文物保护法》《消防法》《古建筑消防管理规则》《博物馆安全保卫规定》《文物建筑消防安全管理十项规定》以及有关消防法规等。

（3）确定专职、兼职防火干部负责本单位的日常消防安全管理工作。

（4）建立各项消防安全制度,如消防安全管理制度,逐级防火责任制度,用火、用电管理制度和用火、用电审批制度,逐级防火检查制度,消防设施、器材管理制度和检查维修保养制度,重点部位和重点工种人员的管理和教育制度,火灾事故报告、调查、处理制度,值班巡逻检查制度等。

（5）建立防火档案。将古建筑和管理使用的基本情况,各级防火责任人名单,消防组织状况,各种消防安全制度贯彻执行情况,历次防火安全检查的情况（包括自查、上级主管部门和消防督查部门的检查）,火险隐患整改的情况,火灾事故的原因、损失、处理情况等,一一详细记录在案。

（6）组织职工加强学习文物古建筑消防保护法规,学习消防知识,不断提高群众主动搞好古建筑消防安全的自觉性。

（7）建立义务消防组织,定期进行训练,每个义务消防员都要会防火安全检查,会宣传消防知识;会报火警;会扑救起初火灾,会养护消防器材。

（8）古建筑单位都要制定应急灭火疏散方案,并要配合当地公安消防队共同组织演习。

2.加强影视拍摄和庙会的组织管理

利用古建筑拍摄电影、电视和组织庙会、展览会,稍有疏忽就有可能引起火灾事故,必须加强管理。

（1）利用古建筑拍摄电影、电视和组织庙会、展览会等活动,主办单位必须事前将活动的时间、范围、方式、安全措施、负责人等,详细向公安消防管理部门提出申请报告,经审查批准,方可进行活动。

（2）古建筑的使用和管理单位不得随意向未经公安消防部门批准的单位提供拍摄电影、电视和组织庙会、展览会等活动场地和文物资源。

（3）获准使用拍摄电影、电视和组织庙会、展览会等活动的单位必须做到以下几点：

1）必须贯彻"谁主管,谁负责"的原则,严格遵守文物建筑管理使用单位的各项消防安全制度,负责抓好现场消防安全工作,保护好文物古建筑。

2）严格按批准的计划进行活动,不得随意扩大人数、增加活动项目和扩大活动范围,严格控制动用明火。

3）根据活动范围,配置足够使用的消防器材。古建筑的使用和管理单位要组织专门的力量在现场值班,随时检查,及时处置不安全漏洞。

3.改善防火条件,创造安全环境

(1)凡是列为古建筑的,除建立博物馆、保管室,或参观游览的场所外,不得用来开设饭店、餐厅、茶馆、旅馆、招待所和生产车间、物资仓库、办公机关以及职工宿舍、居民住宅等。对于已经占用的,有关部门须按照国家规定,采取果断措施,限期搬移。

(2)在古建筑范围内,禁止堆放杂草、木料等可燃物品,严禁储存易燃易爆化学危险物品,已经堆放储存的立即搬走。禁止搭建临时易燃建筑,包括在殿内利用可燃材料进行分隔等,以避免破坏原有的防火间距和分隔,已经搭建的,必须坚决拆除。

(3)在古建筑外围,凡与古建筑相连的易燃棚屋,必须拆除。有从事危及古建筑安全的易燃易爆物品生产或储存的单位,有关部门应协助采取消除危险的措施,必要时应予关、停。

(4)坐落在森林内的古建筑,周围应开设宽为30～50m的防火带,以免在森林发生火灾时危及古建筑。在郊外的古建筑,即使没有森林,在秋冬枯草季节,也应将周围30m内的枯草清除干净,以免野火蔓延。

(5)对一些重要的古建筑木构件部分,特别是闷顶内的梁、架等应喷涂防火涂料以增加耐火性能。今后在修缮古建筑时,应对木构件进行防火处理。

用于古建筑的各种棉、麻、丝、毛纺织品制作的饰品、饰物,特别是寺院、道观内悬挂的道幔、伞盖等,应用阻燃剂进行防火处理。

(6)一些规模较大的古建筑群,应考虑在不破坏原有格局和环境风貌的情况下,适当设置防火墙、防火门进行防火分隔;文物建筑保护区与控制区之间宜采取道路、水系、广场绿地等防火措施进行分隔。

4.完善消防设施

(1)开辟消防车通道。

1)除在峻峭山顶以外,凡消防车能够到达的重要古建筑,都应开辟消防车道,以便在发生火灾时,公安或企业消防队的消防车能迅速赶来施救。如果附近消防队车程超过5min,应当设立小型消防站,其装备配置应符合《文物建筑防火设计导则》的要求。

2)对古建筑群,应在不破坏原布局的情况下,开辟环形消防车通道。如不能形成环行车道,其尽头应设回车道或面积不小于12m×12m的回车场。供大型消防车使用的回车场,其面积不应小于15m×15m。车道下面的管道和暗沟要能承受大型消防车的压力。

（2）改善消防供水。

1）在城市间的古建筑，应利用市政供水管网，在每座殿堂、庭院内安装室外消火栓，有的还应加装水泵接合器。每个消火栓的供水量应按 10～15L/s 计算，要求能保证供应一辆消防车上两支为 19mm 的水枪同时出水的量。消火栓应采用环形管网布置，设两个进水口。

2）规模大的古建筑群，应设立消防泵站以便补水加压；体积大于 3 000m³ 的古建筑，应考虑安装室内消火栓，并保证不小于 25L/s 的用水量。

3）在设有消火栓的地方，必须配置消防附件器材箱，箱内备有水带、水枪等附件，以便在发生火灾时充分发挥消防管网出水快的优点。这在门户重重、通道曲折的古建筑内尤其必要。

4）在郊野、山区中的古建筑，以及消防供水管网不能满足消防用水的古建筑，应修建消防水池，储水量应满足扑灭一次火灾持续时间不小于 3h 的用水量。在通消防车的地方，水池周围应有消防车通道，并有供消防车回旋停靠的余地。停消防车的地坪与水面距离一般不大于 4m。在寒冷地区，水池还应采取防冻措施。

对建筑间距太小或高低错落的建筑群应配置小型可移动的手抬泵、摩托泵或小型喷水、喷雾车。当内部保护区为台地时，应设法修建坡道以及方便小型可移动消防设备通行施救。特别是高压水喷雾车，由于它覆盖面积大，吸热效率高，几乎没有冲击力，对木结构建筑破坏较小，故得到普遍应用。

5）在有河、湖等天然水源可以利用的地方的古建筑，应修建取水码头，供消防车停靠吸水；在消防车不能到达的地方，应设固定或移动的消防泵取水。

6）在消防器材短缺的地方，为了能及时就近取水扑灭初起火灾，准备些水缸、水桶仍是必要的。

（3）采用先进的消防技术设施。凡属国家级重点文物保护单位的古建筑，须采用先进的消防技术设施。

1）安装火灾自动报警系统，根据《火灾自动报警系统设计规范》和古建筑的实际情况，选择火灾探测器种类与安装方式。目前，北京已安装火灾自动报警系统的古建筑，主要选用离子感烟探测器和红外光束感烟探测器两种。

2）重要的砖木结构和木结构的古建筑内，应安装闭式自动喷水灭火系统。在建筑物周围容易蔓延火灾的场合，设置固定或移动式水幕。为了不影响古建筑的结构和外观，自动喷水的水管和喷头可安装在天花板的梁架部位和斗拱屋檐部位。为了防止误动作或冬季冰冻，自动喷水灭火装置应采用预作用的形式。对高大建筑或古树宜配备高压水喷雾车，既能提高灭火效率，也能防止高压水柱对建筑结构的破坏。

3)在重点古建筑内以及存放或陈列忌水和忌污染文物的地方,如墙面有壁画、柱梁有彩画的建筑以及贮存、陈列古字画、丝、绢、棉、麻等古文物的建筑应安装七氟丙烷或二氧化碳等洁净气体灭火系统。

4)对单体建筑面积较大或自然采光面积不足且参观停留人数较多的建筑应设应急照明灯和疏散指示标志以及事故广播系统,以利于人员紧急情况下的疏散。

5)安装上述自动报警和自动灭火系统的古建筑,应设置消防控制中心,对整个自动报警、自动灭火系统实行集中控制与管理。

(4)配置轻便灭火器。为防止万一,一旦出现火情,能及时有效地把火灾扑灭在初起阶段,可根据实际情况,参照以下标准配置轻便灭火器。

1)开放供游人参观的宫殿、阁楼和有宗教活动的寺庙、道观,其殿堂可按每200m² 左右配置2具8kg 的 ABC 型干粉灭火器或手提式7kg 型二氧化碳灭火器。如建筑面积超出200m²,按每增加200m² 的建筑面积增配1具计算。

2)收藏纸、绢、壁画类文物的库房按每100m² 配置2具二氧化碳灭火器或七氟丙烷灭火器。面积每增加100m²,增设1具。

3)办公和生活区可按每200m² 配置清水灭火器2具,面积每增加200m²,增设1具。

4)灭火器在维修调换药剂时,应分批替换,切不可一次集中统统撤走,以免出现空档,这方面已有不少教训。

五、严格火源管理,消除起火因素

没有火源,就不可能起火,但人类生活又离不开火。在古建筑内不仅有生活用火、用电(电也是火源的一种),而且由于宗教活动的需要,许多古建筑内还多了一种香火。因此,必须严格管理火源。

1.严格生活和维修用火管理

(1)在古建筑内严禁使用液化石油气和安装煤气管道。

(2)炊煮用火的炉灶烟囱,必须符合防火安全要求。

(3)冬季,必须取暖的地方,取暖用火的设置应经单位有关人员检查后定点,指定专人负责。

(4)供游人参观和举行宗教等活动的地方,禁止吸烟,并设有鲜明的标志。工作人员和僧、道等神职人员吸烟,应划定地方,烟头、柴火必须丢在带水的烟缸或痰盂里,禁止随手乱扔。

(5)如因维修需要,临时使用电焊、切割设备的,必须经单位领导批准,指定专人负责,落实安全措施。

2.严格电源管理

(1)凡列为重点保护的古建筑,除砖、石结构外,国家有关部门明确规定,一般不准安装电灯和其他电器设备。如必须安装使用,须经当地文物行政管理部门和公安消防部门批准,并由正式电工负责安装维修,严格执行电气安装使用规程。

(2)古建筑内的电气线路一律采用铜芯绝缘导线,并用金属管穿管敷设。不得将电线直接敷设在梁、柱、枋等可燃构件上,严禁乱拉乱接电线。

(3)配线方式一般应以一座殿堂为一个单独的分支回路,独立设置控制开关,以便在人员离开时切断电源;并安装熔断器,作为过载保护;控制开关、熔断器均应安装在建筑外面专门的配电箱内。

(4)在重点保护的古建筑内,不宜采用大功率的照明灯泡,禁止使用表面温度很高的碘钨灯之类的电器和电炉等电加热器;灯具和发热元件不得靠近可燃物。

(5)没有安装电气设备的古建筑,如临时需要使用电气照明或其他设备,也必须办理临时用电申请审批手续。经批准后由电工安装,到批准期限结束,即行拆除。

3.严格香火管理

(1)未经政府批准进行宗教活动的古建筑(寺庙、道观)内,禁止燃灯、点烛、烧香、焚纸。

(2)经批准进行宗教活动的古建筑(寺庙、道观)内,允许燃灯、点烛、烧香、焚纸,但应按规定地点和位置,并制定专人负责看管,最好以殿堂为单位,采用"众佛一炉香"的办法,集中一处,便于管理。

(3)神佛像前的"长明灯"应设固定的灯座,并把灯放置在瓷缸或玻璃缸内,以免碰翻。神佛像前的蜡烛也应有固定的烛台,以防倾倒,发生意外。有条件的地方,可把蜡烛的头改装成低压小支光的灯泡,既明亮,又安全。香炉应用非燃烧材料制作。

(4)放置香、烛、灯火的木制供桌上,应铺盖金属薄板,或涂防火材料,以防香、烛、灯火跌落在上面时,引起燃烧。所有的香、烛、灯火严禁靠近帐幔、幡幢、伞盖等可燃物。

(5)除"长明灯"在夜间应有人巡查外,香、烛必须在人员离开前熄灭。

(6)焚烧纸钱、锡箔的"化钱炉"须设在殿堂外,选择靠墙角避风处,并用非燃烧材料制作。

4.认真落实防雷措施

古建筑是否安装防雷装置,不应只从建筑物的高矮考虑,应从保护历史文化遗产和古建筑火灾危险性的角度考虑。多年的实践证明,雷击不仅对高大的建筑物有威胁,对低矮古建筑也同样有威胁。因此,凡重点文物保护单位的古建筑,尽可能都要安装防雷装置。古建筑安装防雷装置,除按照我国防雷规程的要求安装外,还需注意以下事项。

(1)选择避雷针安装方式,必须准确计算它的保护范围,屋顶和屋檐四角应在保护范围之内。

(2)无论是采用避雷针还是避雷带的安装方式,均应注意引下线在建筑重檐的弯曲处两点间的垂直长度要大于弯曲部分实长的1/10。采用避雷带,应沿屋脊、斜脊等突出的部位敷设。

(3)接地体应就近埋设,不宜距离保护建筑太远,以避免防雷装置的反击电压造成放电的危险。为便于检测每根接地体的电阻,应在防雷引下线与接地体间距地面1.8~2.2m处,设断接卡子,在每年雨季到来之前检测接地电阻,接地体的电阻值应在10Ω以下。

(4)防雷引下线不能过少。引下线少,分流就少,每一根引下线承受的电流就大,容易产生反击和二次伤害。因此,要按我国建筑防雷规程要求,每隔20~24m敷设一根引下线,即使建筑长度短,引下线也不得少于2条。

(5)防雷导线与进入室内的电气、通信线路、管线和其他金属物要避免发生相互交叉,必须保持一定距离,防止发生反击,引起二次灾害。室外架空线路进入室内之前,应安装避雷器或采取放电间隙等保护措施。

(6)古建筑安装节日彩灯与避雷器(带)平行时,避雷带应高出彩灯顶部30mm,避雷带支持卡子的厚度应大一级,彩灯线路由建筑物上部供电时,应在线路进入建筑物的入口端,装设低压阀型避雷器,其接地线应与避雷引下线相接。

六、加强古建筑修缮时的防火工作

修缮古建筑是保护建筑的一项根本措施。所有的古建筑都必须进行修缮,但是在古建筑修缮的过程中,又增加了不少火灾危险性,如:大量存放易燃可燃的物料,大量使用电动工具或明火作业,同时维修人员多而杂,进出频繁,稍有不慎,就有可能引起火灾。因此,古建筑修缮过程中的防火工作尤须加强。特别注意以下几点:

(1)修缮工程较大时,古建筑的使用管理单位和施工单位应遵照《古建筑消防管理规则》第十六条的规定,将工程项目、消防安全措施、现场组织制度、防火负责人、逐级防火责任制等事先报送当地公安消防监督部门，未获批准，不得擅自施工。

（2）健全工地消防安全领导组织、成立义务消防队、落实值班、巡逻等各项消防安全制度，以及配置足够的消防器材等消防安全措施。

（3）在古建筑内和脚手架上，不准进行焊接、切割作业，如必须进行焊接、切割时，必须按本章本节"严格火源管理"的要求执行。

（4）电刨、电锯、电砂轮不准设在古建筑内，木工加工点，熬炼桐油、沥青等明火作业要设在远离古建筑的安全地带。

（5）修缮用的木材等可燃物料不得堆放在古建筑内，也不能靠近重点古建筑堆放。油漆工的料具房应选择远离古建筑的地方单独设置。施工现场使用的油漆稀料，不得超过当天的使用量。

（6）贴金时要将作业点的下部封严，地面能浇湿的，要洒水浇湿，防止纸片乱飞遇到明火燃烧。

（7）支搭的脚手架要考虑防雷，在建筑的四个角和四边的脚手架上安装数根避雷针，并直接与接地装置相连接，使能保护施工工地全部面积。避雷针至少高出脚手架顶端30cm。

七、加强巡查、防止放火

防止犯罪分子放火也是古建筑防火工作的一个重要方面，由于古建筑大都建于僻壤之地，又有山林遮挡；一些单体建筑周围没有围墙，这些都给犯罪分子实施放火提供了方便。

犯罪分子放火一般有如下几种类型：一是明火执仗，趁火打劫，如八国联军火烧圆明园；二是声东击西，趁人们救火混乱，实施偷窃；三是偷窃犯罪后，实施放火，毁灭罪证。这类犯罪的共同点是为窃取有价值的文物，因此，对文物库房和有文物展览的展室要严加防范。

另外，也有因泄愤而肆意放火的，如陕西白云山三清殿火灾，犯罪分子就因单位内部矛盾，晚上直接将茅草放置于窗台点着。也有因文物单位与外界有关单位或人员因利害关系引发矛盾而放火泄愤的。这类案件，犯罪分子实施前，大多有一定苗头，要及时化解矛盾，布置防控措施。

此外，对精神病放火也不容忽视。要注意观察游人中的不正常行为，及时予以制止。总之，为了防止此类事件的发生，一方面要加强巡查，一方面要安装监控装置，不给犯罪分子留下可乘之机。

思 考 题

1. 电气火灾的成因有哪些？

2. 过载是如何形成的？有何危害？

3. 造成短路的原因有哪些？如何防止？

4. 接触不良会造成什么后果？如何防止？

5. 接地故障的预防措施有哪些？

6. 静电火灾产生的条件有哪些？

7. 雷电的危害有哪些？如何防止？

8. 化学危险品有几大类？

9. 化学危险品按其火灾危险性分成几类？

10. 化学危险品库房应注意哪些防火措施？

11. 石油产品的火灾危险性有哪些？

12. 石油库的等级如何划分？

13. 油库动火检修的原则和动火要求有哪些？

14. 油管（罐）动火检修应采取哪些安全措施？

15. 百货商品仓储火灾原因有哪些？

16. 简述百货商品仓储的防火措施。

17. 百货商品仓储中的五距指的是什么？有何要求？

18. 什么是公共聚集场所？

19. 商场火灾危险性有哪些？

20. 公共娱乐场所包括哪些场所？

21. 物流运输中的防火要求有哪些？

22. 常见的汽车火灾原因有哪些？

23. 汽车库（场）的防火要求有哪些？

24. 文物古建筑的火灾危险性有哪些？

25. 哪些因素影响古建筑火灾的扑救？

26. 文物古建筑内用火有何具体要求？

27. 文物古建筑内用电有何具体要求？

第六章

消防安全管理

———————————— ★ ————————————

依法管理是法制社会的重要特征,无论各级政府职能部门对任何社会团体、企事业单位日常的行政监督,还是单位内部在生产经营活动中的安全管理,都必须在法律的框架内进行。它既是对社会法人活动的约束,同时也是对其和公民个人生命财产的保护。因此,消防管理工作的法律化、制度化是保障消防工作有组织、有程序进行的必要前提,以维护经济、社会的健康发展。

第一节 消防安全管理的法律法规

消防安全管理的法律法规包括相关法律、行政法规、行政规章、规范性文件、技术规范和标准等,它们互相补充、相辅相成,共同构成一个完整的消防安全法律法规体系。它是消防安全管理、消防监督检查、消防行政处罚、火灾事故处理的基本依据,无论是执法机构还是单位或公民个人,都应当切实遵守。

一、相关法律

(1)与日常消防管理、监督、检查、火灾调查、灭火救援等消防活动直接相关的法律主要是《消防法》,它是消防工作的基本法,是唯一的消防专门法律,是整个消防安全管理法律法规体系的骨干。现行《消防法》共有 7 章 74 条,包括总则、火灾预防、消防组织、灭火救援、消防监督、法律责任、附则等,由全国人大常委会 2008 年 10 月 28 日通过,2009 年 5 月 1 日施行。

(2)与消防管理和违法行为处罚相关的法律除《消防法》外,还有与消防行政处罚有关的《中华人民共和国行政处罚法》(以下简称《行政处罚法》),与火灾预防、事故处理有关的《中华人民共和国安全生产法》,与消防规划、城市公共消防设施建设有关的《中华人民共和国城市规划法》,与建筑防火审核、验收有关的《中华人民共和国建筑法》,与消防产品、电气产品、燃气产品管理有关的《中华人民共和国质量法》等,在执法行政时应根据相应的主法源和执法主体进行管理或处罚。

还有一些消防违法行为,常常也属于治安违法行为,如《消防法》第62条中的五种违法行为则明确规定应当依照《中华人民共和国治安管理处罚法》进行处罚,这类处罚一般只涉及违法行为人个体。

(3)对消防安全违法行为造成群死群伤或重大财产损失等严重后果的,以及故意放火的犯罪嫌疑人,必须承担相应的刑事责任。如消防责任事故罪、失火罪、重大责任事故罪、玩忽职守罪、危害公共安全罪、放火罪、生产销售不符合安全标准的产品罪等罪行的判罚则适用于《中华人民共和国刑法》,其诉讼过程则适用于《中华人民共和国刑事诉讼法》等。

(4)与消防行政管理相关的国家行政管理的通用法律,如《中华人民共和国行政许可法》《中华人民共和国行政复议法》《中华人民共和国行政诉讼法》《中华人民共和国行政处罚法》《中华人民共和国行政监察法》和《中华人民共和国国家赔偿法》等。这些法律是所有的国家行政机关在行政管理和行政执法中都应当遵守和执行的法律。

二、相关消防法规

1.国家行政法规

消防行政法规是国务院根据宪法和法律,为领导和管理国家消防行政工作,按照法定程序批准或颁布的有关消防工作的规范性法律文件,如《森林防火条例》《草原防火条例》《民用核设施安全监督管理条例》《特别重大事故调查程序暂行规定》《危险化学品安全管理条例》等。

2.地方性行政法规

地方性消防法规由省、自治区、直辖市、省会、自治区首府以及国务院批准的较大市的人大及其常委会在不与宪法、法律和行政法规相抵触的情况下,根据本地区的实际情况制定的规范性文件。全国大部分省、自治区、直辖市有立法权的人大常委会都制定了符合本地实际情况的消防条例,如《北京市消防条例》《黑龙江省消防条例》《青海省消防条例》《陕西省消防条例》等。需要指出的是,地方性行政法规只在本行政区域内具有行政效力。

三、消防行政规章

消防行政规章是由国务院各部、各委员会和具有行政管理职能的直属机构，根据法律和国务院的行政法规、决定、命令，在本部门的权限内制定和发布的命令、指示、规章等。消防规章可由公安部单独颁布，也可由公安部会同别的部门联合下发，通称为部门规章。

1.公安部单独下发的规章

公安部单独下发的规章，如《建设工程消防监督管理规定》《消防监督检查规定》《火灾事故调查规定》《消防产品监督管理规定》《公共娱乐场所消防安全管理规定》《机关、团体、企事业单位消防安全管理规定》《公安机关办理行政案件程序规定》等，它是日常消防监督管理的基本依据。

2.其他部委规章

其他部委规章指由公安部和其他部委联合下发的规章，也可以是除公安部以外的各部委单独或联合下发的规章制度，如《消防产品监督管理规定》（公安部、国家工商行政管理总局、国家质量监督检验检疫总局）、《火灾统计管理规定》（公安部、劳动部、国家统计局）、《社会消防安全教育培训规定》（公安部、教育部、民政部、人力资源和社会保障部、住房和城乡建设部、文化部、国家广电总局、国家安监总局、国家旅游局）、《城市消防规划建设管理规定》（公安部、建设部、国家计委、财政部）、《商业仓库消防安全管理试行条例》（商业部）、《国家物资储备仓库消防工作条例》（国家计委、国家物资储备局）等。此类规章涉及社会各个生产、生活管理领域，为充分调动和发挥各部门、行业的积极性，共同做好相关部门或行业的消防安全提供了可行的法律依据。

3.地方政府规章

地方政府规章由省、自治区、直辖市、省会、自治区首府、国务院批准的较大市（计划单列市）的人民政府批准或颁布，如《北京市消防安全责任监督管理办法》（北京市人民政府143号令）、《上海市消火栓管理办法》（上海市人民政府第81号令）、《陕西省建设工程监督管理规定》（陕西省人民政府第47号令）等。这类地方政府规章如同地方性行政法规一样只在本辖区具有行政效力。

四、规范性文件

消防行政管理规范性文件是指未列入消防行政管理法规范畴内的、由国家机关制定颁布的有关消防行政管理工作的通知、通告、决定、指示、命令等规范性文件的总称,如中宣部、公安部、教育部、民政部、文化部、卫生部、广电总局、安全监管总局八大部委联合发布实施的《全民消防安全宣传教育纲要》,国务院发布的《关于加强和改进消防工作的意见》《消防改革与发展纲要》《关于加强电气焊割防火安全工作的通告》等。这些文件往往具有较强的时效性、针对性、区域性的限制,从法律角度讲,它虽不具有法律的强制性,但就其行政力来讲,它往往又是国家或政府的重要政策,从而成为某一时期指导消防工作的重要纲领性文件,同样具有很强的行政执行力。

五、消防技术标准

1.消防技术标准的含义

消防技术标准是规定社会生产、生活中保障消防安全的技术要求和安全极限的各类技术规范和标准的总和。单纯的技术标准不具有或基本上不具有社会性,因而不具有法律意义,但消防技术规范和技术标准中,由国家赋予其普遍约束力和法律意义的那部分规范和标准,则属于消防法规体系的内容。国家一般用两种方法赋予技术规范和标准以法律意义:一种是在法律条文中直接规定或赋予这类规范和标准具有强制性。如在《消防法》第九条、第十条、第十一条中就规定了建设工程应当按照国家工程建设技术标准进行消防设计和施工,以及审核、验收、备案等相关要求,实际上就是赋予了相关技术规范、标准的法律地位。另一种是把遵守一定技术规范和标准定为法律义务,违反该规范或标准,要承担法律责任。如标准中某些需要强制执行的标准就属于这种类型。这种技术规范或标准虽不是法律文件本身的内容,但却是法律文件的组成部分,是它的附件和补充。这些规范和标准涉及危险化学品,电气装置,建筑工程设计、施工、验收、生产流程,消防设施设备、消防产品等大量内容,是进行消防监督必不可少的依据和工具。

2.消防技术标准的分类

消防技术标准根据其性质可分为规范和标准两大类,其中规范又称为工程建设技术标准;标准又分为基础性标准、实验方法标准和产品标准(又称通用技术条件)。

消防技术标准根据制定的部门的不同,划分为国家标准、行业标准和地方标准。

消防技术标准根据强制约束力的不同,分为强制性标准和推荐性标准。凡保障人体健康、人身与财产安全的标准和法律、行政法规规定强制执行的标准是强制性标准,其他标准是推荐性标准。在一部规范或标准中也常存在某些条文为强制性条文,某些条文为非强制性条文或推荐性条文。

3.单位消防安全管理常用的消防技术标准

单位消防安全管理中依据的现行消防技术规范主要有《建筑设计防火规范》《建筑内部装修设计防火规范》《建筑灭火器配置设计规范》《水喷雾灭火系统设计规范》《火灾自动报警系统设计规范》《火灾自动报警系统施工及验收规范》《石油库设计规范》《小型石油库及汽车加油站设计规范》《建筑物防雷设计规范》《爆炸和火灾危险环境电力装置设计规范》等。

单位消防安全管理中依据的现行消防技术标准有《人员密集场所消防安全检查要点》《重大火灾隐患判定方法》《消防行政处罚裁量导则》《建设工程消防验收评定规则》等。

第二节　消防行政处罚

消防行政处罚作为国家行政处罚的一种形式,是指消防行政处罚主体依法对违反消防行政法律规范并承担相应的法律责任的消防监督相对人所实施的行政处罚。消防行政处罚是依法实施消防监督、确保国家和人民生命财产安全的重要措施和手段,是消防监督执法工作的重要环节。单位保卫人员虽然不是消防执法的主体,但学习和掌握消防行政处罚的设定、原则、管辖和处罚程序对于完善单位消防安全管理,增强单位遵法守法意识,维护单位正当合法利益都有着重要作用。

现行的《消防法》为适应消防工作发展的需要,加大了消防行政处罚力度,调整了行政处罚的种类,进一步明确了行政处罚的主体;取消了1998年《消防法》中有关违反建设工程消防设计审核、消防验收、公众聚集场所开业前消防安全检查等规定的行为在行政处罚前应于限期改正的前置条件;对消防行政处罚的罚款数额作了具体规定;补充完善了消防行政处罚制度,为正确实施消防行政处罚提供了明确的法律依据。

一、消防行政处罚的设定和原则

1.消防行政处罚的设定

消防行政处罚的设定是指国家机关依据法定的权限和程序设立相应的消防行政处罚内容的活动,其实质就是某种处罚由哪一级别的国家机关通过何种形式来实施。消防行政处罚对于不同的国家机关和不同的法律规范具有的设定权是不同的。

根据《行政处罚法》的规定,设定权具体可分为四个层次,分别是法律、行政法规、地方性法规和行政规章。消防行政处罚的设定遵循《行政处罚法》的规定,在设定权的配置上严格按照两个准则来执行,一是按照我国的立法体制,合理地分配中央与地方、立法机关与行政机关的设定权,即级别设定;二是从保护相对人的合法权益的角度出发,区别不同情况,进行不同层次的设定权分配,即情节设定。

2. 消防行政处罚的原则

消防行政处罚作为国家行政处罚的一部分,消防行政部门在执行消防行政处罚时,应遵循《行政处罚法》的一般原则,并贯彻于消防行政处罚的全过程。《行政处罚法》对实施行政处罚所提出的原则性的要求,具有普遍性的指导意义,也是消防行政部门在行政执法中的基本依据。

消防行政处罚应当遵循处罚法定、公正、公开、处罚与教育相结合、保障相对人权利和不得互相代替五条原则。

(1)处罚法定原则。公安机关消防机构在执行行政执法过程中,要严格地依照法律条文规范执法行为,凡法律条文无明确规定的不得处罚,同时按照处罚的权限、范围、种类、幅度和程序进行处罚,不得有任何违规行为,并且处罚的程序必须符合国家程序法的要求,不依照法定程序实施的消防行政处罚是违法无效的。设定和实施行政处罚必须以事实为依据,与违法行为的事实、性质、情节以及社会危害程度相当。

(2)公正原则。在消防行政处罚中,对于违法行为人,无论是何单位、个人、亲疏远近都应该一视同仁,严格按法定处罚幅度和程序进行处罚,不得因人而异,循私舞弊。

(3)公开原则。实施消防行政处罚时,执法人应对违法行为人的违法事实,具体违犯的法律条款,应当给予的处罚幅度、处罚程序等有关规定告诉行为人,且有关规定是国家已经明令公布的法律法规,如果对违法行为给予行政处罚的规定未经公布的,不得作为行政处罚的依据。

(4)处罚和教育相结合的原则。处罚和教育相结合是社会主义法制社会的基本特征,处罚只是一种手段,目的是通过处罚使违法行为人认识到违法行为可能造成的后果,从而能够改正违法行为,消除火灾隐患,保证社会的安全稳定。因此,在处罚的同时,要向行为人讲清道理,使行为人真正认识错误,并付诸改正,所以违法行为人对违法行为的认知度和对隐患整改的自觉性成为衡量处罚效果的重要表征。

(5)保障相对人权利和不得相互代替原则。保障相对人权利是指公安机关消防部门在实施处罚时,要告诉违法行为人应当享有的申辩权、申诉权、知情权,对于较大数额的罚款或相关处罚还应有听证权,要保障行为人充分行使公民权利。

处罚不得相互代替包括:

(1)对于法人行为,处罚时要分清具体行为人和管理相对人的责任,不得互相代替。

(2)不能以行政处罚替代民事责任,即行为人的违法行为给他人利益造成损害的应予赔偿或补救;不能以行政处罚替代行为人对违法行为的改正。例如,《消防法》第二十八条规定,任何单位、个人不得损坏、挪用或者擅自拆除、停用消防设施、器材,不得埋压、圈占、遮挡消火栓或者占用防火间距,不得占用、堵塞、封闭疏散通道、安全出口、消防车通道,人员密集场所的门窗不得设置影响逃生和灭火救援的障碍物。单位有上述违反行为的,除接受5 000元以上50 000元以下罚款的行政处罚外,必须限期改正违法行为,恢复消防设施、设备正常功能,保证出口、通道畅通,以便于在发生火灾时能发挥正常的功效,避免扩大人员伤亡和财产损失。

另外,因起火单位或个人的过错发生火灾,造成相邻单位或个人财产损失或人身伤亡的,起火单位或个人除应当接受相应行政处罚外,还应当对受灾单位或个人给予经济赔偿。

(3)如果当事人的违法行为构成犯罪,如造成了重特大财产损失和群死群伤恶性案件,造成了极其恶劣的社会影响,破坏了社会的稳定局面,在处以行政处罚后还应当依法追究其刑事责任,不得以行政处罚代替刑事处罚。

此外,消防行政处罚适用的原则还包括一事不再罚(即对已经指出并处罚的同一隐患不得重复处罚),对特殊情况和特殊人群采取的从轻、减轻和不予处罚等根据消防行政执法工作特点而设定的相关原则。

二、消防行政处罚的种类

消防行政处罚中设定的行政处罚种类是依据国家行政处罚法结合消防专业特点而设置的,有警告、罚款、没收违法所得、责令停产停业(停止施工、停止使用)、责令停止执业(吊销相应资质、资格)、拘留等六类行政处罚。

1.警告

警告是消防行政处罚中最轻的一种处罚,适用于情节轻微、对社会危害程度不大的违法行为,是对违法相对人的一种精神处罚,它影响的是被处罚人的名誉。例如,机关、团体、企业、事业等单位违反《消防法》第十六条、第十七条、第十八条、第二十一条第二款规定的,责令限期改正;逾期不改正的,对其直接负责的主管人员和其他直接责任人员依法给予处分或者给予警告处罚。警告可以采取口头、书面、挂牌警示、公告等形式。

2.罚款

罚款与没收违法所得和没收非法财物都是财产罚的形式。

罚款是在行政执法实践中运用最多、最广泛的一种消防行政处罚形式。例如，《消防法》第六十条规定，单位有下列行为之一的，责令改正，处5 000元以上50 000元以下罚款：

（1）消防设施、器材或者消防安全标志的配置、设置不符合国家标准、行业标准，或者未保持完好有效的。

（2）损坏、挪用或者擅自拆除、停用消防设施、器材的。

（3）占用、堵塞、封闭疏散通道、安全出口或者有其他妨碍安全疏散行为的。

（4）埋压、圈占、遮挡消火栓或者占用防火间距的。

（5）占用、堵塞、封闭消防车通道，妨碍消防车通行的。

（6）人员密集场所在门窗上设置影响逃生和灭火救援的障碍物的。

（7）对火灾隐患经公安机关消防机构通知后不及时采取措施消除的。个人有前款第（2）项、第（3）项、第（4）项、第（5）项行为之一的，处警告或者五百元以下罚款。

3.没收违法所得和没收非法财物

没收违法所得和没收非法财物是财产罚的另一种形式，是指公安消防行政部门依法对违反消防行政法律规范的公民、法人或其他组织违法所得到的经济收益、财物、违禁物品，依法无偿收归国有的消防行政处罚。《消防法》第六十九条规定，对消防产品质量认证、消防设施检测等消防技术服务机构出具虚假文件的违法行为，在罚款的同时，并处以没收违法所得和没收非法财物的处罚。

4.责令停止施工、停止使用或停产停业

责令停止施工、停止使用或停产停业是一种行为能力罚，是公安消防部门依法限制或剥夺违法行为人从事生产或经营等特定行为能力的行政处罚形式。例如，《消防法》第五十八条规定，有下列行为之一的，责令停止施工、停止使用或者停产停业，并处30 000元以上30万元以下罚款：

（1）依法应当经公安机关消防机构进行消防设计审核的建设工程，未经依法审核或者审核不合格，擅自施工的。

（2）消防设计经公安机关消防机构依法抽查不合格，不停止施工的。

（3）依法应当进行消防验收的建设工程，未经消防验收或者消防验收不合格，擅自投入使用的。

(4)建设工程投入使用后经公安机关消防机构依法抽查不合格,不停止使用的。

(5)公众聚集场所未经消防安全检查或者经检查不符合消防安全要求,擅自投入使用、营业的。

建设单位未依照本法规定将消防设计文件报公安机关消防机构备案,或者在竣工后未依照本法规定报公安机关消防机构备案的,责令限期改正,处 5 000 元以下罚款。

单位存在其他重大火灾隐患影响公共安全的或不停产、停业不能确保整改期间生产、经营活动安全的都应当停产、停业。

5. 责令停止执业(吊销相应资质、资格)

《消防法》规定,消防产品质量认证,消防设施检测、维护保养,消防器材维修,消防安全评估,消防职业培训、技能鉴定等消防技术服务机构出具虚假文件或失实文件情节严重或造成重大损失的,由原许可机关依法责令停止执业或者降低、吊销相应资质、资格,必要时还可并处罚款。

6. 行政拘留

行政拘留是行政处罚中最为严厉的处罚手段,它是公安机关对违反消防行政管理法律法规的相对人实行的短期内限制其人身自由的处罚。例如,《消防法》第六十三条规定,有下列行为之一的,处警告或者 500 元以下罚款;情节严重的,处 5 日以下拘留:①违反消防安全规定进入生产、储存易燃易爆危险品场所的;②违反规定使用明火作业或者在具有火灾、爆炸危险的场所吸烟、使用明火的。第六十四条规定,有下列行为之一,尚不构成犯罪的,处 10 日以上 15 日以下拘留:①指使或者强令他人违反消防安全规定,冒险作业的;②过失引起火灾的;③在火灾发生后阻拦报警,或者负有报告职责的人员不及时报警的;④扰乱火灾现场秩序,或者拒不执行火灾现场指挥员指挥,影响灭火救援的;⑤故意破坏或者伪造火灾现场的;⑥擅自拆封或者使用被公安机关消防机构查封的场所、部位的。第六十八条规定,人员密集场所发生火灾,该场所的现场工作人员不履行组织、引导在场人员疏散的义务,情节严重,尚不构成犯罪的,处 5 日以上 10 日以下拘留。

三、消防行政处罚的管辖和适用

1. 消防行政处罚的管辖

行政处罚的管辖就是确定对行政违法行为由哪一级执法主体实施处罚,即处罚实施主体之间的权限分工。

《行政处罚法》规定:行政处罚由违法行为发生地的县级以上地方人民政府具有行政处罚权的行政机关管辖。在消防行政执行领域,执行消防行政处罚的主体是公安消防部门和国家公安机关,其他任何行政机关和组织不能实施消防行政处罚。

消防行政处罚的管辖是指公安消防部门之间对消防行政违法行为实施消防行政处罚的权限分工。依据《行政处罚法》和《消防法》的规定,国务院公安部门对全国的消防工作实施监督管理,县级以上地方人民政府公安机关对本行政区域内的消防工作实施监督管理,并由本级人民政府公安机关消防机构负责实施,即属地管辖。同时根据消防违法行为情形,还设定了省、市公安消防机构的某些管辖范围,也称级别管辖。

在消防执法的具体实践中,还对某些社会影响较大的执法行为作了具体规定,如对当地经济和社会生活影响较大的企事业单位存在的消防违法行为需处以责令停产停业的处罚时,由公安机关消防机构提出意见,并由公安机关报请当地人民政府依法决定。

对拘留、强制传唤等限制人身自由的处罚措施的实施,由公安机关消防部门立案,报主管消防工作的公安机关负责人决定批准。

对生产、销售不合格的消防产品或者国家明令淘汰的消防产品的,公安机关消防部门可处以没收产品或违法所得的处罚,更重的处罚则由产品质量监督部门或者工商行政管理部门依照《中华人民共和国产品质量法》的规定处罚。

对消防技术服务机构出具虚假失实文件,当地消防监督机构可处以没收违法所得的处罚,情节严重或者给他人造成重大损失的,当地消防监督机构应报请原资格审批机关,由原许可机关依法责令停止执业或者吊销、降低相应资质、资格。

除属地管辖、级别管辖外,尚有指定管辖和专属管辖。其中,指定管辖是指公安部门对某些特定消防行政违法行为实施行政处罚的内部分工。如铁路系统运输设施的消防安全由铁路公安消防部门管辖;水上运输和港口码头的消防安全由交通、渔、航公安消防部门管辖;民航系统的场站设施消防安全由民航公安消防部门负责管辖;森林、草原的消防安全由林业公安消防部门负责管辖。对辖区内的小型单位也可由消防部门指定当地派出所管辖。

专属管辖是指按照《消防法》的规定,某些特定系统或部门内部的消防违法行为,只能由本系统或本部门负责消防工作的管理部门实施消防行政处罚。如军事设施的消防工作,由其主管单位监督管理,公安机关消防机构协助;矿井地下部分、核电厂、海上石油天然气设施的消防工作,由其主管单位监督管理。

2.消防行政处罚的适用条件

行政处罚的适用条件是处罚主体对违法案件具体运用行政处罚时的规则依据。消防行政处罚的适用条件是对消防行政领域进行行政处罚活动的规则依据。在适用消防行政处罚进行处罚前,必须首先确认该行为具备处罚的构成要件,其次在处罚过程当中要遵循行政处罚适用的原则,依法行使消防行政处罚。

应受到消防行政处罚的违法行为的构成要件必须满足以下四个条件:

(1)必须已经实施了消防违法行为。

(2)违法行为属于违反消防法律法规的行为。消防行政处罚只能针对违反消防行政法规的行为。

(3)实施违法行为的人是具有责任能力的行政管理相对人。

(4)依法应当受到处罚。

在消防行政执法实践中,对不满 14 周岁的人、不能辨认或控制自己行为的精神病人、无法承担责任后果的残疾人、违法情节轻微尚未造成危害后果的以及超过两年追诉时效的消防行政违法行为,则不予处罚。对不满 14 周岁的人、不能辨认或控制自己行为的精神病人,应当责令其监护人严加管教或看管。对精神病人,在必要的时候,国家可强制治疗。对于已满 14 周岁不满 18 周岁的人有放火行为的,则在公安消防机构查明火灾原因,确定火灾责任后,依法移送公安机关,按有关程序审理。

四、消防行政处罚的程序

消防行政处罚的程序是指消防行政执法主体依据《行政处罚法》和《消防法》及其他消防法律规范,实施消防行政处罚过程中所必须遵循的步骤和方式、时限等。

消防行政处罚的程序包括处罚决定程序和处罚执行程序。

1.消防行政处罚的决定程序

消防行政处罚的决定程序有简易程序和一般程序两种,听证是一般程序中的特殊程序,不是独立的决定程序。

(1)消防行政处罚简易程序。简易程序即当场处罚程序,主要适用于事实清楚、情节简单、后果轻微、法定处罚额度较小的违法行为。简易程序简单快捷,有利于提高行政处罚的效率。

根据《行政处罚法》的规定,消防行政处罚适用简易程序必须符合以下三个条件:一是违法事实确凿,案情较为简单;二是有法定依据;三是符合法律所规定的处罚种类和幅度,即对个人处 50 元以下罚款或者警告、对单位处 1 000 元以下罚款或者警告的处罚。

按照《行政处罚法》和《公安机关办理行政案件程序规定》，做出当场处罚的，应当按照下列程序实施：一向违法行为人表明执法身份；二说明理由和告知权利；三填写当场处罚决定书并当场交付被处罚人和执行处罚；四备案。

（2）消防行政处罚一般程序。一般程序也称为普通程序，是除简易程序以外做出处罚所适用的程序。

一般程序包括立案、调查取证、说明理由和告知当事人陈述与申辩权、做出处罚决定和送达五个步骤。

（3）消防行政处罚听证程序。听证程序是指公安消防行政机关在做出行证处罚前，为了查明案件事实、公正合理地实施行政处罚，在制作行政处罚决定的过程中通过公开举行由各方利害关系人参加的听证会，由当事人和案件调查人员就相关问题进行质证、辩论和反驳，以广泛听取意见的活动。听证可以由当事人参加，也可以由当事人委托或聘请的律师、专家或代言人参加。

听证程序就是调查方式的一种，是一般程序中的特殊阶段，并不是所有按一般程序处理的案件都必须经过听证程序，适用听证程序的行政案件有一定的范围限制。对于责令停产停业、吊销许可证或者资质、较大数额罚款（指对个人处以 2 000 元、对单位处以 30 000 元以上的罚款）以及法律、法规和规章规定违法嫌疑人可以要求举行听证的情形，当事人可以申请听证。当事人明确放弃听证的可以不予听证。

2.消防行政处罚的执行程序

行政处罚决定依法做出后，当事人应当在行政处罚决定的期限内予以履行。有消防行政违法行为的相对人应该在处罚决定生效后，尽到履行责任。当事人对行政处罚决定不服申请行政复议或者提起行政诉讼的，行政处罚不停止执行，被处罚个人或法人仍应履行法律责任，法律另有规定的除外。

第三节　企事业单位消防安全职责

机关、团体和企事业单位是社会基层管理的主体，也是单位消防安全的责任主体。

一、企事业单位的消防安全职责

1.一般企事业单位应当履行的消防安全职责

（1）实行消防安全责任制，制定本单位消防安全制度、消防安全操作规程，制定灭火和应急疏散预案。

（2）按照国家有关规定配置消防设施和器材、设置消防安全标志，并定期组织检查、维修，确保消防设施和器材完好、有效。

（3）对建筑消防设施每年至少进行一次全面检测，确保完好有效，检测记录应当完整准确，存档备查。

（4）保障疏散通道、安全出口、消防车通道畅通，保证防火防烟分区、防火间距符合消防技术标准。

（5）组织防火检查，及时消除火灾隐患。

（6）组织进行有针对性的消防演练。

（7）法律、法规规定的其他消防安全职责。

2.重点单位应当履行的消防安全职责

消防安全重点单位除应当履行上述职责外，还应当履行下列消防安全职责：

（1）确定消防安全管理人，组织实施本单位的消防安全管理工作。

（2）建立防火档案，确定消防安全重点部位，设置防火标志，实行严格管理。

（3）实行每日防火巡查，并建立巡查记录。

（4）对职工进行岗前消防安全培训，定期组织消防安全培训和消防演练。

3.企事业单位主要负责人的消防安全职责

按照国家有关企事业单位组织法的规定，企事业单位的主要负责人是单位的法人代表，应当对本单位的一切社会职能负责，因此，单位的主要负责人自然成为单位消防安全的第一责任人，应当对本单位消防安全负全责。

单位的消防安全责任人应当履行的消防安全职责如下：

（1）贯彻执行消防法规，保障单位消防安全符合规定，掌握本单位的消防安全情况。

（2）将消防工作与本单位的生产、科研、经营、管理等活动统筹安排，批准实施年度消防工作计划。

（3）为本单位的消防安全提供必要的经费和组织保障。

（4）确定逐级消防安全责任，批准实施消防安全制度和保障消防安全的操作规程。

（5）组织防火检查，督促落实火灾隐患整改，及时处理涉及消防安全的重大问题。

（6）根据消防法规的规定建立专职消防队、义务消防队。

（7）组织制定符合本单位实际的灭火和应急疏散预案，并实施演练。

3.企事业消防安全管理人的消防安全职责

单位可以根据需要确定本单位的消防安全管理人。消防安全管理人对单位的消防安全责任人负责,实施和组织落实下列消防安全管理工作:

(1)拟定年度消防工作计划,组织实施日常消防安全管理工作。

(2)组织制定消防安全制度和保障消防安全的操作规程并检查督促其落实。

(3)制定消防安全工作的资金投入和组织保障方案。

(4)组织实施防火检查和火灾隐患整改工作。

(5)组织实施对本单位消防设施、灭火器材和消防安全标志的维护保养,确保其完好有效,确保疏散通道和安全出口畅通。

(6)组织管理专职消防队和义务消防队。

(7)在员工中组织开展消防知识、技能的宣传教育和培训,组织灭火和应急疏散预案的实施和演练。

(8)单位消防安全责任人委托的其他消防安全管理工作。

消防安全管理人应当定期向消防安全责任人报告消防安全情况,及时报告涉及消防安全的重大问题。未确定消防安全管理人的单位,消防安全管理人的消防安全职责由单位消防安全责任人负责实施。

四、其他管理主体不明确情形下的安全管理职责

实行承包、租赁或者委托经营、管理时,产权单位应当提供符合消防安全要求的建筑物或经营场地,当事人在订立的合同中依照有关规定明确各方的消防安全责任;消防车通道和涉及公共消防安全的疏散设施及其他建筑消防设施应当由产权单位或者委托管理的单位统一管理,履行消防安全职责。

一栋建筑内有多家单位入驻或租赁经营的,该建筑的消防安全由建筑产权所有人负责;当有多家产权单位时,应由业主协商确定该建筑的消防安全管理人,并约定和落实各自的消防安全职责。

对于有两个以上产权单位和使用单位的建筑物,各产权单位、使用单位对消防车通道、涉及公共消防安全的疏散设施和其他建筑消防设施应当明确管理责任,可以委托统一管理。授权统一管理的物业管理机构应当对受委托管理范围内的公共消防安全管理工作负责并履行下列消防安全职责:

(1)制定消防安全制度,落实消防安全责任,开展消防安全宣传教育;

(2)开展防火检查,消除火灾隐患;

(3)保障疏散通道、安全出口、消防车通道畅通;

(4)保障公共消防设施、器材以及消防安全标志完好有效。

居民住宅区的物业管理单位应当参照上述职责履行并完成业主委员会交办的其他安全管理工作。

举办大型展览、展销、庙会等公众聚集活动以及举办集会、焰火晚会、灯会等具有火灾危险的大型活动的主办单位、承办单位以及提供场地的单位,应当在订立的合同中明确各方的消防安全责任。

建筑工程施工现场的消防安全由施工单位负责。实行施工总承包的,由总承包单位负责。分包单位向总承包单位负责,服从总承包单位对施工现场的消防安全管理。

对建筑物进行局部改建、扩建和装修的工程,建设单位应当与施工单位在订立的合同中明确各方对施工现场的消防安全责任。

第四节　重点单位消防安全管理

重点单位的消防安全管理是消防机构安全管理的重点,是遏制群死群伤和重大财产损失的基本措施。重点单位的事情办好了,实现社会的稳定就有了可靠的保证。重点单位包括一般重点单位和火灾高危单位。

一、重点单位的确定

确定重点单位,既要考虑单位的性质、发生火灾的危险性的大小、单位的规模以及发生火灾后果的大小及其影响等。例如,陕西省公安消防总队依据公安部《机关、团体、企业、事业单位消防安全管理规定》,要求下列单位应当确定为重点单位:

1. 商场(市场)、宾馆(饭店)、体育场(馆)、会堂、公共娱乐场所等公众聚集场所

(1)建筑面积在 1 000m²(含本数,下同)以上且经营可燃商品的商场(商店、市场);

(2)客房数在 50 间以上的宾馆(旅馆、饭店);

(3)公共的体育场(馆)、会堂;

(4)建筑面积在 200m² 以上的公共娱乐场所:

1)影剧院、录像厅、礼堂等演出、放映场所;

2)舞厅、卡拉 OK 厅等歌舞娱乐场所;

3)具有娱乐功能的夜总会、音乐茶座和餐饮场所;

4)网吧、游艺、游乐场所;

5)保龄球馆、旱冰场、桑拿浴室等营业性健身、休闲场所;

6)美容美发、棋牌室、咖啡厅等营业性场所。

2.医院、养老院和寄宿制的学校、托儿所、幼儿园

(1)住院床位在50张以上的医院；

(2)老人住宿床位在50张以上的养老院；

(3)学生住宿床位在100张以上的学校；

(4)幼儿住宿床位在50张以上的托儿所、幼儿园。

3.国家机关

(1)县级以上的党委、人大、政府、政协机关；

(2)县级以上的人民检察院、人民法院。

4.广播、电视和邮政、通信枢纽

县级以上城镇的邮政、通信枢纽单位、广播、电视台。

5.客运车站、民用机场

(1)候车厅的建筑面积在500m²以上的客运车站；

(2)民用机场。

6.公共图书馆、展览馆、博物馆、档案馆以及具有火灾危险性的文物保护单位

(1)建筑面积在2 000m²以上的公共图书馆、展览馆；

(2)博物馆、档案馆；

(3)具有火灾危险性的县级以上文物保护单位。

7.发电厂(站),供水、供电、供气、供暖调度中心和电网经营企业

8.易燃易爆化学物品的生产、充装、存储、供应、销售单位

(1)生产易燃易爆化学物品的工厂；

(2)易燃易爆气体和液体的灌装站、调压站；

(3)储存易燃易爆化学物品的专用仓库(堆场、储罐场所)；

(4)易燃易爆化学物品的专业运输单位；

(5)营业性汽车加油站、加气站、液化石油气供应站、换瓶站；

(6)经营易燃易爆化学物品(甲、乙类)且店内存放总量达200kg以上的商店。

9.劳动密集型生产、加工企业

生产车间员工在100人以上的服装、鞋帽、玩具、木制品、家具、塑料、食品加工和纺织、印染等劳动密集型企业。

10.重要的科研单位

(1)国家和省级科研单位;

(2)负责国家重点科研项目的科研单位;

(3)设备价值超过1 000万元以上的科研单位;

(4)科研实验中具有火灾爆炸危险的科研单位;

(5)储存易燃易爆化学危险物品(甲、乙类)超过200kg的科研单位。

11.高层公共建筑,地下铁道,地下观光隧道,粮、棉、木材、百货等物资仓库和堆场,重点工程的施工现场

(1)高层公共建筑的办公楼(写字楼)、公寓楼等;

(2)城市地下铁道、地下观光隧道等地下公共建筑和城市重要的交通隧道;

(3)国家储备粮库、总数量在10 000t以上的其他粮库;

(4)总储量在500t以上的棉库;

(5)总储量在10 000m³以上的木材堆场;

(6)总储存价值在1 000万元以上的可燃物品仓库、堆场;

(7)国家和省级等重点工程的施工现场。

12.发生火灾可能性较大以及一旦发生火灾可能造成人身重大伤亡或者财产重大损失的单位

(1)固定资产(建筑、设备、原材料等)价值在1亿元以上的电子、汽车、钢铁、烟草、航天、纺织、造纸工业等企业;

(2)营业厅的建筑面积在500m²以上的证券交易所;

(3)支行级以上的银行。

13.其他应纳入消防安全重点单位管理的范围

(1)建筑耐火等级属于三级以下的经营性场所,且面积在1 000m²以上的单位;

(2)现期存在未办理土地规划和消防手续的市场、仓库已投入使用的,应将其纳入消防安全重点单位管理,同时责成补办有关手续;

(3)面积较大的网购、物流快递单位、兼有仓储的功能的小商品批发市场的门店及仓库;

(4)A级以上的旅游风景区;

(5)公共建筑中存在营业面积超过2 000m²的纯餐饮场所,其烹饪操作间使用燃油或燃气的场所;

（6）建筑面积在1 000m² 以上的货运站、物流中心（不含办公用房）。

消防安全重点单位由县级以上地方人民政府公安机关消防机构确定，并由公安机关报本级人民政府备案。

二、火灾高危单位的界定

为了便于对消防安全重点单位的管理，根据《国务院关于加强和改进消防工作的意见》的要求，还对易造成群死群伤的人员密集场所、易燃易爆单位、高层公共建筑和较大面积的地下公共建筑等定义为火灾高危单位，即火灾高度危险单位，并要求把这些单位作为消防安全重点单位中的重点，加强监督和管理。例如：《陕西省火灾高危单位消防安全管理规定》将符合下列条件之一的大型人员密集场所或者单位定义为火灾高危单位：

（1）建筑总面积大于20 000m² 或者容纳人数在10 000人以上的体育场（馆）；

（2）建筑总面积大于20 000m² 的公共展览馆、博物馆；

（3）单层建筑面积大于10 000m² 或者总建筑面积超过50 000m² 的商场、市场；

（4）建筑总面积大于2 500m² 的公共图书阅览室、劳动密集型企业生产加工车间、宗教场所；

（5）四星级以上且客房数量在300间以上，以及建筑总面积大于30 000m² 的宾馆、饭店。

（6）核定人数超过2 000人的室内演出、放映场所，以及核定人数超过500人的其他室内公共娱乐场所；

（7）床位数量在300张以上的托儿所、幼儿园、养老院、福利院，以及床位数量在500张以上的医院或者疗养院病房楼；

（8）床位数量在1 000张以上的学生、企业员工集体宿舍楼。

（9）总储量大于10 000m³ 的甲、乙类易燃气体的生产、充装、储存、销售场所；

（10）总储量大于30 000m³ 的甲、乙类易燃液体的生产、充装、储存、销售场所；

（11）生产、储存、销售甲、乙类可燃固体、可燃纤维的，且面积大于3 000m² 的单体建筑。

（12）单体建筑面积大于50 000m² 或者建筑高度超过100m的高层公共建筑。

（13）建筑总面积大于3 000m² 的地下商场；

（14）建筑总面积大于500m² 的地下歌舞娱乐场所；

（15）城市轨道交通地下部分；

（16）高速公路超长隧道。

（17）省级以上粮食（食用油）储备仓库；

(18)储存可燃物资价值在 2 亿元以上的其他大型储备仓库、基地;

(19)采用性能化防火设计且单体建筑面积大于 20 000m² 的建筑;

(20)木结构或者砖木结构的全国重点文物保护单位。

除本规定确定的火灾高危单位外,设区的市人民政府可以根据消防安全管理需要确定本行政区域内的火灾高危单位,并及时向社会公布。

三、重点单位消防安全管理要点

1.建立责任网络,落实消防安全责任

消防安全责任制是整个消防安全管理的核心。企事业单位首先要落实消防安全责任人,一般由单位的主要领导负责,其次是消防安全管理人。管理人可以是单位副职、部门领导或专职消防安全管理人。再次是建立单位的防火安全委员会,成员一般有单位主要负责人、单位消防安全管理人和下至分厂、车间的主要负责人或生产安全负责人。单位防火安全委员会是单位消防安全的主要管理机构,负责研究单位消防安全的重大事项,如统筹计划、确立各级职责、审批预算、评比奖惩等,从而形成从领导到职工各级的消防安全责任网络。

2.建立各项规章制度,夯实管理基础

消防安全规章制度及重点岗位操作规程是落实消防安全责任的基础,单位应当建立的消防安全规章制度主要如下:消防安全教育、培训;防火巡查、检查;安全疏散设施管理;消防(控制室)值班;消防设施、器材维护管理;火灾隐患整改;用火、用电安全管理;易燃易爆危险物品和场所防火防爆;专职和义务消防队的组织管理;灭火和应急疏散预案演练;燃气和电气设备的检查和管理(包括防雷、防静电);消防安全工作考评和奖惩;重点部位防火巡查、交接班;仓库管理;重点岗位职工的培训上岗等,以及其他必要的符合本单位实际情况的消防安全内容。

3.确定单位的重点部位,加强安全措施

消防安全重点单位是指消防监督机构监督的重点,而单位的重点部位是单位消防安全督察的重点。一般来讲,下列部位应当确定为单位的消防安全重点部位:

(1)易燃、易爆化学危险品的生产、储存、使用场所;

(2)人员密集的生产活动场所;

(3)单位的生产调度通信枢纽;

(4)单位的动力、能源供给场所,如配电室、动力站和车队的停车、维修场所等;

(5)单位的档案资料存放场所;

(6)经常动用明火的场所;

（7）主要的仓储场所。

4.加强消防安全教育和培训,提高单位的四个能力建设

单位应当通过多种形式开展经常的消防安全教育培训,重点单位对每个员工应当至少每年进行一次集中消防安全培训,平时单位还应当通过利用宣传栏、广播、标语等手段向职工宣传消防安全常识,以提高职工自觉发现和整改火灾隐患的能力,扑救初期火灾的能力,组织疏散、逃生自救的能力,消防安全宣传教育的能力。

单位日常宣传教育培训应当包括以下内容：

（1）有关消防法规、消防安全制度和保障消防安全的操作规程；

（2）本单位、本岗位的火灾危险性和防火措施；

（3）有关消防设施的性能、灭火器材的使用方法；

（4）报火警、扑救初期火灾以及自救逃生的知识和技能；

（5）公众聚集场所员工的消防安全培训应当至少每半年进行一次,培训的内容还应当包括组织、引导在场群众疏散的知识和技能。

除要求单位对全体员工进行日常的宣传教育培训外,下列人员应当接受消防安全专门培训：

（1）单位的消防安全责任人、消防安全管理人；

（2）专、兼职消防管理人员；

（3）消防控制室的值班、操作人员（此项人员应持证上岗）；

（4）其他依照规定应当接受消防安全专门培训的人员。

5.建立义务消防队,落实组织训练

单位的义务消防队是公安消防力量的重要补充,也是单位内部消防安全重要的保障力量。义务消防队的组成既要考虑覆盖面,尽量保证各个重要岗位有人参加,如果单位较大,可考虑分厂或车间设立分队。总队长和分队长一般由单位或分厂的主要负责人牵头,义务消防队员应选择身体强健、热爱消防,且经一定消防培训的单位骨干组成。义务消防队员的培训应着重于防火灭火的基础知识,熟悉本单位、本岗位所使用的物质的燃烧性质,不同灭火器的灭火作用、灭火的基本方法,知道怎样使用灭火器,怎样利用室内消火栓灭火,怎样引导群众疏散,怎样保护自己。平时应当组织实践演练,以便关键时刻能拉得出、用得上、打得赢。

6.建立火灾应急预案,强化救援疏散演练

各个单位应当结合本单位的实际,制定切实可行的灭火应急疏散预案,并进行演练,以便在应急情况下不至于慌乱,按照设立的程序有条不紊地进行救援工作,以减少火灾对人员的伤害和减少损失。

灭火应急疏散预案的主要内容如下：

（1）组织机构，包括灭火行动组、通信联络组、疏散引导组、安全防护救护组；

（2）报警和接警处置程序；

（3）应急疏散的组织程序和措施；

（4）扑救初期火灾的程序和措施；

（5）通信联络、安全防护救护的程序和措施。

消防安全重点单位应当按照应急疏散预案，至少每半年进行一次演练，并结合实际，不断完善预案。其他单位应当结合本单位实际，参照制定相应的应急方案，至少每年组织一次演练。

消防演练时，应当设置明显标识并事先告知演练范围内的人员。

灭火和应急疏散预案中人员和岗位的设置一定要具体到人，明确责任，并且要告诉义务消防队员，什么情况下应该撤出，以防止队员受到意外伤害。

7. 组织经常性的防火检查，随时堵塞漏洞

现代建筑体量越来越大，功能也越来越复杂，劳动大军的流动性也很大，特别是一些易燃易爆的化工生产企业，"跑冒漏滴"这些随时可能出现的险情都可能引发火灾，所以消防安全管理更多的是动态管理。安全保卫人员一定要有很强的工作责任心，做到腿勤、眼勤、嘴勤。所谓腿勤，就是要经常深入一线工作岗位，随时检查可能出现的问题；所谓眼勤，就是要多用眼观察单位内部各种不安全因素，即使非正式检查或其他工作活动，也要多留意；所谓嘴勤，就是时刻对发现的问题及时提出，走到哪儿要将消防宣传工作做到哪儿，提高员工的安全意识，防止麻痹大意，对于发现的问题，当下能解决的及时解决，不能解决的要及时向领导汇报，采取必要措施防小患酿大灾。

8. 配足配齐灭火器材，注意维护保养

平时单位保卫人员要熟悉单位各个部位的基本情况，并按照各个部位不同的火灾可能性配足配齐必要的灭火器材，防止丢失、挪用和破坏。对过期、损坏的灭火器材要及时更换和保养。现在的贮压式干粉灭火器只要不失压，一般要求出厂后五年更换一次，此后每两年更换一次。其他气体灭火器只要在灭火器试压检测期限内，一般不必更换。对于高层建筑来说，建筑内部的消防设施是保障建筑安全的重要设施，要随时检查，按时启动保养，保障设备时刻处于完好备用状态。例如，对于常闭式防火门，其闭门器是易损件，一旦发现损坏要及时更换；消火栓的阀门要定期拧动，防止锈死；对自动报警装置的探头要两年清洗保养一次，防止灰尘遮

盖影响报警;在冬季应防止供水管道和自动喷水装置的喷头冻裂;消防泵、备用发电机要定期启动运转,防止锈死等。

9.建立防火档案,完善管理细节

消防安全重点单位应当建立健全消防档案。消防档案应当包括消防安全基本情况和消防安全管理情况。消防档案应当翔实,全面反映单位消防工作的基本情况,并附有必要的图表,根据情况变化及时更新。单位应当对消防档案统一保管、备查。

消防安全基本情况应当包括以下内容:

(1)单位基本概况和消防安全重点部位情况;

(2)建筑物或者场所施工、使用或者开业前的消防设计审核、消防验收以及消防安全检查的文件、资料;

(3)消防管理组织机构和各级消防安全责任人;

(4)消防安全制度;

(5)消防设施、灭火器材情况;

(6)专职消防队、义务消防队人员及其消防装备配备情况;

(7)与消防安全有关的重点工种人员情况;

(8)新增消防产品、防火材料的合格证明材料;

(9)灭火和应急疏散预案。

消防安全管理情况应当包括以下内容:

(1)公安消防机构填发的各种法律文书;

(2)消防设施定期检查记录、自动消防设施全面检查测试的报告以及维修保养的记录;

(3)火灾隐患及其整改情况记录;

(4)防火检查、巡查记录;

(5)有关燃气、电气设备检测(包括防雷、防静电)等记录资料;

(6)消防安全培训记录;

(7)灭火和应急疏散预案的演练记录;

(8)火灾情况记录;

(9)消防奖惩情况记录;

(10)单位有关消防安全的重要会议记录。

前款规定中的第(2)(3)(4)(5)项记录,应当记明检查的人员、时间、部位、内容、发现的火灾隐患以及处理措施等;第(6)项记录,应当记明培训的时间、参加人员、内容等;第(7)项记录,应当记明演练的时间、地点、内容、参加部门以及人员等;第(10)项记录,应当记录会议议题、研究结论、参加人员等。

其他单位应当将本单位的基本概况、公安消防机构填发的各种法律文书、与消防工作有关的材料和记录等统一保管备查。

思 考 题

1. 消防行政处罚的相关法律法规有哪些？

2. 消防行政处罚的执法主体是哪个部门？

3. 消防行政处罚的种类有哪些？

4. 消防行政处罚的原则是什么？

5. 实施消防行政处罚的必要条件是什么？

6. 什么情况适用简易处罚程序？

7. 消防行政处罚一般程序包含哪几个步骤？

8. 听证程序是否是行政处罚的必要程序？

9. 消防安全重点单位的消防安全职责有哪些？

10. 单位的消防安全责任人有何职责？

11. 单位的消防安全管理人有何职责？

12. 哪些单位应当确定为消防安全重点单位？

13. 哪些单位应当确定为火灾高危单位？

14. 重点单位消防安全管理要点有哪些？

15. 单位消防安全四个能力建设指哪四个能力？

16. 消防管理档案应包含哪些内容？

第七章

消防安全检查

———————★———————

单位消防安全检查是指单位内部结合自身情况,适时组织的督促、查看、了解本单位内部消防安全工作情况以及存在的问题和隐患的一项消防安全管理活动。单位消防安全检查是依据《消防法》和《机关、团体、企业、事业单位消防安全管理规定》等有关法律法规对单位提出的具体要求实施的日常工作,并应作为一项制度确定下来。

第一节 消防安全检查的目的和形式

一、消防安全检查的目的

单位消防安全检查的目的就是通过对本单位消防安全管理和消防设施的检查了解单位消防安全制度、安全操作规程的落实和遵守情况以及消防设施、设备的配置和运行情况,以督促规章制度、措施的贯彻落实,提高和警示员工的安全防范意识和发现火灾隐患并督促落实整改,减少火灾的发生和最大限度减少人员伤亡及其财产损失。这既是单位自我管理、自我约束的一种重要手段,也是及时发现和消除火灾隐患、预防火灾发生的重要措施。

二、消防安全检查的形式

消防安全检查是一项长期的、经常性的工作,在组织形式上应采取经常性检查和定期性检查相结合、重点检查和普遍检查相结合的方式。具体检查形式主要有以下几种。

1. 一般日常性检查

这种检查是按照岗位消防责任制的要求,以班组长、安全员、义务消防员为主对所处的岗位和环境的消防安全情况进行检查,通常以人员在岗在位情况、火源电源气源等危险源管理、灭火器配置、疏散通道和交接班情况为检查的重点。

一般日常性检查能及时发现不安全因素,及时消除安全隐患,它是消防安全检查的重要形式之一。

2. 定期防火检查

这种检查是按规定的频次进行,或者按照不同的季节特点,或者结合重大节日进行检查的。这种检查通常由单位领导组织,或由有关职能部门组织,除了对所有部位进行检查外,还要对重点部位进行重点检查。这种检查的频次对企事业单位应当至少每季度检查一次,对重点部位至少每月检查一次。

3. 专项检查

根据单位实际情况以及当前主要任务和消防安全薄弱环节开展的检查,如用电检查、用火检查、疏散设施检查、消防设施检查、危险品储存与使用检查等。专项检查应有专业技术人员参加。

4. 夜间检查

夜间检查是预防夜间发生大火的有效措施,检查主要依靠夜间值班干部、警卫和专、兼职消防管理人员。重点是检查火源电源的管理、白天的动火部位、重要仓库以及其他有可能发生异常情况的部位,及时堵塞漏洞,消除隐患。

5. 防火巡查

防火巡查是消防安全重点单位一种必要的消防安全检查形式,也是《消防法》赋予消防安全重点单位必须履行的一项职责。消防安全重点单位应当进行每日防火巡查,并确定巡查的人员、内容、部位和频次。公共娱乐场所在营业期间的防火巡查应当至少每 2h 一次,营业结束时应当对营业现场进行检查,消除遗留火种。宾馆、饭店、医院、养老院、寄宿制的学校、托儿所、幼儿园应当加强夜间防火巡查;重要的仓库和劳动密集型企业也应当重视日常的防火巡查,其他消防安全重点单位可以结合实际需要组织防火巡查。

防火巡查人员应当及时纠正违章行为,妥善处置火灾危险,无法当场处置的,应当立即报告。发现初起火灾应当立即报警并及时扑救。

防火巡查应当填写巡查记录,巡查人员及其主管人员应当在巡查记录上签名。

单位防火巡查的内容,一般都是动态管理上的薄弱环节,而且一旦失查就可能造成重大事故的情况,包括以下内容:

(1)用火、用电有无违章情况;

(2)安全出口、疏散通道是否畅通,安全疏散指示标志、应急照明是否完好;

(3)消防设施、器材和消防安全标志是否在位、完整;

(4)常闭式防火门是否处于关闭状态,防火卷帘下是否堆放物品影响使用;

(5)消防安全重点部位的人员在岗情况;

(6)其他消防安全情况。

6.其他形式的检查

根据需要进行的其他形式检查,如重大活动前的检查、开业前的检查、季节性检查等。

第二节　消防安全检查的方法和内容

一、单位消防安全检查的方法

消防安全检查的方法是指单位为达到实施消防安全检查的目的所采取的技术措施和手段。消防安全检查手段直接影响检查的质量,单位消防安全管理人员在进行自身消防安全检查时应根据检查对象的情况,灵活运用以下各种手段,了解检查对象的消防安全管理情况。简单地说就是查、问、看、测。

1.查阅消防档案

消防档案是单位履行消防安全职责、反映单位消防工作基本情况和消防管理情况的载体。查阅消防档案应注意以下问题:

(1)消防安全重点单位的消防档案应包括消防安全基本情况和消防安全管理情况。其内容必须按照《机关、团体、企业、事业单位消防安全管理规定》中第四十二条、第四十三条的规定,全面翔实地反映单位消防工作的实际状况。

(2)制定的消防安全制度和操作规程是否符合相关法规和技术规程。

(3)灭火和应急救援预案是否可靠,演练是否按计划进行。

(4)查阅公安机关消防机构填发的各种法律文书,尤其要注意责令改正或重大火灾隐患限期整改的相关内容是否得到落实。

(5)防火检查、防火巡查记录是否完善。

(6)消防安全教育、培训内容是否完整。

2.询问员工

询问员工是消防安全管理人员实施消防安全检查时最常用的方法。为在有限的时间之内获得对检查对象的大致了解,并通过这种了解掌握被检查对象的消防安全知识和能力状况,消防管理人员可以通过询问或测试的方法直接而快速地获得相关的信息。

(1)询问各部门、各岗位的消防安全管理人员,了解其实施和组织落实消防安全管理工作的概况以及对消防安全工作的熟悉程度。

(2)询问消防安全重点部位的人员,了解单位对其培训的概况。

(3)询问消防控制室的值班、操作人员,了解其是否具备岗位资格。

(4)公众聚集场所应随机抽询数名员工,了解其组织引导在场群众疏散的知识和技能以及报火警和扑救初起火灾的知识和技能。

3.查看消防通道、安全出口、防火间距、防火防烟分区设置、灭火器材、消防设施、建筑及装修材料等情况

消防通道、安全出口、消防设施、灭火器材、防火间距、防火防烟分区等是建筑物或场所消防安全的重要保障,国家的相关法律与技术规范对此都做了相应的规定。查看消防通道、消防设施、灭火器材、防火间距、防火分隔等,主要是通过眼看、耳听、手摸等方法,判断消防通道是否畅通,防火间距是否被占用,灭火器材是否配置得当并完好有效,消防设施各组件是否完整齐全无损、各组件阀门及开关等是否置于规定启闭状态、各种仪表显示位置是否处于正常允许范围,建筑装修材料是否符合耐火等级和燃烧性能要求,必要时再辅以仪器检测、鉴定等手段等,确保检查效果。

4.测试消防设施

按照《消防法》的要求,单位应对消防设施至少每年检测一次。这种检测一般由专业的检测公司进行。使用专用检测设备测试消防设施设备的工况,要求检测员具备相应的专业技术基础知识,熟悉各类消防设施的组成和工作原理,掌握检查测试方法以及操作中应注意的事项。对一些常规消防设施的测试,利用专用检测设备对火灾报警器报警、消防电梯强制性停靠、室内外消火栓压力、消火栓远程启泵、压力开关和水力警铃、末端试水装置、防火卷帘升降、防火阀启闭、防排烟设施启动等项目进行测试。

二、单位消防安全检查的内容

单位进行消防安全检查应当包括以下内容：

(1)火灾隐患的整改情况以及防范措施的落实情况；

(2)安全疏散通道、疏散指示标志、应急照明和安全出口情况；

(3)消防车通道、消防水源情况；

(4)灭火器材配置及有效情况；

(5)用火、用电有无违章情况；

(6)重点工种人员以及其他员工消防知识的掌握情况；

(7)消防安全重点部位的管理情况；

(8)易燃易爆危险物品和场所防火防爆措施的落实情况以及其他重要物资的防火安全情况；

(9)消防(控制室)值班情况和设施运行、记录情况；

(10)防火巡查情况；

(11)消防安全标志的设置情况和完好、有效情况；

(12)其他需要检查的内容。

第三节　消防安全检查的实施

一、一般单位内部的日常管理检查要点

1.消防安全组织机构及管理制度的检查

(1)检查方法：查看消防安全组织机构及管理制度的相关档案及文件。

(2)要求：消防安全责任人及消防安全管理人的设置及职责明确；消防安全管理制度健全；相关火灾危险性较大岗位的操作规程和操作人员的岗位职责明确；义务消防队组成和灭火及疏散预案完善；消防档案包括单位基本情况、建筑消防审批验收资料、安全检查、巡查、隐患整改、教育培训、预案演练等日常消防管理记录在案。

2.单位员工消防安全能力的检查

(1)检查方法：任意选择几名员工，询问其消防基本知识掌握的情况，对于疏散通道和安全出口的位置及数量的了解情况、疏散程序和逃生技能的掌握情况；模拟一起火灾，检查现场疏散引导员的数量和位置；检查疏散引导员引导现场人员疏散逃生的基本技能；常用灭火器的选用和操作方法等。

（2）要求：

1）员工熟练掌握报警方法，发现起火能立即呼救、触发火灾报警按钮或使用消防专用电话通知消防控制室值班人员，并拨打"119"电话报警。

2）熟悉自己在初起火灾处置中的岗位职责、疏散程序和逃生技能，以及引导人员疏散的方法要领。

3）熟悉疏散通道和安全出口的位置及数量，按照灭火和应急疏散预案要求，通过喊话和广播等方式，引导火场人员通过疏散通道和安全出口正确逃生。

4）宾馆、饭店的员工还应掌握逃生器械的操作方法，指导逃生人员正确使用缓降器、缓降袋、呼吸器等逃生器械。

5）员工掌握室内消火栓和灭火器材的位置和使用的操作要领，能根据起火物类型选用对应的灭火器并按操作要领正确扑救初起火灾。

6）员工掌握基本的防火知识，熟悉本岗位火灾危险性、工艺流程、操作规程，能紧急处理一般的事故苗头。

7）电、气焊等特殊工种相关操作人员具备电、气焊等特殊工种上岗资格，动火作业许可证完备有效；动火监护人员到场并配备相应的灭火器材；员工掌握可燃物清理等火灾预防措施，掌握灭火器操作等火灾扑救技能。

3.重点火灾危险源的检查

（1）检查方法：查看厨房、配电室、锅炉房及柴油发电机房等火灾危险性较大的部位和使用明火部位的管理情况。

（2）要求：

1）厨房排油烟机及管道的油污定期清洗；电气设备的除尘及检查等消防安全管理措施落实；燃油燃气设施消防安全管理等制度完备，燃油储量符合规定（不大于一天的使用量）；

2）电气设备及其线路未超负荷装设，无乱拉乱接；隐蔽线路应当穿管保护；电气连接应当可靠；电气设备的保险丝未加粗或以其他金属代替；电气线路具有足够的绝缘强度和机械强度；未擅自架设临时线路；电气设备与周围可燃物保持一定的安全距离。

3）使用明火的部位有专人管理，人员密集场所未使用明火取暖。

4.建筑内、外保温材料及防火措施的检查

（1）检查方法：现场观察和抽样做材料燃烧性能鉴定。

（2）要求：

1）一类高层公共建筑和高度超过100m的住宅建筑，保温材料的燃烧性能应为 A 级；

2)二类高层公共建筑和高度大于 27m 但小于 100m 的住宅建筑,保温材料应采用低烟、低毒且燃烧性能不应低于 B1 级；

3)其他建筑保温材料的燃烧性能不应低于 B2 级；

4)保温系统应采用不燃材料做防护层,当采用 B1 级材料时,防护层厚度不低于 10mm；

5)建筑外墙的外保温系统与基层墙体、装饰层之间的空腔,应在每层楼板处采用防火封堵材料封堵。

5.消防控制室的检查

(1)检查方法。

1)查看消防控制室设置是否合理,内部设备布置是否符合规定,功能是否完善;查看值班员数量及上岗资格证书;任选火灾报警探测器,用专用测试工具向其发出模拟火灾报警信号,待火灾报警探测器确认灯启动后,检查消防控制室值班人员火灾信号确认情况;模拟火灾确认之后,检查消防控制室值班人员火灾应急处置情况。

2)检查其他操作如开机、关机、自检、消音、屏蔽、复位、信息记录查询、启动方式设置等要领的掌握情况。

(2)要求。

1)消防控制室的耐火等级应为一、二级,且应独立设置或设在一层或负一层并有直通室外的出口,内部设备布置合理,能满足受理火警、操控消防设施和检修的基本要求；

2)同一时段值班员数量不少于两人,且持有消防控制室值班员(消防设施操作员)上岗资格证书；

3)接到模拟火灾报警信号后,消防控制室值班人员以最快的方式确认是否发生火灾;模拟火灾确认之后,消防控制室值班人员立即将火灾报警联动控制开关转至自动状态(平时已处于自动状态的除外),启动单位内部应急灭火疏散预案,并按预案操作相关消防设施。如切换电源至消防电源、启动备用发电机、启动水泵、防排烟风机,关闭防火卷帘和常开式防火门,打开应急广播引导人员疏散,同时拨打"119"火警电话报警并报告单位负责人,然后观察各个设备动作后的信号反馈情况,确认各项预案步骤落实到位。

4)消防控制室内不应堆放杂物和无关物品。

6.防火分区及建筑防火分隔措施的检查

(1)防火分区的检查。

1)检查方法:实际观察和测量。

2)要求:防火分区应按功能划分且分区面积符合规范要求;无擅自加盖增加建筑面积或拆除防火隔断、破坏防火分区的情况;无擅自改变建筑使用功能使原防火分区不能满足现功能要求的情况。

(2)防火卷帘的检查。

1)外观检查:组件应齐全完好,紧固件无松动现象;门帘各接缝处、导轨、卷筒等缝隙应有防火密封措施,防止烟火窜入;防火卷帘上部、周围的缝隙应采用相同耐火极限的不燃材料填充、封堵。

2)功能检查:分别操作机械手动、触发手动按钮、消防控制室手动输出遥控信号、分别触发两个相关的火灾探测器,查看卷帘的手动和自动控制运行情况及信号反馈情况。

3)要求:

a.防火卷帘应运行平稳,无卡涩。远程信号控制,防火卷帘应按固定的程序自动下降。设置在非疏散通道位置的仅用于防火分隔用途的防火卷帘,在火灾报警探测器报警之后能一步直接下降至地面。

b.当防火卷帘既用于防火分隔又作为疏散的补充通道时,防火卷帘应具有二步降的功能,即在感烟探测器报警之后下降至距地面1.8 m的位置停止,待感温探测器报警之后继续下降至地面。

c.对设在通道位置和消防电梯前室设置的卷帘,还应有内外两侧手动控制按钮,保证消防员出入时和卷帘降落后尚有人员逃生时启动升降。

d.防火卷帘还应有易熔片熔断降落功能。

(3)防火门的检查。

1)外观检查:防火门设置合理,组件齐全完好,启闭灵活、关闭严密。

2)功能检查:将常闭式防火门从任意一侧手动开启至最大开度之后放开,观察防火门的动作状态;对常开式防火门将消防控制室防火门控制按钮设置于自动状态,用专用测试工具向常开式防火门任意一侧的火灾报警探测器发出模拟火灾报警信号,观察防火门的动作状态。

3)要求:

a.防火门应为向疏散方向开启的平开门,并在关闭后应能从任何一侧手动开启。

b.常闭式防火门应能自行关闭,双扇防火门应能按顺序关闭;电动常开式防火门应能在火灾报警后按控制模块设定顺序关闭并将关闭信号反馈至消防控制室。设置在疏散通道上并设有出入口控制系统的防火门,应能自动和手动解除出入口控制系统。

c.防火门的耐火极限符合设计要求,和安装位置的分隔作用要求相一致。防火门与墙体间的缝隙应用相同耐火等级的材料进行填充封堵。

d.防火门不得跨越变形缝,并不得在变形缝两侧任意安装,应统一安装在楼层较多的一侧。

(4)防火阀和排烟防火阀等管道分隔设施的检查。

1)检查方法:检查阀体安装是否合理、可靠,分别手动、电动和远程信号控制开启和关闭阀门,观察其灵活性和信号反馈情况。

2)要求:

a.阀门应当紧贴防火墙安装,且安装牢固、可靠,铭牌清晰,品名与管道对应。

b.阀门启闭应当灵活,无卡涩。电动启闭应当有信号反馈,且信号反馈正确。阀体无裂缝和明显锈蚀,管道保温符合特定要求。

c.易熔片的熔断温度和火灾温度自动控制是否符合阀门动作温度要求。

d.必要时,应打开防火阀检查内部焊缝是否平整密实,有无虚焊漏焊;油漆涂层是否均匀,有无锈蚀剥落;弹簧弹力有无松弛,阀片轴润滑是否正常,电气连接是否可靠;有无异物堵塞,特别是防火阀在经历火灾后应立即检查并更换易熔片和其他因火灾损坏的部件。

(5)电梯井、管道井等横、竖向管道孔洞分隔的检查。

1)检查方法:查看电缆井、管道井等竖向井道以及管道穿越楼板和隔墙的孔洞的分隔及封堵情况。

2)要求:

a.电缆井、管道井、排烟道、通风道等竖向井道,应分别独立设置。井壁的耐火极限不应低于1.00h,检查门应采用丙级防火门。

b.电缆井、管道井等竖向井道在每层楼板处采用不低于楼板耐火极限的不燃烧体或防火封堵材料封堵;与房间相连通的孔洞采用防火封堵材料封堵;特别是电缆井桥架内电缆空隙也应在每层封堵,且应满足耐火极限要求。

c.电梯井应独立设置,井内严禁敷设可燃气体和甲、乙、丙类液体管道,不应敷设与电梯无关的电缆、电线等。电梯井的井壁除设置电梯门洞和通气孔洞外,不应设置其他洞口。电梯层门的耐火极限不应低于1.00h。

d.现代建筑一般不设垃圾井道,对老建筑的垃圾道应封死,防止有人随意丢弃垃圾或其他引火物。垃圾应实行袋装化管理。

e.玻璃幕墙应在每层楼板处用一定耐火等级的材料进行封堵。

7. 安全疏散设施的检查

(1)疏散走道和安全出口的检查。

1)检查方法:查看疏散走道和安全出口的通行情况。

2)要求:

a. 疏散走道和安全出口畅通,无堵塞、占用、锁闭及分隔现象,未安装栅栏门、卷帘门等影响安全疏散的设施;

b. 平时需要控制人员出入或设有门禁系统的疏散门具有保证火灾时人员疏散畅通的可靠措施;人员密集的公共建筑不宜在窗口、阳台等部位设置栅栏,当必须设置时,应设有易于从内部开启的装置;窗口、阳台等部位宜设置辅助疏散逃生设施。

c. 疏散走道、楼梯间应无可燃装修和堆放杂物。

d. 进入楼梯间和前室的门应为乙级防火门,平时应处于关闭状态。楼梯间的门除通向屋顶平台和一楼大厅的门外,其他各层进入楼梯间的门都应向楼梯间开启。楼梯间内一楼与地下室的连接梯段处应有分隔措施,防止人员疏散时误入地下层。

(2)应急照明和疏散指示标志的检查。

1)检查方法:

a. 查看外观、附件是否齐全、完整。

b. 应急照明灯的设置位置是否符合要求;疏散指示标志方向是否正确。

c. 断开非消防用电,用秒表测量应急工作状态的转换时间和持续时间。

d. 使用照度计测量两个应急照明灯之间地面中心的照度是否达到要求。

2)要求:

a. 应急照明灯能正常启动;电源转换时间应不大于 5s。

b. 应急照明灯和疏散指示灯的供电持续时间应符合相关要求,照度应符合设置场所的照度要求。

c. 消防应急灯具的应急工作时间应不小于灯具本身标称的应急工作时间。

d. 安装在走廊和大厅的应急照明灯应置于顶棚下或接近顶棚的墙面上,楼梯间应置于休息平台下,且正对楼梯梯段。

e. 消防疏散标志灯应安装在疏散走道 1m 以下的墙面上,间距不应大于 20m;供电应连接于消防电源上,当用蓄电池作应急电源时,其连续供电时间应满足持续时间的要求。

f. 对安装在疏散通道高处的消防疏散指示标志,应使指示标志正对疏散方向,标志牌前不得有遮挡物;消防疏散指示标志灯安装在安全出口时应置于出口的顶部,安装在走道侧面墙壁上和安装在转角处时应符合相关要求。

g.商场、展览等人员密集场所除在墙面设置灯光疏散指示灯外,还应在疏散通道地面上设置灯光疏散指示标志灯或蓄光型疏散指示标志,且亮度符合要求。

(3)避难层(间)的检查。

1)检查方法:查看避难层(间)的设置和内部设施情况。

2)要求:

a.保证避难层(间)的有效面积能满足疏散人员的要求(每平方米少于5人),不得设置办公场所和其他与疏散无关的用房。

b.避难层(间)的通风系统应独立设置,建筑内的排烟管道和甲、乙类燃气管道不得穿越避难层(间),避难层(间)内不得有任何可燃装修和堆放可燃物品,通过避难层的楼梯间应错开设置。

c.避难层(间)应设应急照明,地面照度不低于3lx;医院避难层(间)地面的照度不低于10lx。

d.应急照明、应急广播和消防专用电话及其他消防设施的供电电源应连接至消防电源。

8.火灾自动报警系统的检查

(1)火灾报警功能的检查。

1)检查方法:观察各类探测器的型号选择、保护面积、安装位置是否符合规范(《火灾自动报警设计规范》GB50116—2013)的要求,并任选一只火灾报警探测器,用专用测试工具向其发出模拟火灾报警信号,观察其动作状态。

2)要求:

a.探测器选型准确,保护面积适当,安装位置正确。

b.发出模拟火灾信号后,火灾报警确认灯启动,并将报警信号反馈至消防控制室,编码位置准确。

(2)故障报警功能的检查。

1)检查方法:任选一只火灾报警探测器,将其从底座上取下,观察其动作状态。

2)要求:故障报警确认灯启动,并将报警信号反馈至消防控制室。

(3)火警优先功能的检查:

1)检查方法:任选一只火灾报警探测器,将其从底座上取下;同时,任选另外一只火灾报警探测器,用专用测试工具向其发出模拟火灾报警信号,观察其动作状态。

2)要求:故障报警状态下,火灾报警控制器首先发出故障报警信号;火灾报警信号输出后,火灾报警控制器优先发出火灾报警信号。故障报警状态暂时中止,当处理完火灾报警信号(消音)后,故障信号还会出现,可以滞后处理,以保证火警优先。

(4)手报按钮和探测器安装位置的检查。

1)检查方法:目测或工具测量。

2)要求:

a.手报按钮应安装在楼梯口或疏散走廊的墙壁上,高度为1.3～1.5m,间隔距离不大于20m。

b.感烟探测器应安装在楼板下,进烟口与楼板距离不大于10cm,斜坡屋面应安装在屋脊上,倾斜度不大于45°;安装在走廊时,两个感烟探测器间距不大于15m,对袋型走道间距不大于8m且应居中布置;两个感温探测器的安装间距不大于10m;探测器的工作显示灯闪亮并面向出入口。

c.探测器与侧墙或梁的距离不应小于0.5m,距送风口不小于1.5m;当梁的高度大于0.6m时,两梁之间应作为独立探测区域。

9.消防给水灭火设施的检查

(1)室内、室外消火栓系统的检查。

◇室内消火栓组件的检查

1)检查方法:任选一个综合层和一个标准层,查看室内消火栓的数量和安装要求;任选几个消火栓箱,查看箱内组件,用带压力表的枪头测试消火栓的静压。

2)要求:室内消火栓竖管直径不小于100mm,消火栓间距对多层建筑不大于50m,对于高层建筑不大于30m。室内消火栓箱内的水枪、水带等配件齐全,水带长度不小于20m,水带与接口绑扎牢固。出水口应与墙面垂直。消火栓出水口静压大于0.3MPa,但不宜大于0.7MPa。消火栓箱的手扳按钮按下后既能发出报警信号还能启动消防水泵。

◇室内消火栓启泵和出水功能的检查

1)检查方法:按照设计出水量的要求,开启相应数量的室内消火栓;将消防控制室联动控制设备设置在自动位置,按下消火栓箱内的启泵按钮,查看消火栓及消防水泵的动作情况,并目测充实水柱长度。

2)要求:消火栓泵启动正常并将启泵信号反馈至消防控制室;水枪出水正常;充实水柱一般长度不应小于10m,体积大于25 000m³的商店、体育馆、影剧院、会堂、展览建筑及车站、码头、机场建筑等,充实水柱长度不应小于13m。

◇室外消火栓的检查

1)检查方法:任选一个室外消火栓,检查出水情况。

2)要求:室外消火栓不应被埋压、圈占、遮挡,标志明显;安装位置距建筑外墙不宜小于 5 m,距消防车道不宜大于 2 m,两个消火栓之间的间距不应大于 60 m;有专用开启工具,阀门开启灵活、方便,消火栓出水正常;在冬季冻结区域还应有防冻措施。设置室外消火栓箱的,箱内水带、枪头等备件齐全。

◇水泵接合器的检查

1)检查方法:任选一个水泵接合器,检查供水范围。

2)要求:水泵接合器不应被埋压、圈占、遮挡,标志明显,并标明供水系统的类型及供水范围,安装在墙壁的水泵接合器的安装高度距地面宜为 0.7 m,距建筑物外墙的门窗洞口不小于 2 m,且不应设置在玻璃幕墙下。设置在室外的水泵接合器应便于消防车取水,且距室外消火栓或消防水池不宜小于 15 m。

(2)消防水泵房、消防水池、消防水箱的检查。

1)检查方法:

a.消防水泵房设置是否合理,是否有直通室外地面的出口。

b.储水池是否变形、损伤、漏水、严重腐蚀,水位标志是否清楚、储水量是否满足要求。寒冷地区消防水池(水箱)应有保温防冻措施。

c.操作控制柜,检查水泵能否启动。

d.水管是否锈蚀、损伤、漏水。管道上各阀门开闭位置是否正确。

e.利用手动或减水检查浮球式补水装置动作状况。利用压力表测定屋顶高位水箱最远阀或试验阀的进水压力和出水压力是否在规定值以内。

f.水质是否腐败、有无浮游物和沉淀。

2)要求:

a.消防水泵房不应设置在地下三层及以下或埋深 10m 以下,并有直通室外出口,单独建造耐火等级不应低于二级。

b.配电柜上的消火栓泵、喷淋泵、稳压(增压)泵的开关设置在自动(接通)位置。

c.消火栓泵和喷淋泵进、出水管阀门,高位消防水箱出水管上的阀门,以及自动喷水灭火系统、消火栓系统管道上的阀门保持常开。

d.高位消防水箱、消防水池、气压水罐等消防储水设施的水量达到规定的水位。

e.北方寒冷地区,高位消防水箱和室内外消防管道有防冻措施。

10.自动灭火系统的检查(系统的功能检验一般应在消防专业人员指导下进行)

(1)湿式喷水系统功能的检查。

1)检查方法:观察喷头安装的距离、位置、保护面积是否符合规范要求;将消防控制室的消防联动控制设备设置在自动位置,开启最不利点处的末端试水装置观察报警、各类控制器动作、信号反馈、测试压力等。

2)要求：

a.闭式喷头易熔玻璃球的融化温度选择应符合场所的环境温度要求,两个喷头之间距离应为 3～4.5m,火灾荷载大的取大值,荷载小的取小值,一个喷头的最大保护面积不大于 $20m^2$。下垂式喷头的溅水盘与楼板的距离不大于 0.10m,直立式喷头溅水盘与楼板的距离不大于 0.15m 但不小于 0.075m,喷头与梁的间距不小于 0.6m,溅水盘与梁底面的高度差不大于 0.1m 不小于 0.025m。宽度大于 1.2m 的通风管道下应设喷头,走廊的喷头应居中布置。

b.末端试水装置应设在消防给水管网的最不利点,出水压力不低于 0.05MPa;报警阀、压力开关、水流指示器动作;末端试水装置出水 5min 内,消防水泵自动启动;水力警铃发出警报信号,且距水力警铃 3m 远处的声压级不低于 70dB;水流指示器、压力开关和消防水泵的动作信号反馈至消防控制室。

其他自动喷水灭火系统如干式灭火系统、预作用灭火系统的检查可参照湿式灭火系统的检查方法进行。

(2)水幕、雨淋系统的检查。

1)检查方法:将消防控制室的消防联动控制设备设置在自动位置(不宜进行实际喷水的场所,应在实验前关闭雨淋阀出口控制阀)。先后触发防护区内部两个火灾探测器或触发传动管泄压,查看火灾探测器或传动管的动作情况。

2)要求:火灾报警控制器确认火灾后,自动启动雨淋阀、压力开关及消防水泵;水力警铃发出警报信号,且距水力警铃 3m 远处的声压级不低于 70dB;水流指示器、压力开关,电动阀及消防水泵的动作信号反馈至消防控制室。

(3)泡沫灭火系统的检查。泡沫灭火设备的检查除应参照上述供水系统的检查外,还应注意以下几点:

1)灭火剂储罐的检查。灭火剂储罐各部分有无变形、损伤、泄漏,透气阀或通气管是否堵塞,外部有无锈蚀;通过液面计或计量杆检查储存量是否在规定量以上。

2)泡沫灭火剂的检查。打开储罐排液口阀门,用烧杯或量筒从上、中、下三个位置采取泡沫液,目视检查有无变质和沉淀物;判定时注意,判断灭火剂的种类(蛋白、合成表面、轻水泡沫)及稀释容量浓度,最好与预先准备的试剂相比较。当难以判定能否使用时应同厂商联系。

3) 泡沫灭火剂混合装置检查。灭火剂混合方式有数种,按照有关说明资料,检查比例混合器、压力送液装置、比例混合调整机构及其连接的配管部分是否符合规定要求。

4）泡沫出口的检查：

a.检查泡沫喷头安装角度,喷头、喷头网有无变形、损伤、零件脱落,泡沫喷射部分或空气吸入部分等是否堵塞。

b.高倍泡沫出口 ,检查泡沫网是否破损、变形,网孔是否堵塞。用手转检查风扇的旋转及轴、轴承等部位有无影响性能的故障。

c.检查周围有无影响泡沫喷射的障碍。

d.全淹没方式防护区开口部设自动关闭装置时,应检查有无影响自动关闭装置性能(如泡沫严重泄漏)的变形损伤等。

(4)气体灭火设备的检查。

1)外观检查。

a.储气瓶周围温度、湿度是否过高(温度应低于40℃),日光是否直射和雨淋,是否设于防护区外且不通过防护区可以进出的场所。是否有照明设备,操作和检查空间是否足够。

b.目视检查储气瓶、固定架、附件有无变形、锈蚀,储气瓶固定是否牢靠,固定螺栓是否紧固;储气瓶数目是否符合规定,压力是否处于安全区域;驱动气瓶压力是否符合要求,电气连接是否可靠;瓶头阀启动头是否牢固地固定在瓶头阀体上;电动式的导线是否老化、断线、松动;气动式的与驱动气瓶输气管连接部是否松脱;手动操作机构是否锈蚀,安全销是否损伤、脱落;气瓶连接管及集合管有无变形、损伤,连接部是否松动;单向阀是否变形、损伤,连接部是否松动;管网中的阀门、管道之间的连接是否可靠。

c.气瓶间是否有气瓶设置及高压容器警示、说明标志。

d.无管网装置的气瓶箱是否变形、损伤、锈蚀,安装是否牢靠,门的开关是否灵活,箱面是否有防护区名称和防护对象名称及使用说明。

e.选择阀及启动头是否有变形损伤,连接部是否松动;手动操作处有无盖子或锁销;选择阀是否设在防护区外的场所,有无使用方法的标志说明牌(板)。

f.手动启动装置操作箱是否设于易观察防护区的进出口附近,设置高度是否合适(应离地0.8～1.5m),操作箱是否固定牢靠,周围有无影响操作的障碍物。在手动装置或其附近有无相应的防护区名称或防护对象名称、使用方法、安全注意问题等标志;启动装置处有无明显的"手动启动装置"的标牌。

g.在防护区进出口门头上是否设置声光报警装置和"施放灭火剂禁止入内"显示灯,防止灭火剂施放中或灭火后灭火剂未清除期间人员误入。

h.控制柜周围有无影响操作的障碍物,操作是否方便,设于室外时有无防止雨淋和无关人员胡乱触摸的措施;电源指示灯是否常亮;具有手动、自动切换开关的控制柜,自动、手动位置显示灯是否常亮;转换开关或其附件有无明显的使用方法说明标牌,转换状态的标志是否明显。

i.防护区的进出口所设的"施放灭火剂禁止入内"显示灯是否破损、脏污、脱落。

2)功能检查。将消防控制室的消防联动控制开关设置在自动位置,关断有关灭火剂存储器上的驱动器,安上相适应的指示灯具、压力表和试验气瓶及其他相应装置,在实验防护区模拟两个独立的火灾信号进行施放功能测试。

3)要求:

a.检查试验保护分区的启动装置及选择阀动作应正常;压力表测定的气压足以驱动容器阀和选择阀。

b.声光报警装置应设于防护区门口且能发出符合设计要求的正常信号。

c.有关的开口部位、通风空调设备以及有关的阀门等联动设备应关闭;换气装置应停止。

d.延时阶段触发停止按钮,可终止气体灭火系统的自动控制。

e.试验的防护分区的启动装置及选择阀应准确动作、喷射出试验气体,且管道无泄漏。

f.检查结束后,把试验用气瓶卸下,重新安装好气瓶,其他均恢复到原状。

g.喷射分区门口应有喷射正在进行的提示标志,未完全换气前不得进入,必须进入时应佩戴空气呼吸器。

h.无管网气体灭火装置的气体喷放口不得有任何影响气体施放的遮挡物。

11.通风、防排烟系统的检查

(1)外观检查。

1)风机管道安装牢固,附件齐全,排烟管道符合耐火极限要求,无变形、开裂和杂物堵塞;通风口、排烟口无堵塞,启闭灵活;管道设置合理,排烟管道的保温层符合耐火要求。

2)防火阀、排烟防火阀标识清晰,表面不应有变形及明显的凹凸,不应有裂纹等缺陷,焊接应光滑平整,不允许有虚焊、气孔夹杂等缺陷。

(2)功能检查。

1)采用自然排烟的走道的开窗面积分别不小于走道面积的 2%,防烟楼梯间及其前室的开窗面积不小于 $2m^2$,与电梯间合用前室的开窗面积不小于 $3m^2$,且在火灾发生时能自动开启或便于人工开启。

2）机械排烟风机能正常启动，无不正常噪声；各送风、排烟口能正常开启；挡烟垂壁能自动降落。

3）防火阀、排烟防火阀的手动开启与复位应灵活可靠，关闭时应严密。

4）对电动防火阀应分别触发两个相关的火灾探测器或由控制室发出信号查看动作情况，防火阀和排烟防火阀在关闭后应向控制室反馈信号，确认阀门已关闭。

5）将消防控制室防排烟系统联动控制设备设置在自动位置，任选一只火灾报警探测器，向其发出模拟火灾报警信号，其报警区域内的排烟设施应能正常启动。

（3）要求：当系统接到火灾报警信号后，相应区域的空调送风系统停止运行；相应区域的挡烟垂壁降落，排烟口开启并同时联动启动排烟风机，排烟口风速不宜大于 10m/s；设有补风系统的防排烟系统，相应区域的补风机启动；相应区域的正压送风机启动，送风口的风速不宜大于 7m/s；相应区域的防烟楼梯间及其前室和合用前室的余压值符合要求，保证楼梯间风压大于前室，前室风压大于疏散走道。

12．灭火器设置的检查

（1）检查方法：查看灭火器的选型、数量、设置点；查看压力指示器、喷射软管、保险销、喷头或阀嘴、喷射枪等组件；查看压力指示器和灭火器的生产或维修日期。

（2）要求：灭火器选型符合配置场所的火灾类别和配置规定；组件完好；压力指针位于绿色区域，灭火器处于使用有效期内。

13．其他防火安全措施的检查

（1）消防电源的检查。

1）检查方法：查看消防电源指示灯显示；切换消防主、备电源。

2）要求：

a．对一类高层建筑、建筑高度大于 50 m 的乙、丙类厂房和丙类仓库，以及室外消防用水量 30L/s 的厂房或仓库、二类高层民用建筑等要求一、二级负荷供电的建筑、罐区、堆场的消防用电应设置双回路供电。当采用自备发电机作备用电源时，自备发电设备应设置自动和手动启动装置，当采用自动方式启动时，应能保证在 30s 内供电。

b．从变压器端引出的消防电源与非消防电源相互独立；消防主、备电源供电正常，自动切换功能正常；备用消防电源的供电时间和容量应满足该建筑火灾延续时间内各消防用电设备的要求。

c．消防控制室、消防水泵房、防烟和排烟风机房及消防电梯等的供电应在其配电线路的最末一级配电箱处设置自动切换装置。

d.消防控制室应设置 UPS 备用电源,并能保证消防控制室、应急照明灯、疏散指示标志灯和消防电梯等消防设备运行不少于 30min,以满足极端条件下人员安全疏散的需要。

　　e.所有消防用电的电气线路除采用矿物绝缘类不燃电缆,都应当穿金属管或用封闭式金属槽盒保护。配电室的消防用电配电线路应有明显标志。

　　(2)防火间距、消防车道及应急救援场地的检查。

　　1)检查方法:实地查看防火间距、消防车道及应急救援场地的管理。

　　2)要求:防火间距、消防车道及消防救援场地符合设计规范;防火间距未被侵占(无违章搭建或堆放杂物);消防车道畅通,消防车道、回车场地及消防车作业场地未被堵塞、占用、设置临时停车位或开挖管沟未及时回填、覆盖以及设置影响消防车通行及展开应急救援的障碍物;扑救面设置的消防员出入口不得设置栅栏、广告牌等障碍物;通行重型消防车的管沟盖板承重能力符合要求。

二、其他重点场所的检查要点

1.公共娱乐场所的检查

　　由于公共娱乐场所人员比较密集,一旦发生火灾,极易造成群死群伤的火灾事故。因此,此类场所的检查应抓住设置部位、安全疏散、消防设施等重点内容。

　　(1)设置部位。

　　1)不应设在古建筑、博物馆、图书馆建筑内,不宜设置在砖木结构、木结构或未经防火处理的钢结构等耐火等级低于二级的建筑内;不应设置在袋形走道的两侧或尽头端(保龄球馆、旱冰场除外)。

　　2)不应在居民住宅楼内改建公共娱乐场所,不得毗连重要仓库或危险物品仓库。

　　(2)安全疏散。

　　1)安全出口处不得设门槛,紧靠门口 1.4m 以内不应设踏步;疏散门应采用平开门并向疏散方向开启,不得采用卷帘门、转门、吊门和侧拉门、屏风等影响疏散的遮挡物;走道不应设台阶。

　　2)营业时必须确保安全出口和疏散通道畅通无阻,严禁将门上锁、阻塞或用其他物品缠绕,影响开启;场所内容纳的最多人数不应超过公安机关核定的最多人数。

　　3)营业时,安全出口、疏散通道上应设置符合标准的灯光疏散指示标志(间距 20m)。疏散走道、营业场所内应设应急照明灯,照明供电时间不得少于 30min,当营业场所设置在超高层建筑内时,照明供电时间不得少于1.5h。

(3)疏散逃生措施。

1)每间包房内应配备应急照明灯或应急手电筒,每个顾客配备一块湿手(毛)巾,在每间包房门的背后或靠近门口的醒目位置及公共走道交叉处设置疏散导向图。

2)卡拉OK厅及其包房内应设置声音或视像警报,保证在火灾发生初期将各卡拉OK房间的画面、音响消除,播送火灾警报,引导人们安全疏散。

(4)消防安全管理。

1)严禁带入和存放易燃、易爆物品。在地下公共娱乐场所,严禁使用液化石油气。使用燃气的场所应按规范要求安装可燃气体浓度报警装置,规模较大的场所应安装气源自动切断装置。

2)严禁在营业时进行设备检修、电气焊、油漆粉刷等施工、维修作业。

3)不得封闭或封堵建筑物的外窗。因噪声污染影响居民等特殊原因确需封堵的应采用可开启窗,并安装自动喷水灭火装置、机械排烟设施等予以弥补。

4)电气线路不得乱拉乱接,严禁超负荷使用。

5)演出、放映场所的观众厅内禁止吸烟和演出时使用明火。

6)建立烟蒂与普通生活垃圾分开清理的制度,垃圾篓不得采用塑料制品,应采用不燃材料制品。清理收集的垃圾必须放置在建筑主体外。

7)营业与非营业期间都应当落实防火巡查,及时发现和处理事故苗头。

(5)内部装修防火措施的检查。

1)疏散通道、人员密集场所的房间、走道的顶棚、墙面和地面的装修材料的检查。

a.检查方法:查看装修材料的燃烧性能。

b.要求:防烟楼梯间、封闭楼梯间、无自然采光的楼梯间的顶棚、墙面和门厅的顶棚装修材料的燃烧性能等级为A级;房间墙面、地面的装修材料的燃烧性能等级不低于B1级;当墙面、吊顶确需使用部分可燃材料时,可燃材料的占用面积不得超过装修面积的10%;严禁使用泡沫塑料、海绵等易燃软包材料;地下建筑的疏散走道、安全出口和有人员活动的房间的顶棚、墙面和地面装修材料都应采用A级。

2)电气安装防火措施的检查。

a.检查方法:查看电气连接、线路保护、隔热措施、电器性能等。

b.要求:电气连接应当可靠,不许搭接、虚接、铜铝线混接。设置在顶棚内和墙体内等隐蔽处的电线必须穿管保护,且管头要封堵;所有穿过或安装在可燃物上的电气产品如开关、插座、镇流器和照明灯具等要有隔热散热措施;卤钨灯和功率大于100W的白织灯其引入线应采用瓷管、矿棉作隔热保护;同一支线上连接的灯具不得超过20个。不许使用不符合有关安全标准规定的电气产品。

2.建筑工地的检查

由于建筑工地内施工单位数量较多,规模参差不齐,外来务工人员的消防意识薄弱,人员流动性强,危险品数量、品种较多,各种建筑物资混放和缺少消防设施、器材,一旦发生火灾会很快蔓延,容易造成人员伤亡和经济损失,因此,也是消防检查的重点场所之一。此类场所的消防检查,要以明火管理、危险品管理、电气线路及住宿场所、消防水源、车道和灭火器材等作为检查重点。

(1)明火管理。

1)施工现场动火作业必须严格执行动火审批制度。

2)动火(电焊、气割等)作业人员必须经专业培训后持证上岗。

3)动火场地应配备灭火器材,落实消防监护人员。

4)施工现场内禁止吸烟,危险品仓库、可燃材料堆场、废品集中站及施工作业区等应设置明显的禁烟警告标志。

5)内装修施工中使用油漆等带有挥发性的易燃、易爆材料时,应有良好的通风条件,并严禁在现场吸烟或动火作业。

(2)危险品管理。

1)工地内应按规范设置专用的危险品仓库(室),严禁乱堆、乱放。危险品仓库内应有良好的通风设施,仓库内电线应穿金属管保护并按相关规定采用防爆型电器。

2)在建建筑内禁止设置易燃、易爆危险品仓库,禁止使用液化石油气。

3)危险品仓库应派专人管理,危险品出库、入库应有记录。

4)施工单位对施工中产生的刨花、木屑以及油毡、木料等易燃、可燃材料应当当天清理,严禁在施工现场堆积或焚烧。施工剩余的油漆、稀释料应集中临时存放,统一处理并远离火源。

(3)电气线路和设备。

1)施工现场采用的电气设备应符合现行国家标准的规定,动力线与照明线必须分开设置,并分别选择相应功率的保险装置,严禁乱接乱拉电气线路,严禁采用不符合规定要求的熔体代替保险丝。

2)使用中的电气设备应保持完好,严禁带故障运行;电气设备不得超负荷运行;配电箱、开关箱内安装的接触器、刀闸、开关等电气设备应动作灵活,接触良好可靠,触头没有氧化烧蚀现象。

(4)住宿场所。

1)在建工程的地下室、半地下室禁止设置施工和其他人员的住宿场所;禁止在库房内设置员工集体宿舍。在建工地内设置临时住宿、办公场所时,应在住宿、办公场所与施工作业区之间采取有效的防火分隔,落实安全疏散、应急照明等消防安全措施。

2)住宿、办公场所的耐火等级不应低于三级,严禁搭建木板房和使用泡沫塑料板作夹层的彩钢板房作为住宿、办公场所。

3)住宿场所内严禁乱接乱拉电线,严禁使用大功率电气设备(包括取暖设备、电加热设备),严禁存放、使用易燃、易爆物品。

(5)其他安全措施。

1)施工现场应设有消防车道,宽度不应小于3.5m,保证临警时消防车能停靠施救。

2)建筑物的施工高度超过24m时,施工单位必须落实临时消防水源和供水设备。

3)住宿、办公场所、施工现场要根据实际情况,配备足够的灭火器材,并安置在醒目和便于取用的地方。灭火器材应保养完好。

3.仓库的检查

仓库是集中储存和中转物资的场所,一旦发生火灾,经济损失比较惨重,所以仓库是消防安全的重点。消防安全检查要抓住人员培训、堆存物品、建筑防火、制度管理和消防设施等要素。

(1)一般物品的储存。

1)库内物品应当分类、分垛储存,每垛占地面积不宜大于100m²。仓库内货物的堆放间距要符合有关仓库管理规定要求,仓库内货物进出通道宽度应不小于1.5m;垛与垛不小于1m,垛与墙、垛与顶、垛与柱梁、垛与灯之间,各种水平间距要保证不小于0.5m,灯具下方不宜堆放可燃物品,以利于通风和方便人员通行并能进行安全巡查。

2)物品堆垛应避开门、窗和消防器材等,以便于通行、通风和消防救援。

3)库房内或危险品堆垛附近不得进行实验、分装、打包、易燃液体灌装或其他可能引起火灾的任何不安全操作。

4)库房内不得乱堆、乱放包装残留物,特别是易自燃的油污包装箱、袋。

5)露天堆场物品也应分类、分堆、分组、分垛堆放,并留出足够的防火间距。

(2)易燃易爆物品的储存。

1)易燃易爆化学物品已超过存储期或因其他原因发生变质的要及时进行处

理,防止变质物品因分解和氧化反应发生泄漏或产生热量引发火灾。

2)凡包装、标志不符合国家标准,或破坏、残缺、渗漏、变形及变质、分解的货品,严禁入库。例如,压缩气体瓶没有戴安全帽;野蛮装卸造成阀门损坏;金属钾、钠容器破裂,致使液体渗漏;盛装易燃液体的玻璃容器瓶盖不严,瓶身上有气泡、疵点等。

3)严禁将化学性质抵触、消防施救方法不同的易燃、易爆危险物品违章混存。

(3)仓库建筑。

1)经过消防审核(验收)的仓库建筑不得随意改变使用性质。确需改变使用性质的,应重新报批。

2)存放易燃、易爆化学物品的库房不得设置在高层建筑、地下室或半地下室,库房地面应采用防火花或防静电材料,高温季节应有通风降温措施。

3)存放甲、乙类物品库房的泄爆面不得开向库区内的主要道路,库房内不准设办公室、休息室。存放丙类以下物品的库房需设置办公室时,可以贴邻库房一角设置无孔洞的一级、二级耐火等级的建筑,其门窗应能直通室外。

4)钢结构仓库顶棚必须设置由易熔材料制成的可熔采光带。易熔材料指能在高温条件(一般大于80℃)自行熔化且不产生熔滴的材料。可熔采光带的面积不应小于顶棚总面积的25%。或在建筑两个长边的外墙上方设置面积不小于仓库面积5%的外窗,以利于火灾情况下的排烟、排热和灭火行动。

5)存放压缩气体和液化气体的仓库,应根据气体密度等性质,采取防止气体泄漏后积聚的措施。存放遇湿易燃物品的仓库应采取防火、防潮措施。

6)库区内不得随意搭建影响防火间距的临时设施。

(4)电气设备。

1)所有库房内的电气设备都应为符合国家现行标准的产品。电气设计、安装、验收必须符合国家现行标准的有关规定。

2)存放甲、乙类物品库区内的电气设备及铲车、电瓶车等提升、堆垛设备均应为防爆型。存放丙类物品的库房内应在上述机械设备易产生火花的部位设防护罩。

3)库房内不准设置移动式照明灯具,不得随意拉接临时电线。

4)库房内电气线路应穿管敷设或采用电缆,插座装在库房外,并避免被碰砸、撞击和车轮碾压。

5)库房内不准使用电炉等电热器具和家用电器。

6)存放丙类以上物品的库房内不得使用碘钨灯和超过60W的白炽灯等高温照明灯具;库房内使用低温照明灯具和其他防燃型照明灯具时,应当对镇流器采取隔热、散热等防火保护措施。

7)库区电源应设总闸,每个库房单独设分电闸。开关箱设在库房外,并设置防雨设施,人员离开即拉闸断电。

(5)从业人员。

1)存放易燃、易爆化学物品仓库的保管员、装卸人员应参加消防安全知识、技能培训,并持证上岗,仓库管理人员同时也是义务消防队员。

2)应建立 24h 值班、定时巡逻制度,并做好记录。

(6)火源。

1)库区内应设最醒目的禁火标志。进入存放甲、乙类物品库区的人员,必须交出随身携带的火柴、打火机等。进入甲、乙类液体储罐区的人员,还应交出手机。

2)进入库区的机动车辆的排气管应加装火星熄灭装置。

3)库区内动火须经单位防火负责人批准,办理动火手续。

4)库区周围禁止燃放烟花爆竹。

5)防雷、防静电设施必须定期维护保养,保持正常、好用。

(7)消防设施。

仓库的消防设施应按照建筑消防设施的检查要求,对其完好有效情况实施检查。

4.宾馆、饭店的检查

宾馆、饭店是人员聚集场所。在对宾馆、饭店进行检查时,应突出安全疏散、危险源控制、烟气控制、火种管理及消防设施等内容。

(1)安全疏散。

1)疏散走道、楼梯间及其前室应保持畅通,严禁被占用、阻塞和堆物。疏散出口门应向疏散方向开启,不得设置门槛、台阶,营业期间严禁上锁。

2)公共部位疏散指示、安全出口标志清楚,位置合理。疏散走道的指示标志灯应设在走道及其转角处距地面 1m 以下的墙面上,间距不应大于 20m。安全出口标志应设在出口的顶部。

3)楼梯间和疏散走道设置的应急照明灯位置合理,照度应符合要求。走道的应急照明灯应设在墙面或顶棚上,楼梯间的应急照明灯应设置在楼梯休息平台下,其走廊地面、厅堂地面、楼梯间的最低照度分别不应低于 1.0lx,3.0lx,5.0lx,并满足持续供电时间的要求。

4)客房内应配备应急疏散指示图、防烟面具和应急手电筒。高层建筑还要配置缓降绳,有条件的还应配置缓降袋等逃生避难器材。

5)消防应急广播的强制切换功能完好,涉外宾馆、饭店应当事先准备好引导客人疏散的英语等外国语言广播。

6)应按规定组织灭火、疏散应急预案的演练。

(2)危险源控制。

1)管道燃气的使用。应检查进户管总阀门的完好情况,竖向主管道进入各层面分管处的阀门完好情况,厨房管道总阀门、各灶具阀门的完好情况,以及使用管理责任人的落实情况。

2)液化石油气的使用。应符合有关液化气使用安全的要求。应检查使用和储存液化气消防安全管理制度及责任人落实情况,以及禁止使用气体燃料的车辆停放地下车库的措施落实情况。

3)厨房管道油污、洗衣房管道尘埃清洗。应检查厨房油烟管道内的油污以及洗衣房通风管道内的纤维等尘埃清理情况,每半年至少清理一次制度的落实情况。

4)易燃、可燃液体(固体)的使用。应检查易燃、可燃液体(香蕉水、酒精、汽油、油漆、割草机油等)和固体(樟脑丸、火柴等)的安全管理状况及管理措施、责任人落实情况。

(3)烟气控制。

1)各竖向管道井内应进行防火封堵,防止火灾蔓延。

2)玻璃幕墙建筑在每层楼板与玻璃的连接处的防火封堵应符合规范要求,应采用与楼板相同耐火等级的材料。

3)客房设置吊顶的,应注意吊顶内横向孔洞缝隙的检查,防止烟气水平蔓延。

4)建筑的防排烟设施应保持完好。

5)进入楼梯间及其前室的防火门应处于常闭状态。

(4)明火管理。

1)客房内应配有禁止卧床吸烟的标志。禁烟区域内应合理设置禁烟标志,严禁吸烟。

2)清洁餐厅、客房等时,应将烟蒂与其他垃圾分开。

3)餐厅使用蜡烛时,应将蜡烛固定在不燃材料制作的基座上;使用酒精等加热炉时,应与可燃物保持安全距离,切不可在未关闭火源时添加燃料。

4)厨房应落实油锅、气源管理制度和明确管理责任,工作结束应及时切断油、气源。

5)当厨房使用柴油、液化石油气、酒精做燃料时,应设置专用储存间(气化间),并和厨房内实墙分隔,且储存量不大于当时用量或 $1m^3$。

(5)消防设施、器材。

1)消防设施是否完善、运行是否正常、故障是否及时修复。

2)消防器材配备是否到位、型号准确、数量充足、设置合理、维修及时。

5.地下建筑的检查

地下空间由于通风不良、疏散逃生和施救困难,易发生群死群伤的火灾事故,也是消防检查的重点场所。

(1)地下建筑内应当禁止的行为。

1)内部存放液化石油气钢瓶、使用液化石油气和闪点小于 60℃的液体作燃料的。

2)内部设置哺乳室、托儿所、幼儿园、游乐厅等儿童活动场所和残疾人员活动场所的。

3)在地下二层及以下层面设置影院、礼堂等人员密集的公共场所和医院病房的。

4)经营和储存火灾危险性为甲、乙类储存属性的物品的。

5)营业厅设置在地下三层及三层以下的。

6)歌舞、娱乐、放映、游艺场所设置在地下二层及以下的。

7)内部设置油浸电力变压器和其他油浸电气设备的。

8)每个防火分区的安全出口数量少于两个的(仓库除外)。

检查中一旦发现上述行为,应立即责令停止使用。

(2)防火分区设置的检查。

1)每个防火分区允许的最大建筑面积应不大于500m²(设自动喷水灭火系统时为 1 000m²)。

2)存放丙类可燃液体的仓库内,每个防火分区允许的最大建筑面积应不大于 150m²。

3)存放丙类可燃物品的仓库内,每个防火分区允许的最大建筑面积应不大于 300m²。

4)商业营业厅、展览厅等防火分区面积应不大于 2 000m²。

5)电影院、礼堂的观众厅防火分区面积应不大于 1 000m²。

6)歌舞、娱乐、放映、游艺场所内一个厅、室的建筑面积应不大于 200m²。

(3)消防设施的检查。

1)防火分区面积超过允许的最大建筑面积的地下歌舞、娱乐、放映、游艺场所,建筑面积大于 500m²的地下商店都应当设置自动喷水灭火系统和防、排烟设施。

2)建筑面积大于 500m² 的地下商店,建筑面积大于 1 000m² 的地下丙、丁类物品生产车间和存放丙、丁类物品的库房,以及地下歌舞、娱乐、放映、游艺场所除应设置自动喷水灭火系统外,还应设置火灾自动报警系统。

3)长时间有人员活动的地下建筑,按规定设置足够的火灾应急照明灯具和疏散指示标识。

(4)防火措施的检查。

1)地下公共娱乐场所或中小旅馆、招待所应分别根据公安机关核定的场所最大允许容纳人数或床位数,按 1∶1 的比例配置防烟面具,合理放置在每间客房内和公共走道上。每个放置点应采用表面为玻璃等透明物的箱体,做到醒目和便于取用。

2)地下公共娱乐场所或中小旅馆、招待所的每间包房或客房内应配置一只应急手电筒;每间房门的背后或靠近门口的醒目位置应设置疏散导向图;公共走道交叉处墙壁上应设置疏散指示标志。

3)烟蒂与普通生活垃圾应分开清理,并将烟蒂倒入专门的铁质或其他金属垃圾桶内。废纸篓应采用不燃材料制品。

4)疏散通道、安全出口必须保持畅通无阻。营业期间,严禁将安全出口上锁、阻塞或用其他物品缠绕,影响开启。一层与地下室的连通楼梯应用防火门可靠分隔,并向一楼平推开启。

5)严禁在同一房间和防火分区内存在人员住宿、生产加工、储存货物的"三合一"现象。

6)地下建筑内不得使用可燃材料装修。

6.易燃、易爆化工单位的检查

易爆化工单位容易引发恶性火灾爆炸事故,历来是消防安全管理的重点。因此检查时应充分了解检查以下情况。

(1)危险化学品生产或存储的基本情况。

1)生产过程中涉及的危险化学品的种类、性质,如原料、中间体、产品的闪点、燃点、熔点、相对密度、腐蚀性、氧化性、沸点、爆炸极限、饱和蒸汽压等基础信息。

2)火灾危险性级别高的重点部位、危险性较大的工序等。

(2)建筑情况。

1)易燃、易爆化工厂房、仓库的耐火等级、层数、占地面积、工艺布置、泄压面积、储罐设置、事故罐(池)容积、围堰体积等均应符合国家现行规范要求。

2)新建、改建、扩建的建筑工程均应上报公安消防机构进行审核、验收;未经批准,不得擅自施工、使用。

（3）重点部位情况。

1）管道、阀门、泵、阻火器、防爆泄压等装置和附件应处于正常状态。

2）生产、使用中涉及闪点、自燃点低，爆炸极限下限低、范围宽的易燃、易爆化学物品的工艺装置，应设置与工艺相配套的自动连锁、泄漏消除、紧急救护、自动灭火等设施。

3）电气设备应采用符合国家现行标准的产品，危险区域应采用防爆型产品。

4）防雷、防静电、可燃气体浓度报警等安全设施应保持正常、好用。

5）作业人员应经过消防安全知识培训，熟悉掌握生产使用的易燃、易爆化学物品的火灾危险性，岗位的操作规程等消防安全知识和安全操作技能。

6）健全和落实安全管理制度，并结合工艺流程制定危险岗位的安全操作规程和事故状态下的处置程序。

7）重点装置的温度、压力、流量、流速、液位等参数处于正常范围。

（4）检修施工场所。

1）单位应制定检修施工消防安全方案。

2）动火施工时必须办理动火手续，进行电焊、气焊和其他具有火灾危险作业的人员应持证上岗。合理划定现场警戒区域，并清除周围杂草和可燃物质包括油污等，落实封堵地沟、水封井等安全措施。

3）输油管线、储罐检修前应按相关规定要求进行蒸洗和自然通风。在可能产生可燃气体的场所，动火前应进行可燃气体检测，符合规定方可动火作业，该封堵的端口应采取有效的封堵措施。第一次与第二次动火的时间间隔超过规定有效安全时间的，必须重新进行检测。

4）施工现场应落实消防安全监护措施，现场应配置足够的灭火器具。

（5）消防设施的配置。

按照有关要求对单位内火灾自动报警系统、水灭火系统、泡沫灭火系统、气体灭火系统、建筑灭火器配置等进行检查。检查方法参见本节前述内容。

第四节　火灾隐患的认定和整改

火灾隐患通常是指单位、场所、设备以及人们的行为违反消防法律、法规，有引起火灾或爆炸事故、危及生命财产安全、阻碍火灾扑救等潜在的危险因素和条件。及时发现和消除火灾隐患，保障人民生命和社会财产的安全，是单位进行防火检查的主要目的之一。企事业单位保卫人员在实施防火检查时,对单位存在的火灾隐患,应采取相应的处理措施,及时消除火灾隐患,纠正违法行为。

一、火灾隐患的分级

根据不安全因素引发火灾的可能性大小和可能造成的危害程度的不同,火灾隐患可分为一般火灾隐患和重大火灾隐患。

二、一般火灾隐患的认定

一般火灾隐患是指存在的不安全因素有引发火灾的可能,且发生火灾会造成一定的危害后果,但危害后果不严重的情形。

具有下列情形之一的,应当确定为一般火灾隐患:

(1)影响人员安全疏散或者灭火救援行动,不能立即改正的。

(2)消防设施未保持完好有效,影响防火灭火功能的。

(3)擅自改变防火分区,容易导致火势蔓延、扩大的。

(4)在人员密集场所违反消防安全规定,使用、储存易燃易爆危险品,不能立即改正的。

(5)不符合城市消防安全布局要求,影响公共安全的。

(6)其他可能增加火灾实质危险性或者危害性的情形。

三、重大火灾隐患的判定

重大火灾隐患是指违反消防法律法规,可能导致火灾发生或火灾危害增大,并由此可能造成特大火灾事故后果和严重社会影响的各类潜在不安全因素。重大火灾隐患的判定一般分为直接判定和综合判定。

1.重大火灾隐患的判定程序

(1)进行现场检查核实,并获取相关影像、文字资料。

(2)组织集体讨论判定,且参与人数不应少于3人。

(3)对于涉及复杂疑难的技术问题,按照本标准判定重大火灾隐患有困难的,应由公安消防机构组织专家成立专家组进行技术论证。专家组应由当地政府有关行业主管、监管部门和相关消防技术的专家组成,人数不应少于7人。

(4)集体讨论或专家技术论证时,建筑业主和管理、使用单位等涉及利害关系的人员可以参加讨论,但不应进入专家组。

(5)集体讨论或专家技术论证应形成结论性意见,作为判定重大火灾隐患的依据。判定为重大火灾隐患的结论性意见应有 2/3 以上专家同意。

（6）集体讨论和专家技术论证应当提出合理可行的整改措施和期限。

2.重大火灾隐患的直接判定

可直接判定为重大火灾隐患有以下情形：

（1）生产、储存和装卸易燃易爆化学物品的工厂、仓库和专用车站、码头、储罐区，未设置在城市的边缘或相对独立的安全地带。

（2）甲、乙类厂房设置在建筑的地下、半地下室。

（3）甲、乙类厂房、库房或丙类厂房与人员密集场所、住宅或宿舍混合设置在同一建筑内。

（4）公共娱乐场所、商店、地下人员密集场所的安全出口、楼梯间的设置形式及数量不符合规定。

（5）旅馆、公共娱乐场所、商店、地下人员密集场所未按规定设置自动喷水灭火系统或火灾自动报警系统。

（6）易燃可燃液体、可燃气体储罐（区）未按规定设置固定灭火、冷却设施。

3.重大火灾隐患的综合判定

适用于重大隐患综合判定的因素主要有隐患存在的门类多，而某一项具体隐患又不够重大隐患的界定标准，因此需要考虑多方面的因素综合判定。需要综合判定的要素如下：

（1）总平面布置。

1）未按规定设置消防车道或消防车道被堵塞、占用。

2）建筑之间的既有防火间距被占用。

3）城市建成区内的液化石油气加气站、加油加气合建站的储量达到或超过 GB50156 对相应级别储量的规定。

4）丙类厂房或丙类仓库与集体宿舍混合设置在同一建筑内。

5）托儿所、幼儿园的儿童用房及儿童游乐厅等儿童活动场所，老年人建筑，医院、疗养院的住院部分等与其他建筑合建时，所在楼层位置不符合规定。

6）地下车站的站厅乘客疏散区、站台及疏散通道内设置商业经营活动场所。

（2）防火分隔。

1）擅自改变原有防火分区，造成防火分区面积超过规定的 50%。

2）防火门、防火卷帘等防火分隔设施损坏的数量超过该防火分区防火分隔设施数量的 50%。

3)丙、丁、戊类厂房内有火灾爆炸危险的部位未采取防火防爆措施,或现有措施不能满足防止火灾蔓延的要求。

(3)安全疏散及灭火救援。

1)擅自改变建筑内的避难走道、避难间、避难层与其他区域的防火分隔设施,或避难走道、避难间、避难层被占用、堵塞而无法正常使用。

2)建筑物的安全出口数量不符合规定,或被封堵。

3)按规定应设置独立的安全出口、疏散楼梯而未设置。

4)商店营业厅内的疏散距离超过规定距离的 25%。

5)高层建筑和地下建筑未按规定设置疏散指示标志、应急照明,或损坏率超过30%;其他建筑未按规定设置疏散指示标志、应急照明,或损坏率超过 50%。

6)设有人员密集场所的高层建筑的封闭楼梯间、防烟楼梯间门的损坏率超过20%,其他建筑的封闭楼梯间、防烟楼梯间门的损坏率超过 50%。

7)民用建筑内疏散走道、疏散楼梯间、前室室内的装修材料燃烧性能低于B1 级。

8)人员密集场所的疏散走道、楼梯间、疏散门或安全出口设置栅栏、卷帘门及其安全出口、楼梯间的设置形式及数量不符合规定。

9)人员密集场所的建筑外窗被封堵或被广告牌等遮挡,影响逃生和灭火救援。

10)高层建筑的举高消防车作业场地被占用,影响消防扑救作业。

(4)消防给水及灭火设施。

1)未按规定设置消防水池或无其他解决消防水源的设施。

2)未按规定设置室外消防给水设施,或已设置但不能正常使用。

3)未按规定设置室内消火栓系统,或已设置但不能正常使用。

4)已设置的自动喷水灭火系统或其他固定灭火设施不能正常使用或运行。

(5)防烟排烟设施。

人员密集场所未按规定设置防烟排烟设施,或防烟分区设置不当,或已设置但不能正常使用或运行。

(6)消防电源。

1)消防用电设备未按规定采用专用的供电回路,或不能实现双回路供电。

2)未按规定设置消防用电设备末端自动切换装置,或已设置但不能正常工作。

(7)火灾自动报警系统。

1)火灾自动报警系统处于故障状态,不能恢复正常运行。

2)自动消防设施不能正常联动控制。

(8)其他。

1)违反规定在可燃材料或可燃构件上直接敷设电气线路或安装电气设备。

2)易燃易爆化学物品场所未按规定设置防雷、防静电设施,或防雷、防静电设施失效。

3)易燃易爆化学物品或有粉尘爆炸危险的场所未按规定设置防爆电气设备,或防爆电气设备失效。

4)违反规定在公共场所使用可燃材料装修。

四、火灾隐患的整改

单位对存在的火灾隐患应当及时予以消除,消除的方式可以视隐患的大小、整改难易程度等情况灵活处置。可以立即改正的,保卫人员应当责令当场改正;对一时改正不了的,保卫人员应责令限期整改。特别重大的情况,保卫人员应及时向有关领导汇报,必要时可以向当地公安消防部门请求协助。

1.火灾隐患当场改正

对下列违反消防安全规定的行为,单位应当责成有关人员当场改正并督促落实:

(1)违章进入生产、储存易燃易爆危险物品场所的;

(2)违章使用明火作业或者在具有火灾、爆炸危险的场所吸烟、使用明火等违反禁令的;

(3)将安全出口上锁、遮挡,或者占用、堆放物品影响疏散通道畅通的;

(4)消火栓、灭火器材被遮挡影响使用或者被挪作他用的;

(5)常闭式防火门处于开启状态,防火卷帘下堆放物品影响使用的;

(6)消防设施管理、值班人员和防火巡查人员脱岗的;

(7)违章关闭消防设施、切断消防电源的;

(8)其他可以当场改正的行为。

违反前款规定的情况以及改正情况应当有记录并存档备查。

2.火灾隐患限期整改

对不能当场改正的火灾隐患,消防工作归口管理职能部门或者专、兼职消防管理人员应根据本单位的管理分工,及时将存在的火灾隐患向单位的消防安全管理人或者消防安全责任人报告,提出整改方案。消防安全管理人或者消防安全责任人应当确定整改的措施、期限以及负责整改的部门、人员,并落实整改资金。

在火灾隐患消除之前,单位应当落实防范措施,保障消防安全。对不能确保消防安全,随时可能引发火灾或者一旦发生火灾将严重危及人身安全的,应当将危险部位停产停业整改。火灾隐患整改完毕,负责整改的部门或者人员应当将整改情况记录报送消防安全责任人或者消防安全管理人签字确认后存档备查。

对于涉及城市规划布局而不能自身解决的重大火灾隐患,以及机关、团体、事业单位确无能力解决的重大火灾隐患,单位应当提出解决方案并及时向其上级主管部门或者当地人民政府报告。

对于对当地经济和社会生活影响较大的单位存在重大火灾隐患,需要停产、停业进行整改的,由公安机关消防机构提出意见,并由公安机关报请当地人民政府依法决定,由公安机关消防机构监督实施。

对公安机关消防机构责令限期改正的火灾隐患,应当及时提出整改方案报公安消防机构审查备案,单位应当在规定的期限内改正并写出火灾隐患整改复函,报送公安机关消防机构,由公安消防机构验收。对于政府挂牌的重大火灾隐患,公安消防机构验收后应确认隐患整改是否完成,验收不合格的应当责令隐患单位继续整改,对验收合格的应将验收情况报当地人民政府,以确定是否摘牌,恢复单位正常的生产经营。

思 考 题

1.简述单位内部消防安全检查的含义及目的。

2.单位消防安全检查有哪几种形式?

3.简述单位防火巡查的频次、要求及内容。

4.简述单位防火检查的频次、要求及内容。

5.单位防火检查可采用哪些方法?

6.单位消防安全四个能力是指什么?

7.建筑防火分隔设施的检查有哪些内容?

8.建筑疏散设施的检查有哪些内容?

9.如何检查自动报警装置?

10.如何检查自动喷水灭火系统?

11.如何检查泡沫灭火系统?

12.如何检查气体灭火系统?

13.如何检查防排烟装置?

14.如何检查室内外消火栓系统?

15.对消防控制室有何要求?

16.宾馆饭店防火检查应注意哪些重点?

17.对地下建筑检查应注意哪些重点?

18.易燃易爆化工单位的检查应注意哪些重点?

19. 何谓火灾隐患？火灾隐患如何分级？

20. 如何认定火灾隐患？

21. 哪些情况可确定为一般火灾隐患？

22. 哪些情况可直接确定为重大火灾隐患？

23. 哪些重大火灾隐患需要综合判定？

24. 哪些火灾隐患应当当场改正？

25. 哪些火灾隐患需要限期改正？

26. 简述火灾隐患限期改正的程序。

27. 哪些单位存在火灾隐患需要停止整改并报当地政府批准？

第八章

灭火器和逃生器材的配置

─────── ★ ───────

灭火器是扑救火灾的重要消防器材,它具有轻巧灵活、可移动、操作使用简单、维修方便的特点,是企事业单位扑救初期火灾的理想工具,从而得到了广泛应用。作为企事业单位消防安全保卫人员,必须掌握各种灭火器的使用场所、使用方法,从而提高扑救初起火灾的能力。逃生器材是宾馆、饭店等人员密集场所保障人员火灾逃生的必备器材,单位消防安全保卫人员不但要自己掌握它的使用方法,还要通过演练等形式教会服务人员正确使用,以便火灾状态下指导顾客使用,保障顾客的生命安全。

第一节　灭火剂及其作用

凡是可以用来灭火的物质,都称为灭火剂。目前广泛应用的灭火剂有水、泡沫、干粉、二氧化碳、卤代烷、惰性气体、烟雾灭火剂等。

一、水及水型灭火剂

水是最常用的灭火剂,取用方便,来源丰富,因而在火场上获得最广泛的应用。一般建筑物火灾和木材、煤炭、粮草、棉麻等固体可燃物质以及原油、重油等液体可燃物质火灾都可以用水来扑救或冷却。

水的灭火作用是由它的性质决定的。水能冷却燃烧物质,因为水的热容量和气化热值都比较大。加热 1kg 水,使其温度升高 1℃,需要 4 200J 热量。因此,水能够从燃烧物质中夺取大量的热,降低燃烧区物质的温度。水能隔绝空气,使燃烧窒息。1kg 水能产生 1 720L 水蒸气,这样大量的水蒸气能够阻止空气进入燃烧区,并减少燃烧区氧的含量,使其失去助燃作用。水在机械作用下具有很大的冲击力,水流强烈地冲击火焰,使火焰中断而熄灭。水能稀释某些液体,冲淡燃烧区内可燃气体的浓度,降低燃烧强度。水能够浸湿未燃烧的物质,使之难以燃烧。

但是,水不能扑救碱金属(如钾、钠)、金属碳化物、氢化物火灾,因为这些物质遇水后,会发生剧烈化学反应产生可燃气体并释放出大量的热,易使火灾扩大或发生爆炸事故。对于比水轻或不溶于水的易燃液体火灾,原则上也不能用水扑救。硫酸、硝酸、盐酸火灾不宜用强大水流扑救,以免酸遇水冲击溅出伤人。为防止火灾扑救过程中发生触电事故,高压电气装置起火后,在没有断电的情况下,也不宜用水扑救。

二、泡沫

泡沫是一种体积较小,表面被液体围成的气泡群,是扑救可燃液体和易燃液体火灾有效的灭火剂。目前,我国采用的泡沫有化学泡沫和空气机械泡沫(简称空气泡沫)。化学泡沫是由硫酸铝和碳酸氢钠两种溶液混合后发生化学反应而形成的。空气泡沫是将蛋白泡沫灭火剂与水按一定比例混合,再经泡沫发生器注入一定的空气后形成,根据添加剂的不同有普通蛋白泡沫、氟蛋白泡沫、抗溶性泡沫、"轻水"(水成膜)泡沫等。此外,空气泡沫按发泡倍数可分为三大类,即低倍数泡沫(发泡倍数在 20 倍以下的重质泡沫)、中倍数泡沫(发泡倍数在 20~200 倍的泡沫)、高倍数泡沫(发泡倍数在 200 倍以上的轻质泡沫)。

泡沫灭火的原理是利用泡沫比易燃和可燃液体轻,能够漂浮覆盖在着火的液面上,阻挡液体的蒸气进入燃烧区,阻止空气与着火液面接触,防止热量向液面传导,并能吸收一定的热量,从而使燃烧停止。因此,泡沫具有覆盖(隔绝可燃蒸气、空气与热量)和冷却灭火的作用。

三、干粉

干粉是干燥的固体粉末,是由灭火剂和少量的添加剂经研磨而制成的一种化学灭火剂。目前,我国生产和使用的主要是碳酸氢钠干粉和磷酸铵盐干粉。

碳酸氢钠干粉是以含量不小于 90% 的碳酸氢钠为原料,加入适量添加剂,并经防潮防结块处理的干粉灭火剂。适用于扑救易燃液体、可燃气体和电气设备火灾,故也称 BC 干粉。也可将碳酸氢钠干粉与氟蛋白泡沫或"轻水"泡沫联用,扑救大面积的油类火灾。它具有灭火速度快、无腐蚀和对人畜无毒害等特点。

磷酸铵盐干粉是以磷酸二氢铵为主要成分的干粉灭火剂。这种干粉不但具有碳酸氢钠二氢铵干粉灭火剂的性能，还能灭 A 类物质的火灾。因此，又称其为通用干粉或 ABC 干粉。它能扑救易燃液体、可燃气体、电气设备火灾，也能扑救木材、纸张、橡胶、棉花、纤维、日用百货等可燃固体物质的表面火灾（初期火灾）。它具有抗复燃、灭火速度快、无腐蚀、对人畜无毒害等特点。

无论是磷酸铵盐干粉还是碳酸氢钠干粉，其灭火机理主要是通过干粉喷入燃烧区与火焰混合时，粉粒便与火焰中的游离基接触而把它吸附在表面，反应形成不活泼的水，从而消耗火焰中的 H 和 OH 等自由基，起到抑制燃烧的作用；另外，干粉喷出时的气动力驱散燃烧区的助燃气体也能起到窒息作用。不同的是磷酸铵盐还可通过粉粒的沉降，在固体可燃物表面附着一层固体盐而起到和火焰隔离的作用，故可用于固体可燃物表面火灾的扑救，碳酸氢钠干粉不具有这种特性，故不能用于固体可燃物火灾的扑救。即使是磷酸铵盐干粉，对于固体可燃物深度火灾，在大面积火灾扑灭后，仍要及时用水冷却降温，防止复燃。

四、气体灭火剂

气体灭火剂包括洁净气体灭火剂和其他气体灭火剂。经常使用的洁净气体灭火剂有二氧化碳、七氟丙烷、IG541 或其他惰性气体等。其他气体灭火剂包括卤代烷、热气溶胶（也称烟雾灭火剂）等。

（1）二氧化碳灭火剂。二氧化碳灭火剂是一种常用的气体灭火剂。在通常情况下，二氧化碳是无色无味的气体，不燃烧，不助燃。比重比空气重。灭火用的二氧化碳通常是以液态灌装在耐压的钢瓶内。在 20℃ 时，钢瓶内的压力约为 60 个大气压，液态二氧化碳从钢瓶中放出时变成气体，其体积比原来扩大 450 倍左右，同时吸收大量的热，使瓶口温度急剧下降到零下 78.5℃。1kg 液态二氧化碳蒸发时，需要吸收 138kcal（1cal＝4.2J）热量。由于蒸发吸热作用，液态二氧化碳蒸发时，液态二氧化碳会变成雪花状的固体（又称干冰）。干冰能冷却燃烧物质和冲淡燃烧区的含氧量，当二氧化碳在空气中的含量达到 30％～50％ 时，燃烧中止、火焰熄灭，从灭火机理上讲，它兼有窒息和冷却的作用。

二氧化碳不导电，不含水分，不污损仪器设备。因此，它适用于扑救电气设备、精密仪器、图书和档案火灾，以及范围不大的油类、气体和一些不能用水扑救的物质的火灾。二氧化碳不能扑救金属钾、钠、镁、铝和金属氢化物等物质的火灾。也不易扑救本身能供给氧的物质火灾（如硝酸纤维等）和某些物质（如棉花等）内部的阴燃。

（2）七氟丙烷灭火剂。七氟丙烷灭火剂（CF_3CHFCF_3）是近些年来才发展起来的新型灭火剂,作为卤代烷灭火剂的替代品得到了广泛使用,它不但可以作为灭火器的填充剂,还用于自动灭火系统上。该灭火剂的灭火作用以液体蒸发时气化吸热起冷却作用和稀释着火空间的氧气浓度产生窒息作用为主,并兼有化学抑制作用。其适用场所基本和二氧化碳相同,但灭火效能要比二氧化碳高。

(3)IG541 灭火剂。IG541 灭火剂是一种由几种惰性气体混合组成的气体灭火剂(50%的 N_2、40%的 Ar 和 10%的 CO_2),故也称惰性气体灭火剂。它的灭火机理是以惰性气体充斥火灾空间,稀释可燃气体浓度,起到窒息的作用。目前,它也作为卤代烷灭火剂的替代品,主要用于全淹没自动灭火系统对精密仪器和丝、绢、字画类文物场所火灾的扑救。

(4)热气溶胶灭火剂。热气溶胶灭火剂也是作为卤代烷替代品而研发的新型灭火剂。它由氧化剂硝酸钾、可燃剂木炭、硫黄、燃速调节剂碳酸镁及惰性气体产生剂三聚氰胺等组成。它的灭火机理:热气溶胶灭火剂发生剂通过电启动或热启动后,经过自身的氧化还原反应形成凝集型灭火气溶胶,即气溶胶灭火剂。气溶胶灭火剂按质量百分比,60%为气体,其成分主要是 N_2、少量的 CO_2 及微量的 CO、NO_x,O_2 和碳氢化合物;占灭火剂 40%的固体微粒主要是金属氧化物、碳酸盐和碳酸氢盐及少量金属碳化物。一般认为,由上述方法产生的气溶胶同干粉灭火剂一样是通过若干种机理协同发挥灭火作用的,但主要是吸热冷却机理和化学抑制机理,其中以化学抑制为主。

根据热气溶胶灭火剂中固体微粒的成分不同,热气溶胶又分为 S 型和 K 型,其中主要使用的是 S 型。由于灭火剂在喷射后存在大量固体微粒,效果像烟雾一样,故也称烟雾灭火剂。因此,它适用于一般电气火灾和对洁净度要求不高的场所。目前,热气溶胶仅用于有管网或无管网自动灭火系统上,手持式灭火器产品很少。

上述的七氟丙烷、IG541、热气溶胶几种气体灭火剂虽然无毒性或毒性很小,但灭火方式都具有全淹没窒息作用,故不适用于人员密集场所,或在灭火剂释放前人员必须撤离。

(5)卤代烷灭火剂。卤代烷灭火剂是用卤族元素替代烷基气体分子中的原子而形成新的分子,由于这种新的分子化学稳定性差,在扑救火灾时极易产生活泼离子,这些活泼离子能捕捉燃烧过程中的自由基,抑制燃烧链的形成,使链式反应中止,起到灭火作用。在常温常压下,储存在钢瓶内的卤代烷灭火剂一部分是气体,一部分是极易气化的液体,一般和氮气一起填装在高压钢瓶内。目前我国使用的卤代烷灭火剂主要是"1211"和"1301"。

"1211"即二氟一氯一溴甲烷,常温常压下是略带芳香味的气体,它是以氟利昂-22为原料经热溴化制成。广泛用于扑救油类、电气设备、有机溶剂、天然气等火灾。具有高效、低毒、低腐蚀以及绝缘性能好、灭火后不留痕迹等特点。

"1301"即三氟一溴甲烷,常温常压下是无色气体,它是以氟利昂-23 经溴化制成,能扑救各种油类、易燃液体、可燃气体和电气设备等火灾。特别适用于飞机、潜水艇、船舶和一切人员不能离开的火灾现场,也广泛应用于扑救电子计算机房、通信中心和有人工作的重要场所火灾。

值得指出的是,虽然卤代烷灭火剂灭火效能高,但研究表明它对人类赖以生存的大气臭氧层破坏极大。因此,《关于消耗臭氧层物质的蒙特利尔议定书》规定,将于 2030 年在世界范围内停止生产和使用卤代烷系列灭火剂,我国作为该议定书缔约方,应当忠实履行,严格控制使用并按期停止。

第二节 灭 火 器

根据灭火剂的不同,人们生产出各类灭火器材。目前我国生产的灭火器有清水灭火器、酸碱灭火器、泡沫灭火器、二氧化碳灭火器、干粉灭火器、1211 灭火器等。各种灭火器,根据充装灭火剂量的不同,又有不同的规格。

一、灭火器的型号编制方法

我国各种灭火器的型号编制方法采用统一编码,一般采用汉语拼音字母加数字组成,如 MFT40 即表示 40kg 推车式干粉灭火器,其中 M 是灭火器的统一代码,F 代表干粉,T 代表推车式,40 表示灭火剂的充装量是 40kg。在上述基本符号之后还可以编排厂家的设计序号,如 MFT40 -××。另外,在灭火器铭牌上还应注明灭火器适用的火灾种类,通常以 A,B,C 表示。各类灭火器的型号编制方法见表8-1。

二、灭火器的种类

灭火器是由人操作的能在其自身内部压力作用下,将所充装的灭火剂喷出实施灭火的器具。其内部压力的产生有三种形式,一种是靠自身内部的药剂产生化学反应形成压力,如化学泡沫灭火器;另一种是将压缩气体连同药剂一同混存于容器中,也称储压式灭火器,如干粉灭火器;还有一种是靠灭火剂自身的饱和蒸汽压提供输送动力的灭火器,如二氧化碳灭火器。

另外,根据操作使用方法不同又分为手提式灭火器和推车式灭火器。手提式灭火器是指能在其内部压力作用下,将所装的灭火剂喷出以扑救火灾,并可手提移动的灭火器具。手提式灭火器的总重量一般不大于 20kg,其中二氧化碳灭火器的总重量不大于 28kg。

推车式灭火器是指装有轮子的可由一人推（或拉）至火场,并能在其内部压力作用下,将所装的灭火剂喷出以扑救火灾的灭火器具。推车式灭火器的总重量大于 40kg。

表 8-1 各种灭火器的型号编制方法

类	组	代号	特征	代号含义	灭火剂充装量（单位）
灭火器 M（灭）	水 S(水)	MS	酸碱	手提式酸碱灭火器	L
		MSQ	清水,Q(清)	手提式清水灭火器	
	泡沫 P(泡)	MP	手提式	手提式泡沫灭火器	L
		MPZ	舟车式,Z(舟)	舟车式泡沫灭火器	
		MPT	推车式,T(推)	推车式泡沫灭火器	
	干粉 F(粉)	MF	手提式	手提式干粉灭火器	kg
		MFB	背负式,B(背)	背负式干粉灭火器	
		MFT	推车式,T(推)	推车式干粉灭火器	
	二氧化碳 T(碳)	MT	手提式	手提式二氧化碳灭火器	kg
		MTZ	鸭嘴式,Z(嘴)	鸭嘴式二氧化碳灭火器	
		MTT	推车式,T(推)	推车式二氧化碳灭火器	
	1211 Y(1)	MY	手提式	手提式 1211 灭火器	kg
		MYT	推车式	推车式 1211 灭火器	

除上述分类外,通常按充装的灭火剂类型进行分类。

1. 水基型灭火器

水基型灭火器充装的灭火剂是以清洁水为主,另外还可添加湿润剂、阻燃剂、增稠剂或发泡剂等。水基型灭火器包括酸碱灭火器、清水灭火器和泡沫灭火器。采用细水雾喷头的为细水雾清水灭火器。手提式水基型灭火器的规格为 2L,3L,6L,9L;推车式水基型灭火器的规格为 20L,45L,60L,125L(见图 8-1 和图 8-2)。

(1)清水灭火器。清水灭火器的成分主要是水和少量添加剂,通过冷却作用灭火,主要用于扑救固体火灾即 A 类火灾。如木材、纸张、棉麻、织物等的初期火灾。采用细水雾喷头的清水灭火器也可用于扑灭可燃固体的初期火灾。

(2)酸碱灭火器。酸碱灭火器是一种内部分别装有 65% 工业硫酸(硫酸铝)和碳酸氢钠水溶液的灭火器,平时这两种化学药剂不接触不会发生化学反应,灭火使用时通过颠倒或摇晃,使得两种溶液混合时就会产生二氧化碳气体和硫酸钠水溶液,利用水溶液和二氧化碳的双重作用达到灭火目的。其化学反应过程为:

$$Al_2(SO_4)_3 + 6NaHCO_3 \longrightarrow 3Na_2SO_4 + 2Al(OH)_3 \downarrow + 6CO_2 \uparrow$$

它适用于竹、木、棉、麻、草、纸等可燃固体火灾。

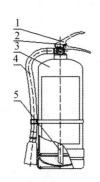

1—虹吸管; 2—喷筒总成; 3—筒体总成;
4—保险装置; 5—器头总成
图 8-1 手提式水基型灭火器

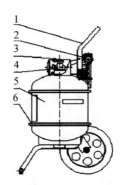

1—车架总成; 2—喷筒总成; 3—保险装置;
4—器头总成; 5—筒体总成; 6—防护圈
图 8-2 推车式水基型灭火器

(3)泡沫灭火器。泡沫灭火器充装的是水和泡沫灭火剂,可分为化学泡沫灭火器和空气泡沫(机械泡沫)灭火器。化学泡沫灭火器实际是在酸碱灭火器内添加一些发泡剂,故产生大量泡沫,泡沫从灭火器喷出,覆盖在燃烧物品上,使燃烧物与空气隔离,并降低温度,达到灭火的目的。这种灭火器目前已被空气泡沫(机械泡沫)灭火器替代。

空气泡沫(机械泡沫)灭火器充装的是水成膜空气泡沫灭火剂,使用时通过发泡枪喷嘴的机械作用产生泡沫。当水成膜泡沫被喷射到 B 类燃料表面时,泡沫立即沿着燃料的表面向四周扩散,与此同时,由泡沫中析出的泡沫混合液立即在泡沫和燃料之间的界面处迅速形成一层水膜,通过泡沫和水膜的双重作用实现灭火。

由于这种灭火剂的基体是水,故也称为轻水泡沫灭火器。鉴于水成膜机械泡沫灭火器性能优良,且价格低廉,保存期长,灭火效力高,使用方便,这款灭火器成为当今使用最为广泛的泡沫灭火器。

泡沫灭火器主要用于扑救 B 类火灾,如汽油、煤油、柴油、苯、二甲苯、植物油、动物油脂等的初期火灾;也可用于固体 A 类火灾,如木材、竹器、纸张、棉麻、织物等的初期火灾。抗溶泡沫灭火器还可以扑救水溶性易燃、可燃液体火灾。但泡沫灭火器不适用于带电设备火灾和 C 类气体火灾、D 类金属火灾。

2.干粉灭火器

干粉灭火器是目前使用最普遍的灭火器,其有两种类型。一种是碳酸氢钠灭火器,又叫 BC 类干粉灭火器,用于灭液体、气体火灾;另一种是磷酸铵盐干粉灭火器,又叫 ABC 类干粉灭火器,可灭固体、液体、气体火灾,应用范围较广。

干粉灭火器充装的是干粉灭火剂。干粉灭火剂的粉雾与火焰接触、混合时,发生一系列物理、化学作用,对有焰燃烧及表面燃烧进行灭火。同时,干粉灭火剂可以降低残存火焰对燃烧表面的热辐射,并能吸收火焰的部分热量,灭火时分解产生的二氧化碳、水蒸气等对燃烧区内的氧浓度又有稀释作用。

干粉灭火器主要适用于扑救易燃液体、可燃气体和电气设备的初期火灾,常用于加油站、汽车库、实验室、变配电室、煤气站、液化气站、油库、船舶、车辆等火灾。其中,ABC 干粉还适用于一般工矿企业及公共建筑等 A 类火灾场所的初期火灾,但不适用于扑救 A 类火灾场所的深度火灾。

目前,市场上使用的干粉灭火器有手提式和推车式两种,都是储压式,其结构形式如图 8-1、图 8-2 所示,它和水基型灭火器结构基本相同,只不过筒体内所装的灭火剂不同。储筒内的灭火剂与充入的一定压力的氮气混合,以悬浮状态存储于筒体内,防止干粉沉降结块,也利于灭火时均匀喷射。手提式干粉灭火器的规格为 1kg,2kg,3kg,4kg,5kg,6kg,8kg,9kg,12kg;推车式干粉灭火器的规格为 20kg,50kg,100kg,125kg。

3.二氧化碳灭火器

二氧化碳灭火器充装的是二氧化碳灭火剂。二氧化碳灭火剂平时以液态形式储存于灭火器中,其主要依靠窒息作用和部分冷却作用灭火。二氧化碳具有较高的密度,约为空气的 1.5 倍。在常压下,液态的二氧化碳会立即汽化,一般 1kg 的液态二氧化碳可产生约 $0.5m^3$ 的气体。因而,灭火时,二氧化碳气体可以排除空气而包围在燃烧物体的表面或分布于较密闭的空气中,降低可燃物周围或防护空间内的氧浓度,产生窒息作用而灭火。另外,二氧化碳从储存器中喷出时,会由液体迅速汽化成气体,而从周围吸引部分热量,起到冷却的作用。操作方法和干粉灭火器相同。

二氧化碳灭火器有手提式和推车式两种(见图 8-3、图 8-4),形式和干粉灭火器相同,只不过是灭火剂的输送动力来自灭火剂自身的饱和蒸汽压,所以器头上没有反映输送驱动气体压力的压力表。

4.洁净气体灭火器

所谓洁净气体灭火器,主要是针对卤代烷灭火器而言的。由于我国是国际保护臭氧层蒙特利尔条约的缔结国,因此在一般情况下应尽量限制卤代烷灭火器的使用,继而代之是其他洁净气体。目前典型的洁净气体灭火器有七氟丙烷灭火器,该灭火器充装的是七氟丙烷灭火剂,这种灭火剂能蒸发,不留残余物,对臭氧层无破坏作用。它主要以物理方式灭火,同时伴有化学反应,灭火效能较高,因此在需要气体灭火的场所得到了广泛应用。

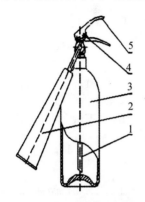

1—虹吸管; 2—喷筒总成; 3—钢瓶;
4—保险装置; 5—器头总成
图 8-3 手提式二氧化碳灭火器

1—器头总成; 2—喷筒总成;
3—瓶体总成; 4—车架总成
图 8-4 推车式二氧化碳灭火器

七氟丙烷灭火器可用于扑救可燃固体的表面火灾、可熔固体火灾、可燃液体及灭火前能切断气源的可燃气体火灾,还可扑救带电设备火灾。手提式七氟丙烷灭火器是目前卤代烷 1211 灭火器理想的替代品。洁净气体灭火器形式和二氧化碳灭火器一样,从污染角度讲,二氧化碳灭火器也属于洁净气体灭火器。

三、灭火器的使用

目前市面上出售的灭火器按照国家标准,要求结构统一、操作简单。其结构元件主要由灭火剂储桶、压把、保险销、喷管、喷头、压力表(储压式灭火器)等组成。

对于手提式酸碱灭火器和化学泡沫类灭火器,使用时应将灭火器上下颠倒摇晃,使药剂充分融合反应,产生压力方能喷出。对于推车式泡沫灭火器,使用时应将推把置于地面使灭火器倾倒,才能使药剂融合反应,然后实施灭火。对机械泡沫灭火器则无须颠倒摇晃。通常操作推车式灭火器需要两人,一人手持喷管,另一人开关阀门。由于推车式灭火器比较笨重,移动不便,灭火时应将灭火器置于 10m之外,只需将喷管拉近着火点。

对于其他储压类灭火器或自压式灭火器,使用时无须颠倒,可直接拉出保险销,压下压把,灭火剂会自行喷出。对于主要起冷却、隔离作用的灭火器,使用时要将喷嘴对准火焰根部。对于主要起窒息、抑制作用的灭火器,使用时要将喷嘴对准火焰最大处。但无论是哪种灭火器,人应站在上风向,保持低姿,并和火焰保持3～5m的距离,防止人体被火焰烧伤或烫伤。

第三节 灭火器的配置

一、配置场所的危险等级

灭火器的配置不仅与保护场所的面积大小有关,还与保护场所的危险等级(场所内物品种类的火灾危险性以及数量)有关,科学地配置灭火器,充分发挥每具灭火器的灭火效能,既可以减少投资,也同样能达到灭火的目的。

1.工业建筑的危险等级

工业建筑灭火器配置场所的危险等级应根据其生产、使用、储存物品的火灾危险性、可燃性、可燃物数量、火灾蔓延速度以及火灾扑救的难易程度等因素来划分,一般分为三级:

(1)严重危险级:指火灾危险性大,可燃物多,起火后蔓延迅速或易造成重大损失的场所。如:化学危险品库房,闪点小于60℃的油品和有机溶剂的提炼、回收、洗涤部位,二硫化碳的粗馏工段,丙酮、苯的合成厂房,液化石油气罐瓶间,浸漆烘干部位,散装棉花库房,等等。

(2)中危险级:指火灾危险性较大,可燃物较多,起火后蔓延较迅速的场所。这类场所如木工厂房、油浸变压器室、闪点大于60℃的油品和有机溶剂的提炼、回收工段,工业用燃油锅炉房,各种电缆廊道,火柴、香烟、糖、茶库房,中药库房,粮食堆场,汽车库,印刷厂房,等等。

(3)轻危险级:指火灾危险性较小,可燃物较少,起火后蔓延较慢的场所。如:金属冶炼、锻造、热轧、热处理厂房,金属(镁合金除外)冷加工车间,钢材库房,水泥、陶制品库房,原木堆场。

2.民用建筑的危险等级

民用建筑灭火器配置场所的危险等级应根据其使用性质、火灾危险性、可燃物数量、火灾蔓延速度以及扑救难易程度等因素,划分为以下三级:

(1)严重危险级:指功能复杂、用火用电多、设备贵重、火灾危险性大、可燃物多、起火后蔓延迅速或易造成重大损失的场所。如:重要的资料室、档案室、电子计算机房及数据库、重要的电信机房、广播电视演播室、博物馆的珍藏室、电影院、剧院、礼堂的舞台,等等。

(2)中危险级:指用火用电较多、火灾危险性较大,可燃物较多,起火后蔓延较迅速的场所。如:理化实验室,高级旅馆,百货大楼,综合商场,图书馆,展览厅,重点文物保护场所,邮袋库、高、低压配电室,等等。

(3)轻危险级:指用电用火较少、火灾危险性较小、可燃物较少,起火后蔓延较慢的场所。如:电影院、剧院、会堂、礼堂的观众厅,医院住院部,学校教学楼,办公楼,车站、码头、机场的候车、候船、候机厅,幼儿活动室,等等。

二、灭火器的选择

1.选择灭火器应考虑的因素

工业与民用建筑灭火器的选择应考虑以下因素:

(1)灭火器配置场所的火灾种类。因为可燃物的性质、数量是火灾危险性的主要因素之一,不同性质的可燃物,其燃烧特性是不一样的。因此,应该根据保护场所的可燃物性质和各类灭火剂的作用选用灭火器。

(2)灭火器的灭火有效程度。一种灭火器不是对所有火灾所有场所都是适用的。如果选用不合适的灭火器扑救火灾,不但不能有效灭火,有时还可能引起灭火剂对燃烧物产生逆化学反应,轻者会使死火复燃,重者则可能引起爆炸事故。如用BC类干粉灭火剂扑救可燃固体火灾会引起复燃,用水灭电器火灾,可能引起触电伤亡和大面积短路,用水灭油类液体火灾可能引发喷溅,引起火灾扩大和造成人员烫、烧伤。

(3)灭火剂对保护场所及物品的污损程度。如精密仪器场所火灾,若用干粉扑救,则会造成精密仪器的污损。图书、字画等重要文物类,用水扑救会造成水渍损失,使损失扩大,宜使用洁净气体灭火器。

(4)设置点的环境温度。我国地域辽阔,南北方温差较大,温度对于灭火器的喷射性能和灭火效能是有一定影响的,如我国北方冬季室外就不适用水基型灭火器和泡沫灭火器或采取必要的保温措施。不同种类的灭火器有着不同的温度适应范围。因此,人们在选用灭火器时,务必注意这一点。灭火器的使用温度范围见表8-2。

(5)使用灭火器人员的身体素质。对于女同志和老年人来说,太重的灭火器根本无法使用。在选用灭火器时,应考虑灭火人员体能这一点。对于养老院、幼儿园、医院类场所,应注意选用较轻型的灭火器。

2.灭火器的选择

考虑以上五种因素,不同类型的火灾选用灭火器如下:

(1)扑救 A 类火灾应选用水型、泡沫、磷酸铵盐干粉、二氧化碳型灭火器。

（2）扑救 B 类火灾应选用 BC 干粉、泡沫（极性溶剂除外）、卤代烷型灭火器。

（3）扑救 C 类火灾应选用 BC 干粉、卤代烷、二氧化碳型灭火器。

（4）扑救带电火灾应选用卤代烷、二氧化碳、ABC 型干粉灭火器。

（5）扑救 A,B,C 类火灾和带电设备火灾（如火灾现场既有可燃固体、可燃气体、易燃液体，也有带电设备，情况较为复杂时）应选用磷酸铵盐干粉、卤代烷型灭火器。

（6）对于 D 类火灾，因为我国目前还没有扑灭它的通用灭火器，为了避免因使用不适用的灭火器而发生意外，在选择时，有关单位应与公安消防部门协商针对性解决。

（7）扑救烹饪类火灾可选择水基型喷雾灭火器。

表 8 - 2　灭火器的使用温度范围

灭火器类型	使用温度范围/℃	
清水灭火器	4～55	
酸碱灭火器	4～55	
化学泡沫灭火器	4～55	
干粉灭火器	储气瓶式　－10～55	
	储压式　　－20～55	
卤代烷灭火器	－20～55	
二氧化碳灭火器	－10～55	

3.注意事项

在选用灭火器时，还应注意以下问题：

（1）在同一灭火器配置场所，当选用同一类型灭火器时，应尽量选用操作方法相同的灭火器，以便灭火人员熟练操作。

（2）在同一配置场所，当选用两种以上类型的灭火器时，应采用灭火剂相容的灭火器，以便提高灭火功效。不相容的灭火剂见表 8 - 3。

表 8 - 3　不相容的灭火剂

类　型	不相容的灭火剂	
干粉与干粉	磷酸铵盐	碳酸氢钠、碳酸氢钾
干粉与泡沫	碳酸氢钠、碳酸氢钾	蛋白泡沫
泡沫与泡沫	蛋白泡沫、氟蛋白泡沫	水成膜泡沫

三、灭火器配置的计算

1. 灭火器剂量与灭火级别

不同类型、不同规格的灭火器扑灭火灾的能力是不一样的。目前,世界各国都是采取实验的方法,就灭火器对 A 类和 B 类火灾的灭火情况按照规定的试验方法和条件进行了灭火定级试验,规定了其灭火级别值。我国对灭火器灭火级别的确定是依据 GB50140－2005 进行的,作为各个生产厂家的标准。国内生产的不同类型不同规格的灭火器的灭火级别见表 8－4、表 8－5。

表 8－4 手提式灭火器类型、规格和灭火级别

类型	灭火剂充装量（规格）		灭火器类型规格代码（型号）	灭火级别	
	L	kg		A	B
水型	3		MS/Q3	1A	
			MS/T3		55B
	6		MS/Q6	1A	
			MS/T6		55B
	9		MS/Q9	2A	
			MS/T9		89B
泡沫	3		MP3,MP/AR3	1A	55B
	4		MP4,MP/AR4	1A	55B
	6		MP6,MP/AR6	1A	55B
	9		MP9,MP/AR9	2A	89B
干粉（碳酸氢钠）		1	MF1		21B
		2	MF2		21B
		3	MF3		34B
		4	MF4		55B
		5	MF5		89B
		6	MF6		89B
		8	MF8		144B
		10	MF10		144B

续　表

	灭火剂充装量（规格）		灭火器类型规格代码（型号）	灭火级别	
	L	kg		A	B
干粉（磷酸铵盐）		1	MF/ABC1	1A	21B
		2	MF/ABC2	1A	21B
		3	MF/ABC3	2A	34B
		4	MF/ABC4	2A	55B
		5	MF/ABC5	3A	89B
		6	MF/ABC6	3A	89B
		8	MF/ABC8	4A	144B
		10	MF/ABC10	6A	144B
卤代烷（1211）		1	MY1		21B
		2	MY2	(0.5A)	21B
		3	MY3	(0.5A)	34B
		4	MY4	1A	34B
		6	MY6	1A	55B
二氧化碳		2	MT2		21B
		3	MT3		21B
		5	MT5		34B
		7	MT7		55B

表 8−5 推车式灭火器类型、规格和灭火级别

灭火剂充装量（规格）		灭火器类型规格代码（型号）	灭火级别	
L	kg		A	B
水型				
20		MST20	4A	
45		MST40	4A	
60		MST60	4A	
125		MST125	6A	
泡沫				
20		MPT20，MPT/AR20	4A	113B
45		MPT40，MPT/AR40	4A	144B
60		MPT60，MPT/AR60	4A	233B
125		MPT125，MPT/AR125	6A	297B
干粉（碳酸氢钠）				
	20	MST20		183B
	50	MST50		297B
	100	MST100		297B
	125	MST125		297B
干粉（磷酸铵盐）				
	20	MFT/ABC20	6A	183B
	50	MFT/ABC50	8A	297B
	100	MFT/ABC100	10A	297B
	125	MFT/ABC125	10A	297B
卤代烷（1211）				
	10	MYT10		70B
	20	MYT20		144B
	30	MYT30		183B
	50	MYT50		297B
二氧化碳				
	10	MTT10		55B
	20	MTT20		70B
	30	MTT30		113B
	50	MTT50		183B

灭火器的灭火级别由数字和字母组成,数字表示灭火级别的大小,字母表示灭火级别的单位及适用扑救火灾的种类。选择灭火器时,除应考虑配置场所的危险等级外,还应考虑灭火器的灭火级别。选用灭火级别较高的灭火器,可以减少灭火器的数量,提高灭火效率。

2.灭火器的配置基准

不同类型的火灾场所,由于可燃物的种类不同、火灾能量不同、燃烧速度不同,灭火器的配置基准也不同。表8-6、表8-7分别为A、B类火灾配置场所灭火器的配置基准。

表8-6 A类火灾配置场所灭火器的配置基准

危险等级	严重危险级	中危险级	轻危险级
每具灭火器最小配置灭火级别	3A	2A	1A
最大保护面积/(m²/A)	50	75	100

表8-7 B类火灾配置场所灭火器的配置基准

危险等级	严重危险级	中危险级	轻危险级
每具灭火器最小配置灭火级别	89B	55B	21B
最大保护面积/(m²/B)	0.5	1.0	1.5

由于C类气体火灾特性与B类液体火灾特性有所类似,故C类火灾配置场所灭火器的配置基准可按B类火灾配置场所的要求执行。

3.灭火器配置数量的计算

在进行灭火器配置设计时,灭火器配置场所的危险等级和火灾种类均相同的相邻场所,可将一个楼层或一个防火分区作为一个计算单元;如果配置场所的危险等级或火灾种类不相同,则应分别作为一个计算单元设计。在计算保护面积时,建(构)筑物的灭火器配置场所应按其使用面积计算;可燃物露天堆垛,甲、乙、丙类液体储罐,可燃气体储罐的灭火器配置场所按堆垛、储罐的占地面积计算。

灭火器配置场所所需的灭火级别按下式计算:

$$Q = K \frac{S}{V}$$

式中,Q为灭火器配置场所的灭火级别,A或B;S为灭火器配置场所的保护面积,m²;V为A或B类火灾灭火器配置场所相应危险等级的灭火器配置基准,m²/A或

m²/B;K 为修正系数。

　　灭火器配置场所无消火栓和灭火系统,$K=1.0$;

　　设有消火栓,$K=0.9$;

　　设有自动灭火系统,$K=0.7$;

　　设有消火栓和灭火系统,$K=0.5$;

　　可燃物露天堆垛,甲、乙、丙类液体、可燃气体贮罐区和库房,$K=0.3$。

　　对于地下建筑火灾和公共娱乐场所以及古建筑火灾,由于扑救难度较大,其灭火级别应在上式计算的基础上增加 30%。

四、灭火器设置点的确定

　　为了灭火方便,灭火器配置场所内可有一个或数个灭火器设置点。每个设置点的灭火级别按下式确定:

$$Q_e = \frac{Q}{N}$$

式中,Q_e 为灭火器配置场所每个设置点的灭火级别,A 或 B;Q 为灭火器配置场所的灭火级别,A 或 B;N 为灭火器配置场所中设置点的数量。

　　上式计算出了每个设置点的灭火级别,但在具体配置时还应注意,一个灭火器配置场所的灭火器配置数量不应少于 2 具,当两个灭火器设置点距离不大于该型灭火器最大保护距离时可不受此限,如多个面积较小的独立商铺相邻,则每个商铺可设置一具灭火器。当一个设置场所需要设置多具灭火器时,每个设置点的灭火器数量不宜多于 5 具,超过此限时应分开设置。

　　确定灭火器配置场所内灭火器的设置点,还必须考虑灭火器的最大保护距离,也就是说,配备场所内任何一点到最近的灭火器设置点的距离必须小于灭火器的最大保护距离,从而使灭火器配置场所内的所有点都在灭火器的有效控制之内,设置在 A、B 类火灾配置场所的灭火器,其最大保护距离见表 8-8、表 8-9。

表 8-8　A 类火灾配置场所灭火器最大保护距离　　　　单位:m

危险等级	灭火器类型	
	手提式灭火器	推车式灭火器
严重危险级	15	30
中危险级	20	40
轻危险级	25	50

表 8 – 9　B 类火灾配置场所灭火器最大保护距离　　单位:m

危险等级	灭火器类型	
	手提式灭火器	推车式灭火器
严重危险级	9	18
中危险级	12	24
轻危险级	15	30

设置在 C 类火灾配置场所的灭火器,其最大保护距离可按 B 类要求。

计算举例:

某大型商场,建筑高度为 28m,共 7 层,每层建筑面积约 8 000m²,内部设有自动报警系统、自动喷水系统和室内消火栓,计算该场所应当配备几具什么类型灭火器?

答:该商场主要经营日用百货、家用电器、服装、床上用品等,属于 A 类火灾场所,危险级别属于中危险级,商场服务人员大多数是年轻女同志,灭火器可以选择 8kg 磷酸铵盐(ABC)干粉灭火器。该型灭火器的灭火级别为 4A,中危险级场所的灭火器配备标准为 75m²/A。该商场为高层建筑,因设有自动报警和自动灭火系统,每个防火分区可以扩大为 3 000m²,每层面积 8 000m² 应设 3 个防火分区,场所设有自动报警和自动喷水灭火设施,故灭火器选择系数 K 为 0.5,则

每个防火分区的灭火级别为

$$Q = k \times S/V = 0.5 \times 3\ 000/75 = 1\ 500/75 = 20 \quad (\text{A 类})$$

每个防火分区应配置的灭火器数量:

$$Q_e = Q/4(\text{一具灭火器的灭火级别}) = 20/4 = 5\ \text{具}$$

按每个灭火器设置点不大于 5 具的要求可设一个点,但考虑到最大保护距离的要求,宜设两个点,每个点宜配备 3 具,每个防火分区应配备 6 具。商场每层应配备 18 具,整个商场应配备 126 具。

确定灭火器的位置设置点,还必须考虑以下问题:

(1)灭火器应设置在明显和便于取用的地点,以便人们迅速取用,扑灭初起火灾;

(2)灭火器不应设置在潮湿或有强腐蚀性物质的地点,如必须设置时,则应有相应保护措施;

(3)灭火器不得设置在超出其使用温度范围的地点;

(4)灭火器应设置稳固,其铭牌朝外;

(5)手提式灭火器宜设置在挂钩、托架上或灭火器箱内,其顶部离地面高度应小于1.5m,底部离地面高度不宜小于0.08m。

当然,灭火器的设置也不得影响人们正常的生活和生产活动,不得影响事故状态下人们的安全疏散。

五、灭火器维修与报废

灭火器在使用过程中常常会因环境因素诸如腐蚀性气体、温度、湿度等对灭火器筒体造成腐蚀、油漆剥裂、金属抗拉强度变化,或因制造、维修质量等原因使筒体密封件失效造成气体泄漏,以及人为因素如撞击、跌落等造成灭火器压把、喷嘴损坏和筒体变形,检查一旦遇到诸如此类的情况应当及时维修更换。对于其他达到报废条件的情况则应予以报废。但要注意,为了节约资源和减少污染,一般灭火器的维修不能简单地以使用年限而论,应根据实际情况处置。例如,气体灭火器在未达到瓶体压力检测年限前,如果没有应予维修的问题,一般不必维修更换或重新充装。

1.下列情况灭火器(储压式)应予维修

(1)压力不足,压力表指针处于红色区域内;

(2)压把、喷管、喷嘴损坏或老化开裂;

(3)筒体部分油漆剥落、变形、出现凹坑;

(4)例行检查中,同批次应抽查不少于3具,如发现堵塞或其他异常,该批次应予全部维修;

(5)灭火器无生产、出厂日期和生产厂家或无维修日期、维修厂站标志的;

(6)储压式干粉灭火器出厂使用满5年或维修后使用满2年的;

(7)水基型灭火器出厂使用满3年或维修后使用满1年的;

(8)酸碱灭火器和泡沫灭火器使用满2年的或发现碱粉结块的;

(9)二氧化碳灭火器的钢瓶属于高压容器,在报废期限内只要不出现上述(2)~(5)项情况可不予更换,但当年泄漏量大于5%时应及时补充灌装(泄漏量可称重检查)。

2.下列情况灭火器应予报废

(1)灭火器从出厂日期算起,达到如下年限的应报废:

1)水基型灭火器:6年;

2)干粉灭火器:10年;

3)洁净气体灭火器:10年;

4)二氧化碳灭火器及其储气瓶:12年。

(2)未达到报废年限,但检查发现下列情况之一的,应报废:

1)筒体严重锈蚀(漆皮大面积脱落,锈蚀面积大于筒体总面积的1/3),表面产生凹坑或连接部位、筒底严重锈蚀的;

2)筒体严重变形的;

3)筒体、器头有锡焊、铜焊或补缀等修补痕迹的;

4)火烧过的灭火器;

5)没有生产厂名称和出厂年月日或没有维修厂家维修标签的;

6)不符合消防产品市场准入制度的;

7)按国家或有关部门规定应予报废淘汰的;

8)其他维修检测中发现有不符合行业标准(GA95—2007)项的。

第四节　逃生避难器材的配置

一、逃生避难器材的作用

建筑火灾逃生避难器材(以下简称"逃生避难器材")是在建筑发生火灾的情况下,遇险人员逃离火场时所使用的辅助逃生器材。它是对建筑物内应急疏散通道的必要补充。

二、逃生避难器材的类型

1.按器材结构分类

(1)绳索类。

1)逃生缓降器(又称救生缓降器)。逃生缓降器是一种使用者靠自重以一定的速度自动下降并能往复使用的逃生器材,由安全钩、安全带、绳索、调速器、金属连接件及绳索卷盘等组成,如图8-5所示。使用时,使用人自己系好安全带,戴上手套,将安全挂钩挂在窗框或其他可靠承重物体上,人越过窗户,手握绳索沿墙壁下降即可,下降速度由装置控制。待人下降至地面后,绳索卷盘自动上升供其他待逃生人员依次往复使用。

2)应急逃生器。应急逃生器是指使用者靠自重以一定的速度下降且具有刹停功能的一次性使用的逃生器材,由操作手柄、速度控制机构、绳索、下滑控制机构等构成,如图8-6所示。这类逃生器原理基本与缓降器相同,但下降速度由操作者控制,不适宜老人和小孩使用。

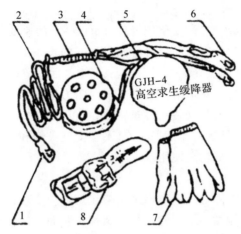

1—安全挂钩；　2—缓降滑带；　3—绳索；　4—调速器；
5—救生包；　6—连接钩；　7—手套；　8—安全带

图8-5　逃生缓降器的组成

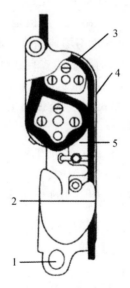

1—操作手柄；　2—速度控制机构；　3—绳索；　4—减速机构；　5—下滑控制机构

图8-6　应急逃生器结构图

　　3)逃生绳。逃生绳是指供使用者手握滑降逃生的纤维绳索。它是用有一定强度且有较好耐火性的麻类等天然纤维制作而成,是从楼房或其他高处逃生或救人使用的最简单器材。

（2）滑道类。即逃生滑道，指使用者靠自重以一定的速度下滑逃生的一种柔性通道。由柔性材料为主体制成的带有特殊阻尼套的长条形通道式结构，其由外层防火套、中间阻尼套和内层导套三层组成，三层重叠后固定在入口圈上。救生滑道的工作原理是利用阻尼层对下滑人员产生横向阻力来降低下滑速度，使得下滑人员安全着陆。逃生滑道通常安装在建筑物内，也可以随举高消防车使用。使用逃生滑道滑降逃生时，人员下落速度平缓，且不会受到炙烧和烟熏的伤害，老幼病残者无须预先练习都可以成功地使用。

（3）梯类。

1）固定式逃生梯。固定式逃生梯是指与建筑物固定连接，使用者靠自重以一定的速度自动下降并能循环使用的一种金属梯。它能在发生火灾或紧急情况时，在短时间内连续将高楼被困人员安全疏散至地面。

2）悬挂式逃生梯。悬挂式逃生梯是指展开后悬挂在建筑物外墙上供使用者自行攀爬逃生的一种软梯，其平时可收藏在包装袋内。该逃生梯主要由钢制梯钩、边索、踏板和撑脚组成。梯钩是使悬挂梯紧固在建筑物上的金属构件。边索由钢丝绳、钢质链条或阻燃型纤维编织带等制成。踏板是具有防滑功能条纹的圆管或方管。撑脚的作用是使悬挂式逃生梯能与墙体保持一定距离。

（4）呼吸器类。呼吸器类包括消防过滤式自救呼吸器和化学氧消防自救呼吸器两类。这类呼吸器以及照明手电已作为宾馆、饭店必备的逃生器材，平时都放置在房间的醒目位置，并按旅客人数配置，以方便逃生使用。

2.按器材工作方式分类

（1）单人逃生类。如逃生缓降器、应急逃生器、逃生绳、悬挂式逃生梯、消防过滤式自救呼吸器、化学氧消防自救呼吸器等。

（2）多人逃生类。如逃生滑道、固定式逃生梯等。

三、逃生避难器材的适用场所和配置

1.逃生避难器材的适用场所

（1）绳索类、滑道类或梯类等逃生避难器材适用于人员密集的公共建筑的2层及2层以上楼层。

（2）呼吸器类逃生避难器材适用于人员密集的公共建筑的2层及2层以上楼层和地下公共建筑。

2.逃生避难器材的适用楼层(高度)(见表8-10)

表8-10 逃生避难器材适用楼层(高度)

器材	固定式逃生梯	逃生滑道	逃生缓降器	悬挂式逃生梯	应急逃生器	逃生绳	过滤式自救呼吸器	化学氧自救呼吸器
适用楼层(高度)	≤60m	≤60m	≤30m	≤15m	≤15m	≤6m	地上建筑	地上及地下公共建筑

3.逃生避难器材的设置位置

(1)逃生缓降器、逃生梯、逃生滑道、应急逃生器、逃生绳应安装在建筑物袋形走道尽头或室内的窗边、阳台、凹廊以及公共走道、屋顶平台等处。室外安装应有防雨、防晒措施。

(2)逃生缓降器、逃生梯、应急逃生器、逃生绳等供人员逃生的器材应设置在逃生口附近。逃生口开口高度应大于1.5m,宽度应大于0.5m,开口下沿距所在楼层地面高度应大于1m。逃生口附近应有可靠的逃生器材固定设施。

(3)自救呼吸器、滤烟口罩以及逃生照明用的手电筒应放置在室内明显且便于取用的位置。

4.逃生避难器材的配置

(1)宾馆、饭店房间的自救呼吸器、滤烟口罩以及逃生照明用的手电筒应按房间内床位数或经常停留的人数配置。

(2)多层建筑内的逃生梯、应急逃生器、逃生绳宜在每层的逃生口配置2~3具。逃生缓降器宜在较高楼层的逃生口错位设置1~2具。

(3)配置在公共场所的逃生器材应设明显标志,使用时应听从服务人员指导。

思 考 题

1.常用的灭火剂有哪些类型?

2.水的灭火作用是什么?

3.二氧化碳的灭火机理是什么?

4.MF8代表什么类别灭火器?

5.ABC干粉和BC干粉有什么不同?

6.二氧化碳灭火器和干粉灭火器在形式上有什么不同?

7.怎样操作使用推车式灭火器？

8.为什么要限制卤代烷灭火器的使用？

9.民用建筑的危险等级如何划分？

10.选择灭火器应考虑哪些因素？

11.灭火级别的意义是什么？

12.如何确定灭火器的灭火级别？

13.每个灭火器设置点最低配备标准为几具？最多几具？

14.试计算：某日用百货用品仓库，建筑面积 3 000m² ，设有室内消火栓，如果配置 8kg 磷酸铵盐干粉灭火器，应当配几具？设几个点？

15.A 类场所灭火器的最大保护距离是多少？

16.灭火器设置点应考虑什么问题？

17.如何确定灭火器应予维修？

18.逃生避难器材有哪些类型？

19.宾馆、饭店的房间的逃生器材哪些应按人数配备？

20.各种逃生器材适用的楼层高度有何要求？

第九章

初起火灾的处置

---------- ★ ----------

任何单位和个人在发现火灾时，都有报告火警的义务；任何单位和成年人都有参加有组织的灭火工作的义务；公共场所发生火灾时，该公共场所的现场工作人员有组织、引导在场群众疏散的义务。这既是消防法所赋予每个单位和公民的义务，也是每个单位和公民保全自己的生命和财产免受火灾危害的必要措施。报警早，处置得当就能少受损失。

第一节　初起火灾处置预案的制定

在现实生活中，完全避免火灾是不可能的。另外，由于公安消防队（站）的布局情况和路况等客观因素的影响，从接警到消防队进火场往往需要一定的时间，如果在此期间不采取有效措施，可能造成火势扩大蔓延，使损失扩大化，也给消防队扑救工作带来困难。因此单位在做好防火工作的同时，还要做好各种应急准备，一旦发生火灾或其他灾害事故，做到有备无患。制定初起火灾的处置预案，并进行演练，在火灾初期有效利用本单位人员和消防器材，有组织地进行报警、灭火、引导疏散等活动，往往能有效控制火势蔓延，避免人员与财产的更大损失。

一、应急处置预案的内容

1. 单位或建筑的基本情况

单位情况包括单位的地址、性质、规模，主要生产、经营、储存物质的火灾危险性等情况。

建筑情况包括建筑的高度、层数、主要功能、耐火等级、建筑面积、建筑消防设施设置、重要部位的物资、设备品类和数量以及火灾危险性等。

2.预案实施组织机构

组织机构包括总指挥部和下设的灭火行动组、疏散引导组、通信联络组、防护救护组等4个小组。特殊行业或生产经营性企业可根据实际情况自行设定。如化工企业可针对某工艺装置火灾设立抢险处置组,由相关技术人员和操作工针对起火装置采取关、停、并、转等工艺措施,切断可燃物来源或切断其他装置与该装置之间的联系,以减轻事故危害。对银行或重要科研部门,则考虑要把抢救重要物资、资料放在重要位置,可设置重要物资、资料抢救组。

总指挥部一般设总指挥1名,副总指挥2名。总指挥一般由当时值班行政领导担任,副总指挥一般由保卫部门和安全生产部门的领导担任。副总指挥协助总指挥组织实施应急预案,总指挥未到时代行总指挥职责。

(1)灭火行动组一般由义务消防队承担。组长由义务消防队队长担任,其主要任务是接到命令后立即组织实施灭火,并指定人员到单位门口迎接公安消防队消防车。对于远离公安消防队,且企业规模较大,或企业本身设有消防队的,还应该进一步制订灭火作战计划,以应对火势发展快、波及面大的火灾。灭火作战计划内容应包括水源位置、供水方案、道路管制、灭火车辆配置和针对预情的灭火作战战术方案等。

(2)通信联络组一般由消防控制室或总机室人员承担,组长由保卫部门值班领导担任,并根据值班情况设联络员若干人,主要任务是报警、联系启动固定消防设施、联系总指挥部,并传达总指挥的命令,或按照预案直接向各组或各楼层值班人员下达行动方案。

(3)疏散引导组一般由车间或场所的管理人员、值班服务人员承担。如企业中的人员密集的车间,疏散引导主要由班组长承担,车间主任任组长,主要任务是发生火灾时立即通知所有在岗人员撤离,打开所有通道并引导人员疏散;对商场、宾馆或其他公共娱乐场所,疏散引导由值班服务人员承担,楼层主管担任组长,主要任务是呼叫顾客或楼层住留人员,查看各房间,在疏散楼梯口值守,随时关闭前室和楼梯间防火门,防止烟火窜入,对自然排烟的疏散走道或楼梯间要及时打开排烟窗,保障人员安全有序地疏散。

(4)防护救护组一般由单位的后勤保障部门承担,组长由分管领导担任,其主要任务是为一线灭火人员提供补充灭火器材、防护器材,如灭火器、防护服、防烟面罩、安全帽等,为疏散引导组提供电声喇叭、手电等。当有人员伤亡时,立即向120

报警,并组织抢救接送伤员和协调医院救护等事宜。

3.预案实施方案

实施方案包括各组人员的集合地点,值守岗位,行动步骤等具体要求。

制定预案时要充分考虑各岗位人员的值班情况、体能情况,做到任何时段、重要地点都有人员在岗在位,确保万无一失。对重点单位,当单位内部存在多个火灾性质不同的重点部位时,还应当根据具体情况制定多个预案,以便应急实施。预案中还应列出各组人员名单、电话,以方便联络。

二、应急处置预案的演练

应急处置预案至少每半年进行一次演练,并结合实际,不断完善预案。现以银河大厦某楼层起火为例,设想一起比较严重的建筑火灾事故作为演练范例。

1.建筑基本情况

该大厦为一省级电力企业综合性大楼,坐南向北,成 L 型,主楼地下 1 层、地上 9 层,东西长 60m、南北宽 20m、总高度 30m,每层建筑面积为 1 200m²。在主楼东侧连接一三层高的裙房,每层建筑面积为 500m²,整个建筑总面积 13 500m²。具有餐饮、客房、会议、办公等功能。其中主楼 1 至 6 层为客房,7 至 9 层为办公,调度指挥中心设在 9 层,地下层为设备层。裙房 1 至 2 层为餐饮,3 层为会议室。该楼在东西两侧设有两部防烟楼梯,中部设有两部电梯,其中一部为消防电梯。裙楼南侧设有一部封闭楼梯间,北侧与主楼楼梯间相通;其他自动报警、自动喷水、防排烟等消防设施齐全。消防控制室设在一楼西侧,正门直通前院。现设想:下午 4 时许,大楼二层餐厅操作间部位发生火灾,火势很大,火灾面积约 100m²,且向四周不断扩散。

2.处置步骤

第一步:

(1)消防控制中心接到报警后,应立即通过消防专用电话向餐厅服务台确认火灾具体位置、燃烧物、火势大小等情况。一经确认并向 119 和总指挥报警,向通信组联络员告知火灾。

(2)控制室值班人员将联动控制开关从手动状态切换到自动状态。

(3)联络员通知各组人员迅速到达指定位置。

(4)消防控制中心向火灾所在楼层内值班人员报警,开启排烟设施。

(5)操作联动控制器,立即关闭空调通风设备,开启排烟风机,停止电梯运行。

以上步骤可同时进行。

第二步：

(1)消防控制中心用应急广播通知楼内人员疏散,并告诉疏散人员沿主楼两个楼梯和裙楼南楼梯疏散。

(2)消防控制中心按操作步骤切换供电系统,启动消火栓泵和喷淋泵等自动灭火消防设施,确认常开式防火门、防火卷帘和防火阀的关闭信息反馈情况,一旦发现不正常情况,及时通知相关人员补救。

(3)总指挥部到达前院消防控制室门前位置,按程序指挥灭火和疏散。

(4)灭火行动组在前院指定位置集合,第一小组沿主楼东楼梯或消防电梯进入二层,观察火情并进行灭火。

(5)疏散引导组组织人员疏散。

(6)灭火行动组指定人员到北大门迎接公安消防队。

以上步骤可同时进行。

第三步：

(1)消防控制中心反复通知楼内人员疏散,疏散路径同上。

(2)灭火行动组第二战斗小组沿主楼东楼梯或消防电梯进入二层增援灭火。

(3)救护组调集2台以上车辆在指定位置待命,其余人员分两组在大楼南北两个出口守候。

(4)疏散引导组反复清点人数,掌握未撤出人员数量及所在位置。

以上步骤可同时进行。

第四步：

(1)消防控制中心应反复和各楼层值班人员和消防设施操作间的工作人员联系,收集火灾发展情况和各自动消防系统操作反馈信息,保证自动灭火、防火分隔、防排烟系统的正常运行。

(2)疏散引导组清点人数,确定被困人员数量及所在位置。

(3)总指挥部研究营救被困人员方案。

(4)如果火势太大,总指挥部下达灭火行动组撤离命令;如果火灾蔓延到4层,命令9楼调度大厅人员沿主楼两个楼梯撤离。

以上步骤可同时进行。

第五步：

(1)总指挥部调集有关人员,配合公安消防队灭火和营救被困人员。

(2)救护组将受伤人员迅速送到医院救治。

第六步：

(1)配合公安消防队扑灭火灾,排除险情。

（2）疏散引导组对大楼内进行彻底搜救，灭火行动组对过火部位进行清理。演练结束。

附演练记录表（见表9-1）。

表9-1 20＿＿＿年度第＿＿＿次灭火应急疏散演练记录表

演练时间：	总指挥：	副总指挥
设定火灾 事故内容		
灭火行动组 参加人员		
通信联络组 参加人员		
疏散引导组 参加人员		
救护组参加人员		
演练实施简况 （起止时间、参与总 人数、疏散用时、各 组行动简况等）		
演练评价		
改进措施		

审核人：　　　　　　记录人：　　　　　　记录时间：

第二节　初起火灾应急预案的实施

一、报告火警

在火灾发生时，及时报警是及时扑灭火灾的前提，这对于迅速扑救火灾、减轻火灾危害、减少火灾损失具有非常重要的作用。因此，《消防法》规定：任何人发现火灾都应当立即报警。任何单位、个人都应当无偿为报警提供便利，不得阻拦报警。严禁谎报火警。

报告火警主要是指发现火灾后，应当立即拨打火警电话"119"。

1.报火警的对象

(1)向公安消防队报警。公安消防队是灭火的主要力量,即使失火单位有专职消防队,也应向公安消防队报警,绝不可等个人或单位扑救不了再向公安消防队报警,以免延误灭火最佳时机。

(2)向本单位或邻近单位专职、义务消防队报警。很多单位有专职消防队员,并配置了消防车等消防装备,单位一旦有火情发生,要尽快向其报警,以便争取时间投入灭火战斗。特别是单位距离公安消防队较远,邻近有其他企业消防队的,应当就近报警求援。

(3)向受火灾威胁的人员发出警报,以便他们迅速做好疏散准备尽快疏散。装有火灾自动报警系统的场所,在火灾发生时会自动报警。没有安装火灾自动报警系统的场所,可以根据条件采取下列方法报警:使用警铃、汽笛或其他平时约定的报警手段报警,或使用应急广播系统,利用语音喇叭迅速通知被困人员。

(4)按灭火预案迅速向单位最高预案实施指挥组织人员报警,以迅速启动预案,组织人员扑救和人员疏散。

2.报火警的内容

在拨打"119"火警电话向公安消防队报火警时,必须讲清以下内容:

(1)发生火灾单位或个人的详细地址。详细地址包括街道名称、门牌号码、靠近何处、附近有无明显的标志;大型企业要讲明分厂、车间或部门;高层建筑要讲明第几层等。总之,地址要讲得明确、具体。

(2)火灾概况。主要包括起火的时间、场所和部位,燃烧物的性质、火灾的类型、火势的大小,是否有人员被困、有无爆炸和毒气泄漏等。

(3)报警人基本情况。主要包括姓名、性别、年龄、单位、联系电话号码等。

二、人员和物资的安全疏散

1.人员安全疏散的组织

公众聚集场所,医院的门诊楼、病房楼,学校的教学楼、图书馆、食堂和集体宿舍,养老院、福利院,托儿所,幼儿园,公共图书馆的阅览室,公共展览馆、博物馆的展示厅,劳动密集型企业的生产加工车间和员工集体宿舍,旅游、宗教活动场所等人员密集场所,一旦起火,如果疏散不力,极易造成人员群死群伤的严重后果。所以该处所发生火灾,人员疏散是头等任务。因此,《消防法》规定:人员密集场所发生火灾,该场所的现场工作人员应当立即组织、引导在场人员疏散。

组织人员疏散应注意以下问题:

（1）制订安全疏散计划。按人员的分布情况，制订在火灾等紧急情况下的安全疏散路线，并绘制平面图，用醒目的箭头标示出出入口和疏散路线。路线要尽量简捷，安全出口的利用率要平均。对工作人员要明确分工，平时要进行训练，以便火灾时按疏散计划组织人流有秩序地进行疏散。

（2）保证安全通道畅通无阻。在经营时间里，工作人员要坚守岗位，并保证安全走道、疏散楼梯和出口畅通无阻。安全出口不得锁闭，通道不得堆放物资。组织疏散时应进行宣传，稳定情绪，使大家能够积极配合，按指定路线尽快将在场人员疏散出去。对于起火层的疏散楼梯口，要有专门人员值守，随时关闭因人员进入而打开的防火门，防止烟气进入疏散楼梯间或前室。

（3）安全疏散时要酌情通报情况，做到有秩序疏散。对火场情况如何通报，可视具体火情而定。在火灾初期阶段，人们还不知道发生火灾，若被困人员多，且疏散条件差、火势发展比较缓慢，失火单位的领导和工作人员就应首先通知起火点附近、起火楼层和相邻的上下层或最不利区域内的人员，让他们先疏散出去，然后视情况再通报其他人员疏散。在火势猛烈，并且疏散条件较好的情况下，可同时公开通报，让全体人员疏散。也可通过消防控制室开启事故广播系统，按照烟、火蔓延扩散威胁的严重程度区分不同的区域层次顺序，逐楼层、逐区域地通知，并沉着、镇静地指明疏散路线和方向。各区域的工作人员也要灵活运用扩音器、便携式扬声器等设备。

（4）分组实施引导。人员密集场所一旦发生火灾，人们可能会蜂拥而滞于通道口，造成互相拥挤，甚至发生踩踏。因此，疏散人员应迅速赶到各自负责的通道、楼梯及出口等地段，启用各种照明设施，用手势或喊话的方式引导人员疏散，稳定人员情绪，维护疏散秩序。

2.人员安全疏散的方法

（1）稳定情绪，维护现场秩序。火灾时，在场人员有烟气中毒、窒息以及被热辐射、热气流烧伤的危险。因此，发生火灾后，首先要了解火场有无被困人员及被困地点和抢救的通道，以便进行安全疏散。有时人们虽然未受到明火的直接威胁，但处于惊慌失措的紧张状态，此时通过消防应急广播或喊话宣传，稳定疏散人群的情绪。同时也要尽快地组织疏散，撤离火灾现场。一般情况下，绝大多数的火灾现场被困人员可以安全疏散或自救，脱离险境。因此，必须坚定自救意识，不惊慌失措，冷静观察，采取可行的措施进行疏散自救。

（2）鱼贯地撤离。疏散时，如人员较多或能见度很差时，应在熟悉疏散通道的人员带领下，鱼贯地撤离起火点。带领人可用绳子牵领，用"跟着我"的喊话或前后扯着衣襟的方法将人员撤至楼梯间或室外安全地点。

(3)做好防护,低姿撤离。在撤离火场途中被浓烟所围困时,由于烟雾一般是向上流动,地面上的烟雾相对地说比较稀薄,因此,可采取低姿势行走或匍匐穿过浓烟区的方法,如果有条件,可用湿毛巾等捂住嘴、鼻或用短呼吸法,用鼻子呼吸,以便迅速撤出浓烟区。如果现场配有防烟面罩,要充分利用并正确佩戴。当烟雾较大时要注意观察疏散指示标志,防止走错路线,耽误时间。

(4)积极寻找正确逃生方法。在发生火灾时,首先应该想到通过安全出口、疏散通道和疏散楼梯迅速逃生。要求在入住时,首先阅读房间门后的疏散路线图,了解自己所处的位置,离哪个楼梯口近,出门后的转向;出门后要观察火灾的位置,寻找未遭烟火威胁的楼梯口,切勿盲目乱窜或奔向电梯(因为火灾时电梯的电源常常被切断,同时电梯井烟囱效应很强,烟火极易向此处蔓延)。在逃生的过程中,一旦人们蜂拥而出,造成安全出口的堵塞,或逃生之路被火焰和浓烟封住时,应充分利用建(构)筑物内配备的消防救生器材,如缓降器、缓降袋等,或选择落水管道和窗户进行逃生。通过窗户逃生时,可用窗帘或床单、被罩等撕成长条,挽接成安全绳,用于滑绳自救。当大火封门无法出逃时,可采用湿布塞填门缝阻止烟火窜入,或向门上泼水延长门的耐火时限,打开背火面窗户呼救,或用手电光、金属敲击声示警,绝对不能急于跳楼,以免发生不必要的伤亡。

(5)自身着火的应急处置办法。火灾时一旦外衣帽着火,应尽快地把衣帽脱掉,踩踏灭火,切记不能奔跑,防止把火种带到其他场所,引起新的着火点。当身上着火,着火人也可就地倒下打滚,把身上的火焰压灭;在场的其他人员也可用湿麻袋、毯子等物把着火人包裹起来以窒息火焰;或者向着火人身上浇水,帮助受害者将烧着的衣服撕下;或者跳入附近池塘、小河中将身上的火熄掉。

(6)保护疏散人员的安全,防止再入"火口"。火场上脱离险境的人员,往往因某种心理原因的驱使,不顾一切,想重新回到原处,急于救出被围困的亲人,或怕珍贵的财物被烧,想急切地抢救出来等。这不仅会使他们重新陷入危险境地,且给火场扑救工作带来困难。因此,火场指挥人员应组织人安排好这些脱险人员、做好安慰工作,以保证他们的安全。特别是已经疏散到屋顶平台或室外露台的人员一定要稳定情绪,等待救援,切不可重返室内。

3.重要物资的安全疏散

(1)应及时疏散的物资:

1)疏散可能造成扩大火势和有爆炸危险的物资;

2)疏散性质重要、价值昂贵的物资;

3)疏散影响灭火战斗的物资。

(2)组织疏散的要求:

1）将参加疏散的职工或群众编成组,指定负责人,使整个疏散工作有秩序地进行；

2）先疏散受水、火、烟威胁最大的物资；

3）尽量利用各类搬运机械进行疏散；

4）怕水的物资应用苫布进行保护；

5）根据火灾发展蔓延情况,当火灾失去控制时应及时撤出人员,保证物资抢救人员的安全。

4.控制火灾蔓延

在初起火灾处置中,除救人和疏散物资外,还应当考虑控制火灾的蔓延。其具体措施如下：

（1）关闭防火门、防火卷帘。防火门、防火卷帘是防护分区分隔和保证人员疏散通道安全的重要设施。由于各种原因,一般常闭式防火门并不能保证关闭状态,因此发生火灾后应尽快关闭防火门,并在有人员疏散的门口有人值守,以便把火灾局部限制,防止蔓延扩大,防止烟气扩散流动,同时保证疏散路线的畅通。防火门、防火卷帘的关闭方式可以自动关闭,也可以手动关闭,应根据发现火灾时的具体情况确定。

1）根据火灾蔓延的基本规律,一般都是从起火层向上蔓延,而上层逃生者要通过起火层向下疏散。为防止起火层烟气窜入楼梯间或通过楼梯间向上蔓延,所以起火层的防火门及防火卷帘要首先关闭,其中楼梯间、中庭和自动扶梯等纵向分区为先,其次为水平分区、其他楼层依次关闭。

2）对自动关闭的防火门,在发现烟气后不要等待自动关闭。应用手动关闭。特别是安装有感温探测器的常开式防火门,由于烟气先行污染,可根据人员疏散情况,在确认人员基本疏散后尽早手动关闭,无须等感温探测器动作。

3）关闭不带疏散小门的防火卷帘时,为防止烟气流入,可暂时下降一半。待疏散完毕后全部下降关严。

4）防火卷帘附近有可燃物时,尽可能移到远处后关闭。

（2）通风、空调设备的使用。起火时空调通风设备继续运转,烟会进入风道引起烟气扩散和由于送入新鲜空气而助长火灾蔓延扩大,原则上应立即关停。但对地下建筑起火,考虑到地下排烟不畅,立即关停通风设备有可能引起地下人员窒息,可适当延时,在确保人员疏散后立即关闭；对于避难走道和防烟楼梯间及其前室,应启动正压送风系统,使该区域保持正压状态,防止人员疏散时烟气进入。

（3）排烟设备的使用。排烟设备的作用是排除高温和有毒烟气,帮助顺利开展起火层的初期疏散和灭火。但该设备运转时,新鲜空气会流入起火区帮助燃烧,但从排烟机能排出高温烟气,同时也能延缓火灾蔓延的角度看,它还是利大于弊,特别是有利于改善人员疏散的环境,也利于义务消防队的灭火活动,应尽早开启。

排烟方式有自然排烟(设排烟窗等)和强制排烟(机械排烟)两种方式,采用何种方式应根据需要排烟的部位和现场情况灵活处置。

1) 自然排烟的处置方式。

a.起火层的值班人员在起火同时操作手动开启装置(手柄、锁、拉绳等)打开排烟口。对于楼道尽端的固定排烟窗,可用重物直接击碎玻璃,以利排烟。但对起火房间附近的窗户,由于室外空气会进入,造成烟气倒流反而扩大烟火蔓延不必开启。

b.起火楼层以外各层的疏散楼梯及其前室的排烟窗打开后在风向不利的情况下,有可能造成烟气倒灌,影响疏散时也可酌情关闭排烟窗。

2) 机械排烟的处置方式。

a.机械排烟功率有限,原则上只考虑起火层火源附近的一个防烟分区的排烟。其他的防烟分区不可随便开启操作。

b.通过消防控制中心等进行广播指示,禁止起火层火源附近以外的排烟分区启动操作,有启动场所时应指示立即复位。

c.起火分区在手动启动排烟时,应同时报告消防控制中心。消防控制中心远距离进行排烟启动时要同起火层的安全值班员密切联系。

d.为了提高排烟效果,当不影响疏散时,应尽快关闭防火门、防火卷帘和释放挡烟垂壁。

e.为了防止烟火通过排烟管道蔓延,当确认火灾现场无人时,应及时强制切断排烟防火阀并关停排烟风机。

(4)电梯、自动扶梯的处置。

1) 发生火灾时,电梯会形成烟气的通道,电源一旦断开还会使梯内人员困在电梯中,故应停止电梯的运转。

2) 平时无人员操纵的电梯,应事先设定在避难层指定紧急停止,当电梯到达避难层后,使其停止运转,或由消防控制中心操控让消防电梯紧急停在避难层。

3) 操作员同乘电梯时,一旦获知火灾信息,原则上直接停在停靠层,乘客下完后按运行停止按钮关门。若停靠层起火,应使电梯紧急停靠在起火层的下一层或上一层,切不可侥幸归底。

4) 自动扶梯无论在起火层及其上下层,起火同时要停止运行,对其他楼层从下而上依次停止。停止时应按动扶梯上下位置旁的停止按钮,并同时通知消防控制室降落扶梯周围的防火卷帘。

（5）危险品的转移和处置。

1）火灾发生场所的可燃性危险品容器,燃气瓶、合成树脂等堆积物会引起燃烧爆炸,影响灭火行动,应尽可能转移到安全场所。对正在使用的燃气瓶等用火设备器具,要立即停止运行使用,关闭管道阀门式容器上的角阀切断气源。对已着火且闭角阀已失效的钢瓶应用边冷却边移动的方法迅速移至开阔地带,在冷却保护下,让其稳定燃烧,不必强行扑灭。避免因气体泄漏形成新的危险源。

2）当危险品无法移动时,由于危险品可能会发生爆炸,危及职工、消防员及附近居民的安全,应迅速向消防队报告,并及时将施救人员撤出危险区域。

3）高层建筑由于灭火活动使用大量的水往往会造成二次灾害,因此,必须尽力不使消防水进入电气室、精密仪器室、电子计算机室、档案资料室、消防电梯等。为此,应对这些场所的出入口及起火层的楼梯出入口等采用防水布、沙土等拦挡防护措施。特别是对起火点以下的楼层,灭火时往往会有水从楼梯、管道井等纵向通道流下,对下层的这些部位要优先采取防水措施。

三、初起火灾扑救

火灾初起阶段,一般燃烧面积小,火势较弱,在场人员如果能采取正确的方法,就能将火扑灭。如果错过了初起灭火的时机或初起灭火失败,火势蔓延将造成惨重的损失。所以发生火灾的单位除应立即报警外,还必须立即组织力量扑救火灾,及时抢救人员生命和公私财产,这对防止火势扩大、减少火灾损失具有重要的意义。因此,《消防法》规定:任何单位发生火灾,必须立即组织力量扑救。邻近单位应当给予支援。

1.火灾扑救的指导思想和原则

无论是义务消防人员还是专职消防队人员,在扑救初起火灾时,必须坚持"救人第一"的指导思想,遵循先控制后消灭、先重点后一般的原则。

（1）救人第一。火灾发生后,应当立即组织营救受困人员,疏散、撤离受到威胁的人员,坚持"救人第一"的指导思想,优先保障遇险人员的生命安全,把保护人民群众生命安全作为事故处置的首要任务,体现"以人为本"思想。

（2）先控制。先控制是指扑救火灾时,先把主要力量部署在火场上火势蔓延的主要方面,设兵堵截,对发展的火势实施有效控制,防止蔓延扩大,为迅速消灭火灾创造有利条件。

对不同的火灾,有不同的控制方法。一般地说,有直接控制火势,如利用水枪射流、水幕等拦截火势,防止灾情扩大。对于易燃易爆企业的工艺装置起火,不可贸然断电,停止装置运行。首先要考虑采取工艺措施,如切断物料供应,切断热源供给,降低压力,或者采取放散燃烧等应急措施,防止火灾扩大和发生爆炸事故。也有间接控制火势,如对燃烧的和邻近的液体或气体储罐进行冷却,防止罐体变形破坏或爆炸,防止油品沸溢,阻止可燃液体流散,制止气体外喷扩散,防止飞火,防止复燃,排除或防止爆炸物发生爆炸等均是间接控制。

(3)后消灭。后消灭就是在控制火势的同时,集中兵力向火源展开全面进攻,逐一或全面彻底消灭火灾。后消灭,是在控制的前提下,主动向火点进攻,在控制过程中开始进行消灭,直到迅速全面彻底消灭火灾。

在火场上,当灭火力量处于优势时,应在控制火势过程中积极主动及时消灭火灾;灭火力量处于劣势(不足)时,必须设法扭转被动局面,应积极主动从控制火势入手,控制火势蔓延或控制、减缓火势蔓延速度,或者选择作战重心,在某一方面设置阵地,控制火势向重要部位或可能发生爆炸使火灾失控的方向蔓延,并应积极调集增援力量,改变被动局面去夺取灭火战斗的胜利。

2.火灾扑救的基本战术措施

在火灾扑救中,首先要根据可燃物的不同选择合适的灭火器材并适时地采取冷却、隔离、窒息、抑制等基本灭火方法扑灭初起火灾,一旦失去控制可视情况及时采取堵截、快攻、排烟、隔离等基本战术措施。

(1)堵截。堵截火势,防止蔓延或减缓蔓延速度,或在堵截过程中消灭火灾,是积极防御与主动进攻相结合的火灾扑救基本方法。

在实际应用中,当单位灭火人员不能接近火场时,应根据着火对象及火灾现场实际,果断地在蔓延方向设置水枪阵地、水帘,关闭防火门、防火卷帘、挡烟垂壁等,堵截蔓延,防止火势扩大。

(2)快攻。当灭火人员能够接近火源时,应迅速利用身边的灭火器材灭火,将火势控制在初期低温少烟阶段。

(3)排烟。除启动建筑内部火灾场所的自动排烟设施外,利用门窗、破拆孔洞将高温浓烟排出建筑物外,也是引导火势蔓延方向、减少火灾损失的重要措施。

(4)隔离。针对大面积燃烧区或火情比较复杂的火场,根据火灾扑救的需要,将燃烧区分割成两个或数个战斗区段,以便于分别部署力量将火扑灭。

3.初期灭火的要领

初期灭火时要有效地利用灭火器、消防水桶、室内消火栓等消防设施与器材,以及可资利用的其他简易灭火工具,如灭火毯、湿被褥和铁锹、沙土等。

(1)离火灾现场最近的人员,应根据火灾的种类正确有效地利用附近灭火器等设备与器材进行灭火,且尽可能多地集中在火源附近连续使用。

（2）灭火人员在使用灭火器具的同时，要利用最近的室内消火栓进行初期火灾扑救。

（3）灭火时要考虑水枪和灭火器的有效射程，尽可能靠近火源，压低姿势，向燃烧着的物体喷射。

（4）灭火人员要注意个人防护，根据火情准确判断火灾对自身安全的影响。火灾初起可只身灭火，稍大时要双人操作，准备接应并采取简易防烟措施。

第三节　火灾处置中的现场保护

火灾处置中，发生火灾的单位和相关人员在扑救火灾、组织人员疏散和物资抢救的同时，应当按照公安机关消防机构的要求保护现场，以防止人为的不经意行为对火灾现场进行破坏。

1.火灾现场保护的目的

火灾现场是火灾发生、发展和熄灭过程的真实记录，是公安机关消防机构调查认定火灾原因的物质载体。保护火灾现场的目的是为了火灾调查人员发现、提取到客观、真实、有效的火灾痕迹、物证，确保火灾原因认定的准确性。因此保护火灾现场不仅是火灾扑灭后的事情，在火灾扑救期间就应该实施一定的保护措施。

2.扑救中火灾现场保护的要求

（1）在抢救人员时，特别是抢救火灾中的受伤死亡人员时一定要准确记录伤亡人员的所在位置、躺倒的姿势、受伤部位、衣物的烧损部位（必要时要将残留的衣物收集保存）、躺倒位下面地面的烧损和污染情况、附近物质的状态，以及伤亡人员当时有无生命迹象等。

（2）在抢救物资时，记录当时火势发展的方向和周围物资的烧损情况，从起火部位附近所抢救出来的物资要专门放置，记住前后顺序，以便公安消防机构人员在火灾现场勘查时对起火部位的情况进行复原勘查。

（3）除了有组织地进行人员抢救和物资抢救外，应禁止其他无关人员进入现场，防止这些人随意移动现场物件或破坏现场。当不能确定无关人员时，应记录进入现场的人员姓名及活动范围。

（4）对爆炸现场，除对现场进行看守外，还应对周围的爆炸抛出物进行监控，防止有人随意拿走，以免影响对爆炸物的认定和对爆炸威力的分析计算。

（5）在处置火灾初期，要及时记录对电源、火源、气源的处置过程、处置人等情况。

（6）单位保卫人员在侦查火情时，应注意保护起火部位和起火点，并在公安消防队到达时，及时告知消防队，以便消防队实施灭火行动。特别是在扫灭残火时，尽量不实施破拆或变动物品的位置，以保持起火部位燃烧的自然状态。

（7）单位保卫人员要服从统一指挥，遵守纪律，坚守岗位，不得擅离职守，除杜绝其他人员进入现场外，保卫人员本人也不得私自进入现场，不准触摸、移动、拿用现场物品，自始至终保护好现场，防止人为地破坏。

（8）对露天现场，首先要将发生火灾的地点和留有火灾痕迹、物证的一切场所划入保护范围。在情况尚不大清楚的时候，可以将保护范围适当扩大一些，待公安消防现场勘查人员到达后，可酌情缩小保护区，同时按公安消防部门的要求布置警戒。对重要部位可绕红白相间的警戒带划出警戒圈或设置屏障遮挡。如果火灾发生在一般交通道路上或农村，可实行全部封锁或部分封锁重要的进出口处，布置路障并派专人看守；在城市由于行人、车辆流量大，封锁范围应尽量缩小，并由公安专门人员负责治安警戒、疏导行人和车辆。

对室内现场，主要是在室外门窗下布置专人看守，或者对重点部位加封；对现场的室外和院落也应划出一定的禁入范围。对于私人房间要做好房主的安抚工作，讲清道理，劝其不要急于清理。

对大型火灾现场，可利用原有的围墙、栅栏等进行封锁隔离，尽量不要影响交通和居民生活。

3.痕迹与物证的现场保护方法

对于可能证明火灾蔓延方向和火灾原因的任何痕迹、物证，均应严加保护。为了引起人们注意，可在留有痕迹、物证的地点做出保护标志。对室外某些痕迹、物证、尸体等应用席子、塑料布等加以遮盖。对现场抢救出来的物品，不要急于清理，统一堆放并作适当标记，予以保护。

4.现场保护中的应急措施

保护现场的人员不仅限于布置警戒、封锁现场、保护痕迹物证，由于现场上有时会出现一些紧急情况，所以现场保护人员要提高警惕，随时掌握现场的动态，发现问题时，负责保护现场的人员应及时对不同的情况积极采取有效措施进行处理，并及时向有关部门报告。

（1）扑灭后的火场往往可能死灰复燃，甚至二次成灾时，要迅速有效地实施扑救，酌情及时报警。有的火场扑灭后善后事宜未尽，现场保护人员应及时发现，积极处理，如发现易燃液体或者可燃气体泄漏，应关闭阀门；发现有导线落地时，应切断有关电源；有遗漏的尸体时，应及时通知消防部门处理。

(2)对遇有人命危急的情况,应立即设法施行急救;对遇有趁火打劫,或者二次放火的,要及时采取有效措施;对打听消息、反复探视、问询火场情况以及行为可疑的人要多加小心,纳入视线后,必要情况下报告公安机关。

(3)危险物品发生火灾时,无关人员不要靠近,危险区域实行隔离,禁止进入,人要站在上风处,离开低洼处。对于那些一接触就可能被灼伤,或有毒物品、放射性物品的火灾现场,进入现场的人,要佩戴滤烟口罩或呼吸器,穿全身防护衣;对有可能泄露放射线的装置要等待放射线主管人员到达,按其指示处理,清扫现场。

(4)被烧坏的建筑物有倒塌危险并危及他人安全时,应采取措施使其固定。如受条件限制不能使其固定时,应在其倒塌之前,仔细观察并记下倒塌前的烧毁情况,必要时可对随时可能倒塌的建筑采取拆除,但应对原始状态进行照相或录像;采取移动措施时,尽量使现场少受破坏,事前应详细记录现场原貌或照相固定。

思 考 题

1. 简述《消防法》对单位、个人报火警的义务是如何规定的。

2. 简述报火警的方法和内容。

3. 应急预案要求有哪些组织机构?

4. 《消防法》对人员密集场所发生火灾后的现场工作人员有哪些职责和义务规定?

5. 简述人员密集场所人员安全疏散的注意事项。

6. 简述人员安全疏散的方法。

7. 组织物资疏散的基本要求是什么?

8. 火灾扑救的指导思想和原则是什么?

9. 简述扑救初起火灾的方法。

10. 火灾现场保护的目的是什么?

11. 简述火灾现场保护的基本要求和方法。

第十章

消防控制室的管理与操作

———————— ★ ————————

消防控制室是设有火灾自动报警设备和消防设施控制设备,用于接收、显示、处理火灾报警信号,控制相关消防设施的专门场所,是扑救初起火灾和处理相关应急预案的信息指挥中心,是建筑内消防设施控制的中心枢纽。

第一节　消防控制室简介

一、消防控制室的作用

消防控制室是火灾自动报警系统信息显示中心和控制枢纽,是建筑消防设施日常管理专用场所,也是发生火灾时灭火指挥信息的发布和消防设施控制中心。在平时,它全天候地监控建筑消防设施的工作状态,通过监控及时发现消防系统出现的问题,并通知有关部门及时维护保养,以保证建筑消防设施正常运行。一旦出现火情,它将成为紧急信息汇集、显示、处理的中心,及时、准确地反馈火情的发展过程,正确、迅速地控制各种相关设备,达到疏导和保护人员、控制和扑灭火灾的目的。

消防控制室主要有如下功能:

(1)显示火灾自动报警系统所监控消防设备的火灾报警、故障、联动反馈等工作状态信息。

(2)手动、自动控制各类灭火系统、通风防排烟系统、防火分隔系统及人员疏散、消防电梯等相关的设施设备。

（3）采用建筑消防设施平面图等图形显示各种报警信息和传输报警信息，显示各信息编码地址。

（4）可向火灾现场指定区域广播应急疏散信息和行动指挥信息。

（5）可与消防泵房、主变配电室、备用发电机房、通风排烟机房、电梯机房、电话总机房、供气供热动力站、区域报警控制器（或楼层显示器）值守台及固定灭火系统操作装置处固定电话分机通话，进行火灾确认和灭火救援指挥。

（6）可向消防部门报警。

二、消防控制室的设置

1.设置要求

消防控制室根据建筑物的实际情况，可独立设置，也可以与消防值班室、保安监控室、综合控制室等合用，并保证专人24h值班。

（1）仅有火灾探测报警系统但无消防联动控制功能时，可设消防值班室，消防值班室可与经常有人值班的部门合并设置。

（2）设有火灾自动报警系统和自动灭火系统或设有火灾自动报警系统和机械防（排）烟设施的建筑，应设置消防控制室。

（3）具有两个及以上消防控制室的大型建筑群，应设置消防控制中心。

2.设计要求

（1）单独建造的消防控制室，其耐火等级不应低于二级。

（2）附设在建筑物内的消防控制室，宜设置在建筑物内首层的靠外墙部位，亦可设置在建筑物的地下一层，但应采用耐火极限不低于2h的隔墙和1.5h的楼板与其他部位隔开，并应设直通室外的安全出口。

（3）消防控制室的门应向疏散方向开启，且入口处应设置明显的标志。

（4）消防控制室的送、回风管在其穿墙处应设防火阀。

（5）消防控制室内严禁与其无关的电气线路及管路穿过。

（6）消防控制室周围不应布置电磁场干扰较强及其他影响消防控制设备工作的设备用房。

三、消防控制室内设备构成及布置

1.设备构成

消防控制室应由火灾报警控制器、消防联动控制器、消防控制室图形显示装置、报警信息打印显示装置、火灾应急广播、消防专用电话等全部或部分设备组合构成;消防控制室应设有可直接报警的外线电话。

2.设备布置

消防控制室的消防控制设备、值班、维修人员都要占有一定的空间。为便于设计和使用,又不致造成浪费,《火灾自动报警系统设计规范》对消防控制室内控制设备的布置做了明确规定:

(1)设备面盘前的操作距离:单列布置时不应小于1.5m;双列布置时不应小于2m。

(2)在值班人员经常工作的一面,设备面盘至墙的距离不应小于3m。

(3)设备面盘后的维修距离不宜小于1m。

(4)设备面盘的排列长度大于4m时,其两端应设置宽度不小于1m的通道。

(5)集中火灾报警控制器或火灾报警控制器安装在墙上时,其底边距地面高度宜为1.3~1.5m,其靠近门轴的侧面距墙不应小于0.5m,正面操作距离不应小于1.2m。

四、消防控制室管理

近年来,一些大型公用建筑屡屡发生重大火灾,造成重大人员伤亡和经济财产损失。在为数众多的建筑物火灾中,有的造成了重大的伤亡损失,而有的却受损较轻,究其原因,其安全管理水平和消防设施能否发挥作用是非常关键的。特别是高层建筑,内部消防设施的作用更显重要。

消防控制室是建筑消防设施日常管理和火警应急处理的专用场所。消防控制室管理水平是决定建筑安全管理水平和建筑消防设施能否发挥作用的关键。

1.消防控制室值班人员的配备

根据消防控制室的性质,其值班人员应按下列原则配备:

(1)消防控制室必须实行每日专人24h值班。

(2)每班不应少于2人,保证随时有人在岗值守;每班连续工作时间不宜超过8h。

(3)值班人员应通过消防特有工种职业技能鉴定,持有初级技能以上等级的职业资格证书。对值班工作做到"六熟悉":熟悉消防控制室设备功能和性能,熟悉消防应急疏散和灭火预案,熟悉消防应急处置程序,熟悉消防设施功能和远程控制操作方法,熟悉消防控制室设备故障的排除方法,熟悉各受控设备反馈信号和判断设备的运行状态。

（4）值班人员应相对稳定，不能频繁更换。

2.消防控制室管理制度

（1）消防控制室应建立并实施"消防控制室值班管理制度"，明确消防值班人员责任和工作程序。

（2）消防控制室应根据具体的控制室设备使用要求制定涉及值班人员操作的详细的"操作规程"指导操作。

（3）消防控制室应建立"单位火灾事故应急疏散和灭火预案"，作为消防演习和火灾事故处理的行动指导。

（4）消防控制室应建立或委托建筑消防设施维护保养单位建立"建筑消防设施巡查方案及计划""建筑消防设施检测方案及计划""建筑消防设施维护保养方案及计划"。"建筑消防设施巡查记录表"的存档时间不应少于 1 年。"建筑消防设施检测记录表""建筑消防设施故障维修记录表""建筑消防设施维护保养计划表""建筑消防设施维护保养记录表"的存档时间不应少于 3 年。

（5）消防控制室应长期妥善保管相应的竣工消防系统设计图纸、安装施工图纸、各分系统控制逻辑关系说明、系统调试记录、建筑消防设施的验收文件、设备使用说明书。

第二节　消防控制室的主要设备

由于消防控制室设备主要用于监控建筑消防设施的工作状态，所以消防控制室设备的配置主要与所保护的建筑的防火级别、规模大小、复杂程度相关。对于仅有火灾探测报警而无消防联动控制功能的火灾自动报警系统，消防值班室或消防控制室设备只是一台火灾报警控制器；对于具有火灾报警功能和联动控制功能的火灾自动报警系统，消防控制室设备至少由一台火灾报警控制器（联动型）或火灾报警控制器和消防联动控制器组合构成；对于建筑规模较大、报警点数多、消防设施门类多、功能复杂的火灾报警和联动控制火灾自动报警系统，消防控制室设备一般由火灾报警控制器、消防联动控制器、消防控制室图形显示装置、火灾应急广播和消防电话总机等设备构成。

消防控制室还应有一部用于火灾报警的外线电话。

一、火灾报警控制器

1.火灾报警控制器的作用

火灾报警控制器是火灾自动报警系统的重要组成部分。在火灾自动报警系统中,火灾探测器是系统的"感觉器官",随时监视着保护区域火情。而火灾报警控制器,则是该系统的"大脑",是系统的核心,它是一种为火灾探测器、手动报警按钮等现场设备供电,接收、转换、处理和传递火灾报警、故障等信号,发出声光警报,并对自动消防设施等装置发出控制信号的控制装置。它的作用是供给火灾探测器稳定的供电,监视连接的各类火灾探测器传输导线有无短路、断线故障,接收火灾探测器发出的报警信号,迅速、正确地进行转换和处理,指示报警的具体部位和时间,同时执行相应的辅助控制等诸多任务。

火灾报警控制器的功能主要如下:

(1)火灾报警功能:控制器能直接或间接地接收来自火灾探测器及其他火灾报警触发器件的火灾报警信号,发出火灾报警声、光信号,指示火灾发生部位,并予以保持,直至手动复位;记录纸同时打印记录火灾报警时间、火灾报警探头编码等信息。

(2)火灾报警控制功能:对联动型火灾报警控制器,控制器不但在火灾报警状态下有声音或光信号输出,还能够按照设计的预定逻辑编制各种联动公式,并按照预定的控制逻辑直接或间接控制其连接的各类受控消防设备和接收联动控制装置反馈信号。

(3)故障报警功能:控制器内部、控制器与其连接的部件间发生故障时,控制器能在 100s 内发出与火灾报警信号有明显区别的故障声、光信号。

(4)屏蔽功能:控制器具有对探测器等设备进行单独屏蔽、解除屏蔽操作功能。

(5)监管功能:控制器能直接或间接地接收来自防盗探测器等监管信号,发出与火灾报警信号有明显区别的监管报警声、光信号。

(6)自检功能:控制器能手动检查其面板所有指示灯、显示器的功能。

(7)信息显示与查询功能:控制器信息显示按火灾报警、监管报警及其他状态顺序由高至低排列信息显示等级,高等级的状态信息优先显示,低等级状态信息显示不应影响高等级状态信息显示,显示的信息与对应的状态一致且易于辨识。当控制器处于某一高等级状态显示时,能通过手动操作查询其他低等级状态信息,各状态信息不交替显示。

(8)电源功能:控制器的电源部分具有主电源和备用电源转换装置。当主电源断电时,能自动转换到备用电源。

2.火灾报警控制器的分类

火灾报警控制器可按不同方式进行分类。

(1)按系统连线方式分类。分为多线制火灾报警控制器、总线制火灾报警控制器、无线火灾报警控制器和联动型火灾报警控制器。

1)多线制火灾报警控制器。探测器与控制器之间连线采用多线方式,并联或串联在控制器每区连线上的探测器采用电流或电压方式进行信息传递,每个探测器没有编码地址。由于控制器采用多线方式,一般此类控制器连接探测器的容量有限,安装调试较复杂,适用于小型火灾报警系统。在国内,早期火灾报警控制器大多采用多线制,随着智能探测技术的发展,现基本被总线制火灾报警控制器取代。

2)总线制火灾报警控制器。探测器与控制器之间连线采用总线方式,并联在总线上的探测器与控制器采用总线通讯方式进行信息传递,每个探测器均有编码地址。总线制火灾报警控制器适用于大型火灾报警系统,布线简单,调试方便。目前在国内,总线制火灾报警控制器基本取代了多线制火灾报警控器,是现阶段消防控制器的主流设备。

3)无线火灾报警控制器。探测器与控制器之间采用无线传输方式,每个探测器均有编码地址。无线火灾报警控制器主要用于古建筑和临时建筑等不适于布线的特殊场所。但是随着以互联网为载体的智慧消防的出现,无线火灾报警控制将在城市消防控制中心、单位的消防控制室、家庭的火灾探测报警器和个人手机、电脑之间实现火灾信息的互联互通,大大提高了火灾信息的传递效率,是未来火灾报警技术发展的必然趋势。

4)联动型火灾报警控制器。对于小型、简单的建筑场所,仅设火灾自动报警而没有联动控制就可满足消防安全要求。这类火灾自动报警系统一般由火灾报警控制器、火灾探测器、手动报警按钮、声光报警器构成。而对于大型、功能复杂的建筑场所,由于报警区域大、灭火设施多,需要监控的建筑消防设施不仅有报警功能的各类火灾探测器,还应包括有关的消防联动控制装置。有关的消防联动控制装置主要为三部分,既有一般火灾报警控制器所包含的火灾报警控制器、火灾探测器、手动报警按钮、声光报警器等报警信息感知控制装置,还有包括防火卷帘控制器、常开式防火门的顺序闭门装置、防烟排烟控制装置等划分防火分区、防烟分区、限制火势蔓延、安全疏散设施设备的控制装置和消火栓、自动喷水灭火系统及其他各种自动灭火系统等灭火设施控制装置,以及火灾应急广播和消防专用电话等信息传递装置。

(2)按应用方式分类,分为独立型、区域型、集中型、集中区域兼容型火灾报警控制器。

1)独立型火灾报警控制器。不具有向其他控制器传递信息功能的火灾报警控制器。独立型火灾报警控制器直接连接火灾探测器,处理各种报警信息,不具有与其他控制器通信的功能,一般用于单台火灾自动报警控制器的小型火灾报警系统。

独立型火灾报警控制器安装在消防值班室或消防控制室。

2）区域型火灾报警控制器。具有向其他控制器传递信息功能的火灾报警控制器。区域型火灾报警控制器直接连接火灾探测器，处理各种报警信息，同时还与集中型火灾报警控制器相连接，向其传递报警信息。区域型火灾报警控制器一般安装在所保护区域现场或与集中型火灾报警控制器构成分散或大型火灾自动报警系统。

3）集中型火灾报警控制器。具有接收各区域型控制器传递信息的火灾报警控制器。集中型火灾报警控制器能接收区域型火灾报警控制器或火灾探测器发出的信息，并能发出某些控制信号使区域型火灾报警控制器工作。集中型火灾报警控制器一般容量都较大，可独立构成大型火灾自动报警系统，也可与区域型火灾报警控制器构成分散或大型火灾自动报警系统。集中型火灾报警控制器一般安装在消防控制室。

4）集中区域兼容型火灾报警控制器。它兼有区域、集中两级火灾报警控制器的功能。通过设置或修改某些参数实现区域型和集中型的转换。

（3）按结构分类，分为壁挂式、琴台式、柜式火灾报警控制器。

1）壁挂式火灾报警控制器。采用壁挂式机箱结构，适合安装在墙壁上，占用空间较小。一般区域型或集中区域兼容型火灾报警控制器常采用这种结构。

2）琴台式火灾报警控制器。采用琴台式结构，回路较多，内部电路结构大多设计成插板组合式，带载容量较大，操作使用方便。一般常见于集中火灾报警控制器。

3）柜式火灾报警控制器。采用立柜式结构，回路较多，内部电路结构大多设计成插板组合式，带载容量较大，操作使用方便，但较琴台结构占用面积小。一般常见于集中型或集中区域兼容型和联动型火灾报警控制器。

（4）按显示方式分类，还有数码管显示火灾报警控制器和液晶显示火灾报警控制器。

3.基本电路构成及工作原理

（1）控制器基本电路构成。

控制器电路一般由电源、总线驱动单元、中央处理单元、显示键盘操作单元、信息输入输出接口、通信接口等部分构成。

以典型的总线制火灾报警控制器为例，原理框图如图 10-1 所示。

1）电源：给控制器各电路单元供电。由主电、备电和充放电控制电路构成。

2）总线驱动单元：负责提供控制器连接的探测器等现场设备供电，与探测器等现场设备进行通信，完成对探测器等现场设备状态的状态监视和控制。主要由收发码电路和中央处理单元接口电路构成。

　　3)中央处理单元:中央处理单元是控制器电路的核心,主要由单片机及周围电路单元构成。通过总线驱动单元接收处理探测器等现场设备信号,实现故障监测和火灾报警;通过显示按键操作处理电路处理键盘输入信号和向显示器输出状态信息;通过输入输出接口单元实现火警、故障等报警信号输出;通过通信电路接口单元实现 CRT 联网和控制器联网功能。

　　4)显示键盘操作单元:完成控制器控制操作信息输入和输出信息显示。由键盘、显示器及驱动电路等构成。

　　5)输入输出接口单元:输入信息接收和控制输出驱动,如驱动打印机、火警继电器输出、声光警铃输出等。

　　6)通信接口单元:负责控制器联网和图形显示装置通信。

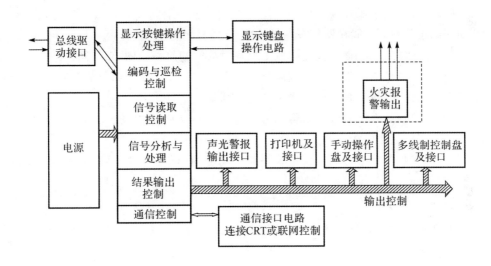

图 10-1　总线制火灾报警控制器框图

　　(2)控制器工作原理。火灾探测器是系统的感觉器官,随时监视周围环境的情况,而火灾报警控制器,则是系统的大脑,是系统的核心。火灾报警控制器通过总线驱动电路巡检连接的探测器等现场设备,被巡检的火灾探测器将工作状态报送给火灾报警控制器。当火情发生时,探测器将探测的火警信号通过总线传送至火灾报警控制器。火灾报警控制器的中央处理单元对报警信号进行处理,向显示器发出报警信息显示并启动相应报警音响,向打印机输出信息进行打印,如满足联动条件输出警报信号驱动,火灾报警输出触点动作。显示键盘操作电路实现控制器的各种键盘操作,从而实现控制器的各类操作。火灾报警控制器通过通信接口电路进行联网信息的传输,实现联网和图形显示装置的连接。

二、消防控制室图形显示装置

1. 作用

消防控制室图形显示装置是消防控制室用来接收火灾报警、故障信息,发出声光信号,并在显示器上的模拟现场的建筑平面图相应位置显示火灾、故障等信息的图形显示装置,图形显示装置也能向监控中心传输信息。

消防控制室图形显示装置主要功能如下:

(1)接收火灾报警控制器和消防联动控制器发出的火灾报警信号和(或)联动控制信号,并在 3s 内进入火灾报警和/或联动状态,显示相关信息。

(2)能查询并显示监视区域中监控对象系统内各消防设备(设施)的物理位置及动态状态信息,并能在发出查询信号后 5s 内显示相应信息。

(3)显示建筑总平面布局图和每个保护对象的建筑平面图、系统图。

(4)保护区域的建筑平面图应能显示每个保护对象及主要部位的名称,并能显示各类消防设备(设施)的名称、物理位置及其动态信息。

(5)在接收到系统的火灾报警信号后 10s 内可将确认的报警信息按规定的通信协议格式传送给监控中心。

(6)能接收监控中心的查询指令并能按规定的通信协议格式将规定的信息传送给监控中心。

2. 分类

按结构形式分类分为壁挂式、琴台式、柜式消防控制室图形显示装置。

3. 基本构成

消防控制室图形显示装置主要由主机、显示器、图形显示装置软件等软硬件设备组成。

4. 工作原理

消防控制室图形显示装置采用标准 85—232 通信方式或其他标准串行通信方式与火灾报警控制器之间进行通信,接收火灾报警、故障报警等信息,将信息实时显示在保护区域的建筑平面图相应位置上,并能显示各类消防设备(设施)的名称、物理位置等信息。

三、消防专用电话和消防应急广播

消防专用电话和消防应急广播是消防控制室设备的主要组成部分，既可以单独设置操作，也可以集成在火灾联动控制器上，作为火灾报警联动控制器的一部分。

消防专用电话是消防通信系统中十分重要的装置，它对能否及时报警、消防指挥系统是否畅通起着关键的作用，即兼有报警和指挥的功能。为保证火灾报警和消防指挥的畅通，要求消防专用电话的操作必须快捷、可靠。在消防控制室应设置消防专用电话总机和连接各个分机的插孔，当分机较多时可对分机作简单编码拨号联系。在现场设置的电话分机和消防控制室的联系应是专机专线，采用直接呼叫通话方式，无须拨号。消防控制室的总机应有录音功能。

要求设置消防专用电话分机的场所有公共建筑的各楼层、消防电梯及其前室、水泵房、配电房、备用发电机房、排烟机房、空调通风机房、锅炉房以及甲、乙类易燃易爆生产车间等，以便确认或通知火灾信息，指挥各值班部位的人工操作和应对突发事件。

消防应急广播也是消防控制室的重要组成部分，是消防控制室接到报警信号并确认后迅速向各楼层（部位）通知火灾信息的设备。它由功放机、传输线路、扬声器组成。功放机设在消防控制室，扬声器设在需要接收信息的场所。火灾信息可以由控制室值班人员直接播送，也可以预置方案通过录音播放。对于涉外宾馆或旅游景点还应准备相关外语广播。它的作用主要是报告灾情信息，引导人员安全有序疏散，消除人们的恐惧心理。操作时，可根据起火楼层、位置和火灾蔓延的速度、方向，选择性先通知距离起火楼层较近的楼层人员先行疏散，然后再依次通知较远楼层人员疏散，防止同时疏散造成人员拥挤、踩踏。如果楼层不多或疏散人员较少，也可对整栋建筑各楼层一并通知，以提高疏散效率。

第三节　火灾报警控制器的操作

火灾报警控制器由于生产厂家不同，操作界面可能有所不同，但基本功能是相同的。现以海湾消防设备厂生产的 JB－QG－GST9000 柜式火灾报警控制器为例，介绍它的操作方法。

一、基本操作

1. 开机

（1）操作目的：调试或维修完成后，开机使用。

（2）操作方法：打开主机主电电源开关，然后打开备用电开关，如有联动电源和火灾显示盘，再打开联动电源和火灾显示盘供电电源主电开关、备电开关，最后打开控制器工作开关。

（3）操作信息显示：系统上电进行初始化提示信息，声光检查信息，外接设备注册信息，注册结果信息显示。开机完成后进入正常监视状态。

2. 关机

（1）操作方法：关机过程按照与开机时相反的顺序关掉各开关即可。

（2）注意事项：要注意备电开关一定要关掉，否则，由于控制器内部依然有用电电路，将导致备电放空，有损坏电池的可能。由于控制器使用的免维护铅酸电池有微小的自放电电流，需要定期充电维护，如控制器长时间不使用，需要每个月开机充电 48h。如果控制器主电断电后使用备电工作到备电保护，此时电池容量为空，需要尽快恢复主电供电并给电池充电 48h，如果备电放空后超过 1 周不进行充电，可能损坏电池。

3. 自检

（1）操作目的：火灾报警控制器操作面板上具有"自检"键，在"系统运行正常状态"下按下此键能检查本机火灾报警功能，可对火灾报警控制器的音响器件、面板上所有指示灯（器）、显示器进行检查。在执行自检功能期间，受控制器控制的外接设备和输出接点均不动作。当控制器的自检时间超过 1min 或不能自动停止时，自检功能不影响非自检部位、探测区和控制器本身的火灾报警功能。

（2）操作方法：按下"自检"键。如自检多个功能，还要进一步选择菜单。

自检操作菜单：1—控制器声光显示自检；

2—声光警报自检；

3—手动盘、多线制控制器自检；

4—总线设备自检设置；

5—总线设备自检取消。

选"1"可进行控制器声光显示自检，系统将对控制器面板的指示灯、液晶显示器、扬声器进行自检。自检过程中面板指示灯全部点亮，液晶显示器上面显示的字符整屏向左平移，随后指示灯全部熄灭。随着自检过程进行各个指示灯再次一一点亮。扬声器依次发出消防车声、救护车声、机关枪声三种音响。自检结束后返回到菜单选择界面。

选"3"可进行手动盘、多线制控制器自检，系统将对手动盘、多线制控制器自检。手动盘自检过程中指示灯全部点亮，5s 后熄灭，随后面板上每一横排的指示灯依次点亮,最后熄灭;多线制控制器自检过程中面板的所有指示灯全部点亮,自检结束后熄灭。

(3)操作信息显示:当系统中存在处于自检状态的设备时,此灯点亮;所有设备退出自检状态后此灯熄灭;设备的自检状态不受复位操作的影响。

4.消音、警报器消音

(1)操作目的:在火灾报警控制器发生火警或故障等警报情况下,可发出相应的警报声加以提示,当值班人员进行火警确认时,警报声可被手动消除(按下"消音"键、"警报器消音"键),即消音操作,当再有报警信号输入时,能再次启动警报声音。"消音"消除控制器本机声音,"警报器消音"键消除控制器所直接连接的警报器声音。

(2)操作方法:按下"消音"键、"警报器消音"键。

(3)操作信息显示:按下"警报器消音"键时,"警报器消音"灯点亮。

5.复位

(1)操作目的:复位即是为使火灾自动报警系统或系统内各组成部分恢复到正常监视状态进行的操作。火灾报警控制器设有手动复位按键,当火警或故障等处理完毕后,直接按下"复位"键,复位后控制器将保持仍然存在的状态及相关信息或在一段时间内重新建立这些信息。

(2)操作方法:按下"复位"按键。

(3)操作信息显示:清除当前的所有火警、故障和反馈等显示;复位所有总线制被控设备和手动消防启动盘、多线制消防联动控制盘上的状态指示灯;清除正处于请求和延时请求启动的命令;清除消音状态。火灾报警控制器的屏蔽状态不受复位操作的影响。

举例:按下"复位"按键,首先出现密码提示窗口,复位成功后出现系统运行正常窗口。

6.屏蔽、取消屏蔽

(1)操作目的:当外部设备(探测器、模块或火灾显示盘)发生故障时,可将它屏蔽掉,待修理或更换后,再利用取消屏蔽功能将设备恢复到正常状态。

(2)操作方法:按下"屏蔽"键,执行屏蔽;按下"取消屏蔽"键,执行取消屏蔽。

(3)操作信息显示:有设备处于被屏蔽状态时,屏蔽指示灯点亮,此时报警系统中被屏蔽设备的功能丧失,需要尽快恢复,并加强被屏蔽设备所处区域的人工检查。控制器没有屏蔽信息时,屏蔽指示灯自动熄灭。

举例:

◇屏蔽

按下"屏蔽"键(若控制器处于锁键状态,需输入用户密码解锁),屏蔽操作界面显示。假设需要屏蔽的设备用户编码为 010125 的点型感烟探测器,其屏蔽操作应按照如下步骤进行:

1)输入欲屏蔽设备的用户编码"010125";

2)按"TAB"键,设备类型处为高亮条;

3)参照设备类型表,输入其设备类型"03";

4)按"确认"键存储,如该设备未曾被屏蔽,屏幕的屏蔽信息中将增加该设备,否则在显示屏上提示输入错误。

◇取消屏蔽

按下"取消屏蔽"键(若控制器处于锁键状态,需输入用户密码解锁),取消屏蔽操作界面显示。

1)输入欲释放设备的用户编码;

2)按"TAB"键,设备类型处为高亮条;

3)参照设备类型表,输入其设备类型;

4)按"确认"键,如该设备已被屏蔽,屏幕上此设备的屏蔽信息消失,否则显示屏上提示输入错误,输入欲释放设备的用户编码。

7.信息记录查询

(1)操作目的:火灾报警控制器操作面板上具有"记录检查"键,按下此键可以查看系统存储的各类信息,以了解每条信息,包括记录信息发生的时间、六位编码、类型及内容提要。

(2)操作方法:按下"记录检查"键。

(3)操作信息显示:液晶屏显示系统运行记录信息,并可进行查询操作。

8.启动方式的设置

(1)操作目的:对现场设备的手动、自动启动方式进行允许、禁止设置,避免由于人为误操作或现场设备误报警引发的误动作。

(2)操作方法:按下"启动控制"键,可按"TAB""↑""↓"键选择相应方式,按"确认"键存储,系统即工作在所选的状态下。

(3)操作信息显示:

1)手动方式是指通过主控键盘或手动消防启动盘对联动设备进行启动和停动的操作,手动允许时,屏幕下方的状态栏显示手动允许状态,只有控制器处于"手动允许"的状态下,才能发出手动启动命令。

2）自动方式是指满足联动条件后，系统自动进行的联动操作，其包括不允许、部分允许、全部允许三种方式。部分自动允许和全部自动允许时，面板上的"自动允许"灯亮。部分自动允许只允许联动公式中含有"＝＝"的联动公式参加联动。控制器只有处于"自动允许"的状态下，才能发出自动联动启动命令。

3）提示方式是指在满足联动条件后，而自动方式不允许时，手动盘的指示灯将闪烁提示。其选择方式包括"提示所有联动公式""只提示含＝＝的公式"以及"没有提示"三种方式。

二、主备电源运行检查

火灾报警控制器的电源部分由主电及备用电源组成，均具有手动控制开关，且能进行自动转换。火灾报警控制器具有主电及备用电源运行状态指示功能，当由主电供电时，"主电工作"指示灯（器）点亮，如果主电源发生故障，火灾报警控制器自动切换到备用电源供电，同时"备电工作"指示灯（器）及"故障"指示灯（器）点亮，"主电工作"指示灯熄灭。如控制器备电发生故障或欠压不能正常投入使用时，"故障"指示灯（器）点亮。

首先通过控制器面板指示灯（器）的显示情况，了解主电源、备电源的情况。如果主电源发生故障，应首先确认是主电源断电还是控制器或线路发生故障，如控制器或线路发生故障，应及时通知施工单位或厂家维修；如果备用电源发生故障，应确认是备电源断电控制器发生故障还是蓄电池亏电或损坏，当蓄电池亏电或损坏不能保证控制器备用电源正常使用时，应及时更换新的蓄电池。

此外，应定期检查主、备电源的切换和故障指示功能。关闭主电开关，检查备电的投切情况，查看故障指示灯是否点亮；恢复主电开关，查看主电投切情况，查看主电工作指示灯是否点亮。关闭备电开关，查看故障指示灯是否点亮；恢复备电开关且关闭主电开关，查看备电工作指示灯是否点亮。

第四节　火灾报警与故障处置

一、火灾报警的处置方法

火灾报警的处置方法如图 10-2 所示。

1. 火灾报警信息的确认

（1）火灾报警控制器报出并显示火警信号后，控制室值班人员应首先按下"消音"键消音，再依据报警信号确定报警点具体位置。

(2)通知另一名控制室值班人员或安保人员通过消防专用电话向报警地址值班人员确认或到报警点现场进行火灾确认;消防控制室内消防值班人员在控制室内随时准备实施系统操作。若消防控制室设有闭路监控系统,可直接将该系统切换至报警位置确认火情。

(3)现场火灾确认人员携带手提消防电话分机或对讲机等通信设备尽快到现场查看是否有火情发生。

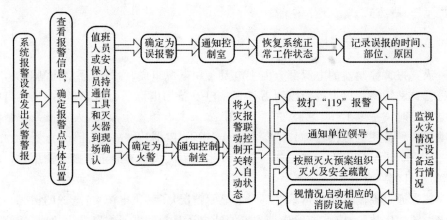

图 10-2　消防控制室火灾报警紧急处理程序流程图

2.火灾处置流程

(1)如确有火灾发生,现场火灾确认人员应立即用对讲机或到附近消防电话插孔处用消防电话分机等通信工具向消防控制室反馈火灾确认信息。可根据火灾燃烧规模情况决定利用现场灭火器材进行扑救还是立即疏散转移。

(2)消防控制室内值班人员接到现场火灾确认信息后,必须立即将火灾报警联动控制开关转入自动状态(处于自动状态的除外)。

(3)拨打 119 火警电话向消防部门报警。

1)拨打火警电话时,应首先摘机,听到拨号音后,再拨 119 号码。

2)拨通 119 后,应确认对方是否为 119 火警受理台,以免拨错。

3)准确报出建筑物所在地地址(路名、街区名、门牌号),说明建筑物所处地理位置及周围明显的建筑物或道路标志。

4)简要说明起火原因及起火物质、火灾范围。

5)等待接警人员提问,并简要准确地回答问题。

6)挂断电话后,通知消防巡查人员做好迎接消防车的各项准备工作。

(4)消防值班人员向消防值班经理和单位负责人报告火情,同时立即启动单位内部灭火和应急疏散预案。

（5）立即通知配电房切断起火部位相关电源并接通消防电源。如果消防电源由自备发电机提供,还应通知发电机房启动发电机。

（6）启动相应的联动设备,如消火栓系统、喷淋系统、防排烟系统、关闭防火卷帘和常开式防火门等防火分隔设施及其他消防设施。

（7）通过消防广播系统通知火灾及相关区域人员疏散。

（8）消防队到场后,要如实报告情况,协助消防人员扑救火灾,保护火灾现场,调查火灾原因,做好火警记录。

注意,在整个施救期间控制室要和总指挥及其通信联络组保持通信畅通,随时掌握施救动态。

3.误报警的处置方法

（1）当火灾探测器出现误报警时,应首先按下"警报器消音"键,停止现场警报器发出的报警音响,通知现场人员及相关人员取消火警状态。

（2）考察是否由周围环境因素（水蒸气、油烟、潮湿、灰尘等）造成探测器误报警。

1）若环境中存在水蒸气、扬尘、油烟或快速温升等导致探测器误报警的因素,待环境恢复后,可按下火灾报警控制器的"复位"键,恢复探测器至正常工作状态。同时记录下该误报设备的详细编码等信息,并注意观察该报警点是否再次出现误报现象。

2）若不存在上述状况,无法确定导致报警原因时,可按下火灾报警控制器的"复位"键,恢复探测器至正常工作状态。如探测器反复进入报警状态,应立即向单位相关领导汇报,以便通知工程施工单位或维保单位尽快处理。当场有条件维修解决的应当场维修解决;当场没有条件维修解决的,应尽可能在24h内维修解决;需要由供应商或者厂家提供零配件或协助维修解决的,若不影响系统主要功能的,可在7个工作日内解决。误报排除后应经单位消防安全管理人检查确认,维修情况应记入"建筑消防设施故障维修记录表"。

二、故障处置方法

当火灾报警控制器报出故障信号时,首先应按"消音"键中止警报声。然后应根据火灾报警控制器的故障信息确定故障发生部位和故障类型,查找故障原因,及时排除故障。故障一般可分为两类,一类为控制器内部部件产生的故障,如主备电故障、总线故障等;另一类是现场设备故障,如探测器故障、模块故障等。

1.主电故障

当报主电故障时,应确认是否发生主电停电,否则检查主电源的接线、熔断器是否发生断路。主电断电情况下,火灾报警控制器自动投向备电供电,处于充满状态的备电一般可以连续供电8h。

注意:备电连续供电8h后会自动保护,在备电自动保护后,为提示用户消防报警系统已关闭,控制器会提示1h的故障声。在使用过备电供电后,需要尽快恢复主电供电并给电池充电48h,以防蓄电池损坏。

2.备电故障

当报备电故障时,应检查备用电池的连接器及接线;当备用电池连续工作时间超过8h后,也可能因电压过低而报备电故障。

3.现场设备故障

若为现场设备故障,应及时维修,若因特殊原因不能及时排除的故障,也可先将其屏蔽,待故障排除后再利用设备释放功能将设备恢复。

4.系统设备故障

若系统设备发生异常的声音、光指示、气味等可能导致人身伤害或火灾危险情况时,应立即关闭控制器电源。火灾报警控制器关机后应立即向单位消防安全管理人报告,采取相应消防措施,值班记录中必须详细记录关机的时间及关机后临时采取的处理措施。

当故障经初步检查不能排除时,请立即通知安装单位或厂家进行维修。当场有条件维修解决的应当场维修解决;当场没有条件维修解决的,应尽可能在24h内维修解决;需要由供应商或者厂家提供零配件或协助维修解决的,若不影响系统主要功能的,可在7个工作日内解决。故障排除后应经单位消防安全管理人检查确认,维修情况应记入"建筑消防设施故障维修记录表"。

第五节　消防控制室值班

一、消防控制室值班职责

(1)负责对消防控制室消防控制设备的监视,值班期间随时记录消防控制室内消防设备的运行情况,填写"消防控制室值班记录表"。"消防控制室值班记录表"见表10-1。

(2)负责对火灾报警控制器等消防控制设备进行每日检查,以确保消防控制设备正常运行。

(3)当建筑消防设施出现异常、误报和故障时,应及时通知并协助维保人员进行修理、维护,填写"建筑消防设施故障维修记录表"。"建筑消防设施故障维修记录表"见表 10 - 2。

(4)接到火灾报警后,按火警处置流程处置。

(5)做好交接班工作,认真填写"消防控制室值班记录表"。

(6)值班人员要认真学习消防法律、法规,学习消防专业知识,熟练掌握消防设备的性能及操作规程,提高消防技能。

表 10 - 1 消防控制室值班记录表

火灾报警控制器运行情况		火警		故障报警	监管报警	漏报警	报警、故障部位、原因及处理情况	消防系统及其相关设备名称	控制状态		运行状态		报警、故障部位、原因及处理情况	值班情况			
正常	故障	火警	误报						自动	手动	正常	故障		值班员 时段	张小虎 8:00—11:00	值班员 时段	值班员 时段
														时间记录			
														2007.12.10 8:00			
√							主电故障恢复后正常							2007.12.10 8:30			

火灾报警控制器日检查情况记录	火灾报警控制器型号	检查内容					检查时间	检查人	故障及处理情况
		自检	消音	复位	主电源	备用电源			
	GST5000	√	√	√	√	√	2007.12.10 9:00	张明	

消防安全管理人(签字):吴治国

1. 对发现的问题应及时处理,当场不能置的要填报"建筑消防设施故障维修记录表",将处理记

录表序号填入"故障及处理情况"栏;

　2.本表为样表,单位可根据控制器数量及值班时段制表。

表 10-2　建筑消防设施故障维修记录表

故障情况				故障维修情况						故障排除确认
发现时间	发现人签名	故障部位	故障情况描述	是否停用系统	是否报消防部门备案	安全保护措施	维修时间	维修人员(单位)	维修方法	

　注:1."故障情况"由值班、巡查、检测、灭火演练时的当事者如实填写;

　　2."故障维修情况"中因维修故障需要停用系统的由单位消防安全责任人在"是否停用系统"栏签字;停用系统超过 24h 的,单位消防安全责任人在"是否报消防部门备案"及"安全保护措施"栏如实填写;其他信息由维护人员(单位)如实填写;

　　3."故障排除情况"由单位消防安全管理人在确认故障排除后如实填写并签字;

　　4.本表为样表,单位可根据建筑消防设施实际情况制表。

二、消防控制室交接班

1. 交接班程序

(1)交接班前交班与接班人员应对当班次值班记录表以及系统工作情况记录表的内容进行逐项核实。

(2)系统工作登记表核实完毕后,交接双方应对系统进行全面检查,并对该班次工作表中重点记录的系统部位进行仔细检查以便事后追溯。

(3)各项内容检查完毕后,双方填写工作交接记录,并针对当班次发生的重点事项予以备注,双方签字后交接完成。

2. 交接班注意事项

(1)交接记录有无遗漏。

(2)仔细核查各系统的工作状态是否正常,有无不正常发生。

(3)仔细核查各系统的关键部位有无故障和失效情况(如水泵、排烟风机、气体灭火、消防广播等)。

(4)若存在不确定的情况,可对关键部位进行有针对性的独立交接或核查。

三、消防值班记录要求

"消防控制室值班记录表"是消防控制室值班人员用于日常值班时记录火灾报警控制器日运行情况及火灾报警控制器日检查情况,是值班工作的文字反映,可以真实详细地反映各系统的工作情况。

当值人员应按"消防控制室值班记录表"填写说明要求进行填写,不得从简。填写记录应字迹清楚、端正,不得乱画乱涂,错别字可以擦去或引出更正。记录的签名不得只签姓,必须签全名。记录的填写应采用蓝色或黑色钢笔或碳素笔,各种记录均由当班值班人填写,当班管理人员审核或检查。

四、"消防控制室值班记录表"填写说明

1. 适用范围

此表格为消防控制室消防值班人员用于日常值班和相关消防检查人员记录使用。

2. 填写要求

(1)序号:可根据消防控制室情况按时间依次编写,序号内容以便于查询为主。

(2)火灾报警控制器运行情况记录:由值班人员填写所在时间段内火灾报警控

制器的运行情况,如出现异常问题需填写相应原因和处理结果。

(3)控制室内其他消防系统运行情况记录:由值班人员填写所在时间段内控制室内其他消防系统运行情况,如出现异常问题需填写相应原因和处理结果。

(4)火灾报警控制器日检查情况记录:由相关检查员填写当日检查火灾报警控制器的记录,如出现异常问题需填写相应原因和处理结果。

(5)值班情况记录:由值班人员填写值班的时间段,由接班人员进行确认。

(6)时间记录:由值班人员填写值班期间出现异常问题的具体时间。

(7)消防安全管理人(签字):当日的"消防控制室值班记录表"最终由消防安全管理人签字确认。

思 考 题

1.什么是消防控制室?

2.消防控制室设置有哪些要求?

3.消防控制室具有哪些功能?

4.消防控制室值班人员的职责是什么?

5.消防控制室应遵守哪些日常管理制度?

6.简述消防控制室火灾事故紧急处理程序。

7.简述消防控制室设备的组成。

8.消防控制室图形显示装置的作用有哪些?

9.简述火灾报警控制器及其主要功能。

10.消防控制室值班有何要求?

11.消防控制室值班记录有何要素?

第十一章

火灾事故调查处理

————————————★————————————

　　火灾是在时间或空间上失去控制的燃烧所造成的灾害。火灾的发生既有自然的原因,也有人为的因素。随着新能源、新材料、新技术的广泛应用,发生火灾的频率不断增加,火灾原因也多种多样。其涉及行业的广泛性、学科门类的多样性、调查过程的复杂性、执法效果的严肃性,都对火灾调查提出了更高的要求,因此火灾调查工作在公安机关消防机构各项工作中显得尤为重要。作为企事业单位保卫人员,虽然不直接参加火灾调查,但完全可以在现场保护、调查询问、现场勘验的准备、勘验中的见证以及分析火灾原因方面提供协助,并从中吸取经验教训,完善和改进单位的消防安全保卫工作。

第一节　火灾事故调查处理的职责

一、火灾事故调查的目的和任务

　　根据职能法定原则,公安机关消防机构在火灾调查中的职责权限是《消防法》第五十一条赋予的,即公安机关消防机构有权根据需要封闭火灾现场,负责调查火灾原因,统计火灾损失。火灾扑灭后,发生火灾的单位和相关人员应当按照公安机关消防机构的要求保护现场,接受事故调查,如实提供与火灾有关的情况。公安机关消防机构根据火灾现场勘验、调查情况和有关的检验、鉴定意见,及时制作火灾事故认定书,作为处理火灾事故的证据。火灾调查不仅是消防工作中一项重要的基础性工作,同时也是一项严肃的行政执法工作。

1. 火灾事故调查的目的

火灾事故调查的目的可概括为下列几个方面:

(1)调查、认定火灾原因和统计火灾损失,为政府分析研判火灾形势,制定消防工作阶段性重点和中长期规划提供基础资料。

(2)发现和总结火灾发生、发展的规律和特点,并根据这些规律和特点,采取相应的预防措施,减少火灾危害。

(3)检验防火措施所取得的实际效果和存在的具体问题,并为修订防火规范、技术标准、安全制度提供依据,使消防规范和防控措施日趋完善,消防技术不断提高;甚或查找某些产品存在的设计或制造缺陷等火灾隐患,为改进产品设计和提高产品质量提供建设性意见;查找消防管理、操作程序上的漏洞,为提高消防管理水平、规范操作程序提供帮助。

(4)总结和发现灭火战术运用中的经验和问题,为改进和提高灭火救援技术、战术水平提供真实范例;为改善消防装备性能、消防科学研究提供思路和基本数据。

(5)查清起火部位、起火点,认定火灾原因,分析火灾发展蔓延的因素,理清责任脉络,为处理火灾事故责任者、打击违法和犯罪行为提供证据,保障有关当事人的合法权益。

(6)积累资料,为消防宣传工作提供生动的实例,有针对性地向人民群众宣传,提高人民群众和社会各界的消防安全意识。

2. 火灾事故调查的主要任务

《消防法》和《火灾事故调查规定》对公安机关消防机构开展火灾调查工作的主要任务作了明确规定,即调查火灾原因,统计火灾损失,依法对火灾事故做出处理,总结火灾教训。火灾调查工作应在广泛收集各种火灾证据的基础上,查明火灾事故发生、发展的过程,统计火灾损失和人员伤亡情况,认定火灾原因。具体应做好以下工作:

(1)封闭火灾现场。火灾现场保留着能够证明起火点或起火部位、起火时间、起火原因等火灾事实的痕迹物证。这些痕迹物证一旦受到人为和自然因素破坏,就会增加火灾调查的难度,甚至导致起火原因无法查清。所以,发生火灾后要根据需要封闭火灾现场,排除现场险情,避免人为破坏,保障现场勘验工作的顺利进行。

(2)勘验火灾现场。火灾现场勘验是指现场勘验人员运用科学方法和技术手段,依法对与火灾有关的场所、物品、人身、尸体表面等进行勘查、验证,以及查找、检验、鉴别和提取物证的活动。研究和发现火灾现场痕迹和物品的成因及与火灾的关系,为分析起火原因和依法处理火灾事故提供线索和实物证据。

(3)调查询问。调查询问是指火灾调查人员根据调查需要,依据《公安机关办理行政案件程序规定》的有关规定,对相关知情人员进行的询问活动。必要时,可以要求被询问人员到火灾现场进行指认。询问的目的是为获取有关起火点、起火时间、起火原因、火灾责任等重要信息,为分析起火原因和依法处理火灾事故提供线索和证据。

(4)检验、鉴定。现场发现的与火灾事实有关的痕迹、物品,应当依法提取。需要进行技术鉴定的痕迹、物品,应当委托依法设立的鉴定机构进行鉴定并做出鉴定结论,经审查符合规定的鉴定结论可以作为法定的证据使用。对有人员死亡的火灾,为了确定死因,公安机关消防机构应立即通知本级公安机关刑事科学技术部门进行尸体检验,公安机关刑事科学技术部门应当出具尸体检验鉴定文书,确定死亡原因。对有人员受伤的火灾,卫生行政主管部门许可的医疗机构具有执业资格的医生出具的诊断证明,可以作为公安机关消防机构认定人身伤害程度的依据,法律规定应由法医进行伤情鉴定的情形从其规定。

(5)统计火灾损失。公安机关消防机构应当根据受损单位和个人的申报、依法设立的价格鉴证机构出具的火灾直接财产损失鉴定意见以及调查核实情况,按照有关规定,对火灾直接经济损失和人员伤亡进行如实统计。

如果当事单位或个人不按规定申报,公安机关消防机构应当根据火灾现场调查和核实情况,进行火灾直接经济损失统计。受损单位或个人因民事赔偿或保险理赔等需要的,可以自行收集有关证据,或者委托依法设立的鉴定机构对火灾直接经济损失进行鉴定,作为证据,依法向人民法院提请民事诉讼。

(6)火灾事故原因认定。公安机关消防机构应当根据现场勘验、调查询问和有关检验、鉴定意见等调查情况和获得的证据,进行综合分析、比较鉴别、排除和推理,做出火灾事故认定结论,认定起火原因,制作火灾事故认定书。对已经查清起火原因的,应当认定起火时间、起火部位、起火点和起火原因;对无法查清起火原因的,应当认定起火时间、起火点或者起火部位以及有证据能够排除的起火原因和不能排除的起火原因。

对较大以上火灾事故或者特殊的火灾事故,除应当做出火灾事故原因认定外,还应当开展消防技术调查,对灾害成因进行分析,形成消防技术调查报告。

(7)火灾事故的处理。火灾事故调查结束后,应当根据调查的结果,本着事故处理四不放过的原则切实做好事故的处理工作。所谓四不放过,是指火灾事故原因、事故责任未查清不放过;火灾事故责任人未得到处理不放过;火灾隐患未得到整改不放过;火灾教训未汲取、群众未受到教育不放过。

对责任人的处理应根据火灾调查获取的证据,依照有关的法律、法规,认定火灾责任人所承担的法律责任。涉嫌失火罪、消防责任事故罪的,按照《公安机关办理刑事案件程序规定》立案侦查;涉嫌其他犯罪的,及时移送有关主管部门办理;涉嫌消防安全违法行为需要行政处罚的,按照《公安机关办理行政案件程序规定》调查处理;涉嫌《消防法》以外其他违法行为的,及时移送有关主管部门调查处理;依照有关规定应当给予警告、罚款、降级、撤职等行政、纪律处分的,移交有关主管部门或责成单位处理;对经过调查发现不属于火灾事故的,应将相关调查材料移送有关主管部门。

对火灾隐患的整改,既要对造成本次火灾的隐患进行整改,还要对调查中所发现的其他隐患进行整改,以杜绝再次发生火灾的可能因素。

对汲取事故教训的落实,既要从管理层着手,还要使广大群众受到教育,要通过以总结事故教训、查找管理漏洞、发现事故苗头、提高安全意识、掌握基本技能等内容为突破口进行宣传教育、培训演练,从而使全体人员能从中汲取教训,提高防火、灭火和其他应急能力。

二、火灾事故调查的基本原则

火灾调查应当坚持及时、客观、公正、合法的基本原则。

1. 及时性原则

火灾调查是一项时效性较强的工作。随着时间的流逝,证人关于火灾事实的记忆可能遗忘,现场的痕迹物证可能会因为种种原因被破坏或消失。因此,火灾发生后,应该及时开展火灾调查。《火灾事故调查规定》明确规定,公安机关消防机构应当自接到火灾报警之日起30日内做出火灾事故认定;情况复杂、疑难的,经上一级公安机关消防机构批准,可以延长30日。火灾调查中需要进行检验、鉴定的,检验、鉴定时间不计入调查期限。

2. 客观性原则

火灾调查是消防工作的基础,确保其结论正确非常重要。因此,在火灾调查工作中,无论是调查询问、现场勘验、提取物证、检验鉴定,还是制作法律文书,都要坚持客观态度,根据火灾现场的实际情况,注重证据,深入了解引起火灾的各种可能性,认真加以排除和认定,只有这样才能正确认识火灾,获得准确的调查结果和做出正确的结论。

3.公正性原则

公正性原则包括程序公正与实体公正两方面的要求。

调查程序公正的前提和基础是保障当事人必要的调查知情权。程序公正除了要求公安机关消防机构在进行火灾调查时,与火灾事实有利害关系的调查人员应当主动回避外,还包括公安机关消防机构对火灾进行认定与处理前,应当事先通知火灾当事人,并听取当事人对火灾事实的陈述、申辩。

对火灾损失大、社会影响大或者可能有民事争议的火灾原因认定,公安机关消防机构负责人应组织集体讨论决定。

当事人对火灾事故认定有异议的可以申请复核。

调查实体公正的内容包括要求公安机关消防机构依法调查、不偏私、平等对待火灾当事人,以及合理处理火灾事故、不专断等。

4.合法性原则

火灾调查合法性原则主要包括主体合法与调查职权合法两部分内容。

调查主体合法是指公安机关消防机构所行使的调查职权是法律赋予的,并对调查行为产生的法律后果承担法律责任。职权合法是指火灾调查人员应当具备相应资格,由公安机关消防机构的行政负责人指定,负责组织实施火灾现场勘验等火灾调查工作,在火灾调查中实施的方法、手段要符合法律、法规的规定,同时,要求按照法定的程序,保证及时开展调查,收集到有效、合法的证据,提出火灾事故认定意见。

由此可见,火灾调查是一项行政执法工作,具有法律的严肃性和强制性,涵盖了调查访问、现场勘验、技术鉴定,分析认定火灾原因,统计火灾损失,对火灾事故进行依法处理,总结火灾教训的整个过程。

三、火灾原因的类型

现行的火灾统计方法中将火灾分为电气火灾、生产作业类火灾、生活用火不慎、吸烟、玩火、自燃、雷击、静电、不明确原因、放火、其他等11类。

其中,电气火灾包括电气线路故障(短路、过负荷、接触不良、断路、漏电等)、电器设备故障、电加热器具火灾(与可燃物接触或距离过近、长时间使用等)。

生产作业类火灾包括焊割(焊割处或附近存放可燃物、焊割设备故障、焊割含有易燃品的设备等)、烘烤(超温、烘烤设备不严密、烘烤物距火源近、长时间烘烤等)、熬炼(超温、沸溢、熬炼物不符合规定、投料差错等)、化工火灾(原料有差错、超温超压爆燃、冷却中断、混入杂质、受压容器缺乏防护设备、操作失误、物料泄漏起火、设备故障等)、机械设备类故障(设备缺乏维护保养、摩擦、供油系统故障等)、可燃物接触高温物体等。

生活用火不慎包括余火复燃、照明不慎、烘烤不慎、敬神祭祖、油锅起火、燃气炉具故障及使用不当、燃油炉具故障及使用不当、其他炉具故障及使用不当、烟道过热窜火、飞火、烧荒、野外生火不慎、使用蚊香不慎等。

吸烟包括违章吸烟,卧床吸烟,乱扔烟头、火柴等。

玩火包括小孩玩火、燃放烟花爆竹等。

自然火灾包括分解热引起的自然,聚合热引起的自然,发酵引起的自然,吸附热引起的自然以及两种以上氧化还原物质混触反应热引起的自然等。

雷击火灾包括雷击过程中的电击效应、静电效应、热效应、机械效应、电磁效应等引起的火灾。

静电火灾包括固体物质(一般不良导体)间因摩擦、分离、撞击而产生的静电引起的火灾,液体、气体物质间因流动、喷射、冲击等摩擦、分离所产生的静电引起的火灾。

放火包括刑事放火,精神病、智力障碍者放火,自焚等。

其他一般指地震、洪水等自然灾害造成的火灾和遗留火种引发的火灾。

四、火灾事故调查的管辖

1.属地与级别管辖

《消防法》第四条规定:"国务院公安部门对全国的消防工作实施监督管理。县级以上地方人民政府公安机关对本行政区域内的消防工作实施监督管理,并由本级人民政府公安机关消防机构负责实施。军事设施的消防工作,由其主管单位监督管理,公安机关消防机构协助;矿井地下部分、核电厂、海上石油天然气设施的消防工作,由其主管单位监督管理。县级以上人民政府其他有关部门在各自的职责范围内,依照本法和其他相关法律、法规的规定做好消防工作。法律、行政法规对森林、草原的消防工作另有规定的,从其规定。"

按照"谁主管,谁负责"的原则,除《消防法》规定的场所外,一般场所发生火灾后,火灾调查由县级以上公安机关主管,并由本级公安机关消防机构实施。尚未设立公安机关消防机构的,由县级人民政府公安机关实施。

公安派出所应当协助公安机关火灾事故调查部门维护火灾现场秩序,保护现场,进行现场调查,控制火灾肇事嫌疑人。涉事单位或个人应当按照公安机关的管辖分工积极配合管辖机构做好调查工作。

由公安机关消防机构负责调查的火灾,实行属地和分级管理,由火灾发生地公安机关消防机构按照下列分工进行:

(1)1次火灾死亡10人以上的,重伤20人以上或者死亡、重伤20人以上的,受灾50户以上的,由省、自治区人民政府公安机关消防机构负责组织调查;

(2)1次火灾死亡1人以上的,重伤10人以上的,受灾30户以上的,由设区的市或者相当于同级的人民政府公安机关消防机构负责组织调查;

(3)1次火灾重伤10人以下或者受灾30户以下的,由县级人民政府公安机关消防机构负责调查。

直辖市人民政府公安机关消防机构负责组织调查1次火灾死亡3人以上的,重伤20人以上或者死亡、重伤20人以上的,受灾50户以上的火灾事故,直辖市的区、县级人民政府公安机关消防机构负责调查其他火灾事故。

仅有财产损失的火灾事故调查,根据公安部的规定,由各省(市)、自治区公安机关规定。例如,陕西省规定为一次火灾直接财产损失1亿元以上的,由省级公安机关消防机构组织调查,火灾发生地的市级、县级公安机关消防机构予以协助;一次火灾直接财产损失1 000万以上1亿元以下的,由市级公安机关消防机构组织调查,其中5 000万元以上的,省级公安机关消防机构派专家指导;一次火灾直接财产损失1 000万元以下的,由县级公安机关消防机构负责调查,必要时由市级公安机关消防机构派专家指导。

跨行政区域的火灾,由最先起火地的公安机关消防机构按照上述分工负责调查,相关行政区域的公安机关消防机构予以协助。

对管辖权发生争议的,报请共同的上一级公安机关消防机构指定管辖。县级人民政府公安机关负责实施的火灾事故调查管辖权发生争议的,由共同的上一级主管公安机关指定。

上级公安机关消防机构应当对下级公安机关消防机构火灾事故调查工作进行监督和指导。

上级公安机关消防机构认为必要时，可以调查下级公安机关消防机构管辖的火灾。

具有下列情形之一的，火灾发生地的公安机关消防机构应当立即报告主管公安机关通知具有管辖权的公安机关刑侦部门，公安机关刑侦部门接到通知后应当立即派员赶赴现场参加调查；涉嫌放火罪的，公安机关刑侦部门应当依法立案侦查，公安机关消防机构予以协助：

(1)有人员死亡的火灾；

(2)国家机关、广播电台、电视台、学校、医院、养老院、托儿所、幼儿园、文物保护单位、邮政和通信、交通枢纽等部门和单位发生的社会影响大的火灾；

(3)具有放火嫌疑的火灾。

另外，发生火灾造成直接经济损失(50万元以上)和人员伤亡(1人以上)构成刑事犯罪，涉及消防责任事故罪和失火罪的由公安机关消防机构负责侦办；涉及放火罪的由公安机关刑侦部门侦办；涉及重大责任事故罪和其他犯罪的由公安机关相关部门侦办。

2. 专门与系统管辖

按照《消防法》的规定和我国现行消防管理体制，军事设施、矿井地下部分、核电厂、海上石油天然气设施的消防工作，由其主管单位监督管理，其监督范围内的火灾由其调查；铁路、港航、民航公安机关和国有林业区的森林公安机关消防机构负责调查其消防监督范围内发生的火灾。其他法律、行政法规对森林、草原的消防工作另有规定的，从其规定。

(1)军事设施的界定。根据《中华人民共和国军事设施保护法》的规定，军事设施是指国家直接用于军事目的的下列建筑、场地和设备：

1)指挥机关、地面和地下的指挥工程、作战工程；

2)军用机场、港口、码头；

3)营区、训练场、试验场；

4)军用洞库、仓库；

5)军用通信、侦察、导航、观测台站和测量、导航、助航标志；

6)军用公路、铁路专用线、军用通信、输电线路，军用输油、输水管道；

7)国务院和中央军事委员会规定的其他军事设施。

军事设施发生火灾需要公安机关消防机构协助调查的，由省级人民政府公安机关消防机构或者公安部消防局调派火灾事故调查专家协助。

（2）铁路、交通、民航公安机关消防机构消防监督范围的界定：

1）铁路的客货列车、车站和直接为其运营服务的段、厂、调度指挥中心、到发中转货场、仓库等单位及铁路沿线的勘测设计、基建施工的消防监督工作，由铁路公安消防监督机构负责；

2）在我国沿海、内河水域航行、停泊、作业的一切中外民用船舶、水上设施，港口、码头区域内的一切建筑、设施、驻港单位和直接为航行服务的客货运输站（点）、货场、航修厂（站）、通信导航站（台）、油库、物资器材库等消防监督工作，由交通港航公安消防监督机构负责。

3）民航机场内的一切建筑、设施、航空器和所属单位，机场外直接为航空运营服务的油库、仓库、导航台、发射台，军民合用机场民航部分的消防监督工作，由民航公安消防监督机构负责。

4）铁路、交通、民航系统设在城镇的其他单位的消防监督工作，由当地公安消防监督机构负责。各地铁路、交通、民航公安消防监督机构受当地公安消防机构业务指导。

（3）森林、草原的消防监督范围的界定。国务院林业主管部门负责全国森林防火的监督和管理工作，其范围包括中华人民共和国境内除城市市区的森林；国务院草原行政主管部门主管全国草原防火工作，其范围包括中华人民共和国境内除林区和城市市区的草原。

第二节　火灾调查询问

《火灾事故调查规定》第十九条规定：火灾事故调查人员应当根据调查需要，对发现、扑救火灾人员，熟悉起火场所、部位和生产工艺人员，火灾肇事嫌疑人和被侵害人等知情人员进行询问。对火灾肇事嫌疑人可以依法传唤。必要时，企事业单位保卫人员应当积极按照公安消防机构调查人员所要求，将和火灾相关的人及时叫到调查现场并按要求对相关火灾当事人实行控制。可以要求被询问人到火灾现场进行指认。

一、火灾调查询问的作用

火灾调查询问是火灾调查人员依照法定程序向了解案件情况的人进行查询并取得证词、发现线索、收集证据的活动。它是火灾调查取证的重要环节，与现场勘验互为补充、互相验证。

1.为现场勘验提供线索和指明方向

复杂火场,特别是烧毁破坏情况比较严重的火场,有时只从燃烧痕迹、烟熏痕迹或其他蔓延痕迹上很难确定起火部位。即使能够通过现场勘验得出结论,也需要花费数倍的时间,付出巨大的人力物力。火灾现场有时存在着一次火流和二次火流,也就是燃烧蔓延中反复燃烧的问题,一次火流留下的比较清楚的蔓延痕迹,有可能被二次火流所破坏,在这种情况下单凭火场上燃烧留下的痕迹,要准确地判断起火点是非常困难的。但是,若能找到发现起火较早的人,就可以提供有价值的线索,从而使勘验范围合理地缩小,做到有的放矢地进行勘验工作,大大加快工作的进程。

2.有助于判断痕迹与物证

现场的痕迹与物证的形成过程以及与火灾原因、火灾过程的关系,有时单凭现场勘验并不能搞清楚,由于火灾当事人和群众了解火灾现场原有物品的种类、数量、性质及其位置关系,生产设备、工艺条件及故障情况,火源、电源等使用情况及其他情况,所以,在调查询问时,可以让他们提供哪些地方有哪些物品,有关的物证是否为原来现场所有,某些物证是否变动了位置等,由此可以帮助火灾调查人员分析认定痕迹物证的证明作用、它们与起火的原因和火灾责任的关系等。

3.有利于分析判断案情

通过调查询问可以了解现场的人、物、事以及相互关系的详细情况,获得火灾发生时群众的所见所闻。这些材料和实地勘验材料是分析火灾案情的重要依据之一。有时根据证人提供的线索,有可能找到火灾责任者的直接见证人。

4.可以帮助验证现场情况

调查询问获取的线索,能弥补现场勘验的不足,有助于进一步深入细致地勘验现场。火灾现场情况是复杂的,由于火灾的破坏、灭火的影响以及人为的故意破坏,使火灾现场较原始现场有所变化,这些变化往往会使现场勘验工作误入歧途。调查询问所获取的线索、证据互相配合、互相验证,可使现场勘验工作方向明确,更加深入细致。但是,群众对火灾现场的观察,由于发现的时间不同,观察的角度不同,个人的认识能力和知识水平以及其他因素的影响,有的比较片面,有的可能是错觉,有的甚至是假的,因此应尽量多收集群众提供的各种不同情况,并对其互相验证,加以分析,去粗取精,去伪存真,以便得出正确的判断。

二、火灾调查询问的对象和内容

凡是了解火灾经过,熟悉现场情况,以及能为查明火灾原因提供帮助的人,都应被列为调查询问的对象。询问的内容可因人而异。

1. 询问的重点对象

(1)最先发现起火的人和最先报警的人;

(2)最先到场救火的人和最先到场扑救的消防人员;

(3)火灾发生前最后离开起火部位的人、受伤人员和火灾发生时在场的人;

(4)熟悉起火现场物品摆放或生产工艺、设备的人;

(5)火灾肇事嫌疑者、责任者和起火单位的有关领导;

(6)起火现场当班人员或巡查人员;

(7)相邻单位目击者和附近群众;

(8)辖区消防监督人员;

(9)火灾受害人;

(10)其他与火灾有关联或了解火灾相关情况的人。

2. 询问的主要内容

(1)向发现火灾的人和报警人了解的内容。

1)发现起火的时间、地点,以及最初起火的部位,并且还要了解能够证实起火时间、部位的依据。

2)发现起火的详细经过,即发现者在什么情况下发现,起火前有什么征象,发现时主要燃烧物质,有什么声、光、味等现象;一些可燃物起火后会发出一种特殊的气味,这种异常的气味,如果引起了人们的注意,也能及时发现起火。动物对于火焰、气味及声响反应比人更灵敏,尤其在夜里,人们多处于熟睡状态,在刚刚发出火焰或异味及异响时,动物便会做出鸣叫或逃离反应,这时它们的行为提醒人们已经起火。

3)发现起火后火场变化的情况,火势蔓延的方向,燃烧范围,火焰和烟雾的颜色变化情况。

4)发现火情后采取过哪些灭火措施,现场有无发生变动,变动的原因和情况。

5)发现起火时还有何人在场,是否有可疑的人出入火场,还有其他什么已知的情况等。

6)发现起火时电源情况,电灯是否亮,设备是否运转等。

7)发现起火时的风向、风力情况。

8)报警时间、地点及报警过程。

(2)向在场的人和起火前最后离开起火部位的人了解的内容。

1)在场时的活动情况,离开起火部位之前是否吸烟或动用了明火,生产设备运转情况,本人具体作业或其他活动内容及活动的位置。

2)离开时,火源、电源处理情况,是否关闭燃烧气源、电源,附近有无可燃、易燃物品及自燃性物品以及它们的种类、数量、性质。

3)在工作期间有无违章操作行为,是否发生过故障或异常现象,采取过何种措施。

4)其他在场人的具体位置和活动内容。何时、何故离去,有无他人来往,来此目的、具体的活动内容及来往的时间、路线。

5)离开之前,是否进行过检查,是否有异常气味和响动,门窗关闭情况。

6)最后离开起火部位的具体时间、路线、先后顺序,有无证人。

7)得知发生火灾时间和经过,对火灾原因的见解及依据。

(3)向熟悉起火部位周围情况的人,熟悉生产工艺过程、设备的人了解的内容。

1)建筑物的主体和平面布置,建筑的结构耐火性能,每个车间、房间的用途,车间内的设备及室内陈设情况等;起火部位存放、使用的物质情况。

2)火源、电源和热源等情况。火源分布的部位及可燃材料、物体的距离,有无不正常情况,如是否采取过防火措施;架设线路的部位;电线是否合乎规格,使用年限,有没有破损漏电现象,负荷是否正常。

3)设备及工艺情况和安全制度执行情况。近期检查、修理、改造情况,机械设备的性能、使用情况和发生的故障等都应该了解清楚,以便推断出可能起火的物体和设备。

4)储存物资的情况。起火部位存放、使用的物资、材料、产品情况(包括种类、数量、相互位置)。如起火的房间或库房内是否有性能相互抵触的化学物品和自燃性物品;可燃性物品与电源、火源的关系;库内的通风是否良好,温度、湿度是否适当,以及是否漏雨、漏雪等。

5)有无火灾史。曾在什么时间、部位、地点,什么原因发生过火灾或其他事故,事后采取过什么措施。

6)设备及工艺情况。以往生产及设备运转情况和火灾发生时的工艺流程控制及设备运转情况。

7)有无防火安全规定、制度和操作规程,实际执行情况如何,有关制度和规程是否与新工艺、新设备相适应。

8)有哪些不正常现象,如设备、控制装置及灯火闪动、异响、异味等。

9)起火部位附近有无监控视频录像及运行情况。

(4)向最先到火场扑救的人了解的内容。

1)到火场时火灾发展的形势和特点,冒火冒烟的具体部位,火焰烟雾的颜色、气味,火势蔓延的方向以及当天的气象条件。

2)扑救火灾和抢救物资的顺序,以及人员部署情况。

3)进入火场、起火部位的具体路线。

4)扑救的过程以及扑救过程中是否发现了可疑物件、痕迹和可疑的人出入情况。

5)起火单位的消防器材和设施是否遭到了破坏。

6)起火部位附近在扑救过程中火势如何,是否经过破拆和破坏,原来的状态怎样。

(5)向消防扑救人员了解的内容。

1)火灾现场基本情况(如最先冒烟冒火部位、塌落倒塌部位、燃烧最猛烈和终止的部位等);

2)燃烧特征(烟雾、火焰、颜色、气味、响声);

3)现场出现的异常反应,异常的气味、响声等;到达火灾现场时,门、窗关闭情况,有无强行进入的痕迹;

4)扑救情况(扑救措施、扑救顺序、力量布置、供水、消防破拆情况等);

5)现场设备、设施工作状况、破坏情况等;

6)是否发现非现场火源或放火遗留物;

7)现场其他人员活动情况;

8)现场抢救人情况(死伤者的位置、状态);

9)现场人员向其反映的有关情况;

10)接火警时间、到达火灾现场时间;

11)扑救时段的天气情况,如风力、风向、雷、雨情况;

12)最初进入火场时,有无对周围环境及起火部位的照相、录像等资料。

(6)向相邻单位目击起火的人和现场周围群众了解的内容。

1)起火当时和起火前后,他们耳闻目睹的有关情况。如发现起火的部位、范围、火势情况、起火前火源、电源的反常情况,是否发现可疑物等。

2)群众对起火的各种反映、议论、情绪及其他活动。

3)当事人的有关情况。如政治、经济、作风和思想品质等,家庭和社会关系,火灾前后的行为表现等。

4)当地地理环境特点、社会风土民情、人员往来情况等。

5)以往发生火灾及其他事故和案件情况。

6)发现火灾时,有无照相、录像等资料。

(7)向现场值班人员和巡查人员了解的内容。

1)交接班时间、记录,巡查记录。

2)检查情况、检查时间、检查部位、检查线路、检查次数,有无反常情况及处理情况等。

3)用火、用电情况,如本人吸烟、照明情况等。

4)发现起火经过、火势情况和采取的措施。

5)有无人员进出及具体时间。

6)值班巡查制度、措施。

(8)向火灾责任者、肇事嫌疑人和火灾受伤人了解的内容。

1)用火用电、操作作业等的详细过程,有无因本人生产、生活用电不慎,疏忽大意,违反安全操作规程而引起火灾的可能。火灾当时及火灾前,火灾责任者和受伤人当时在何处、何位置、做什么,肇事前和受灾后的主要活动情况。

2)起火部位可燃物情况,品种、种类与火源距离等。

3)起火过程及扑救、逃生情况。

4)受伤的部位、原因。

5)对居民火灾,还要了解其社会关系、邻里关系等。

(9)向火灾受害人了解的主要内容。

1)损失情况(建筑、设备、家具、物品等损失)。

2)与起火场所业主或火灾肇事人的关系,是否存在矛盾纠纷、经济往来、商业竞争。

3)建筑结构、分隔情况、电气线路敷设与起火场所的关系。

4)如何得知起火信息。

(10)向起火单位相关领导了解的内容。

1)向起火单位领导主要了解对起火原因的看法,如存在内部矛盾,提供可疑人、重点人等。

2)相关的消防安全规章制度、操作规程、消防安全责任的落实情况。

3)火灾隐患及整改情况。

4)以往火灾及其他事故方面的情况。

5)起火前生产中有无故障及处理情况。

6)起火场所相关人员的上岗培训、职业技能、健康情况。

(11)向辖区消防监督人员(公安机关消防机构监督人员、派出所管片民警、街办社区安全负责人)了解的内容。

1)对该场所日常消防监督情况。

2)该场所消防设施设置及运行情况。

3)火灾隐患检查整改情况。

4)起火单位日常消防安全管理情况。

5)火灾现场周围治安监控摄像的位置及运行情况。

6)周围群众有无火灾早期的照片、摄像以及观察到的情况。

第三节　单位保卫人员在火灾调查中的作用

火灾调查是公安消防机构的职责,单位保卫人员在火灾调查中的主要作用是协助做好有关工作,诸如现场保护、维护现场秩序,保障勘验中需要的人力物力,提供和寻找知情人,必要时可作为见证人见证现场勘验过程和证据的收集,了解现场情况,帮助分析火灾原因等。

一、见证勘验

根据公安部火灾事故调查规定的要求,公安消防人员在现场勘验时,勘验人员不得少于两人,同时应邀请一至两名证人或当事人做见证人。鉴于单位保卫人员身份的两重性,既可以作公安机关的协助人员,但同时也是单位的工作人员。当保卫人员和火灾事故无关时,也可作为一般工作人员参与见证。

在现场勘验中无论是参与见证的保卫人员或是其他证人、当事人都不得私自触碰现场痕迹物品,一切活动都应在公安机关消防机构现场勘验人员在场的情况按其要求进行。当见证人对勘验过程有疑问时,可以向公安机关现场勘验人员提出,勘验人员可以解释,当勘验人员拒绝解释时不得质问,并对现场勘验情况保密,不得随意议论和向外界透露有关勘查情况。

二、及时向公安消防火灾调查人员汇报了解的情况

单位保卫人员在火灾发生后一般到场较早,而且较一般群众掌握更多的有关消防知识,因此保卫人员应将到达现场时所观察到的火场燃烧情况、火势状态、蔓延情况、火焰高度及颜色、烟气味及颜色、建筑物及物品倒塌情况、扑救情况、破拆情况、抢救人员及财物情况、人员动态、可疑的人和事,以及向有关火灾损失的单位或业主、火灾肇事者、发现人、报警人、了解火灾现场情况的人等了解的有关火灾和火灾现场的情况并详细记录,及时向公安消防火灾调查人员汇报,并协助公安消防火灾调查人员寻找有关知情人,以利于他们尽快掌握情况和开展现场调查、勘验。

三、协助保护火灾现场

单位保卫人员到达现场后应及时对现场外围进行观察,初步确定现场保护范围并组织实施保护,必要时通知公安机关有关部门实行现场管制。在公安机关火灾调查人员到达后,单位保卫人员应当积极协助公安消防火灾调查人员按照划定的范围保护好火灾现场。

1.确定保护范围

凡留有火灾物证的或与火灾有关的其他场所应列入现场保护范围,但在保证能够查清起火原因的条件下,尽量把保护现场的范围缩小到最小限度。

根据现场的条件和勘验工作的需要扩大保护范围的情况如下:

(1)起火部位位置不明显,应将火灾波及的所有场所列入保护范围;

(2)当考虑飞火因素时,应当将周围可能产生火花的场所列入保护范围;

(3)当有放火嫌疑时,应将周围的围墙道路列入保护范围;

(4)当怀疑起火原因为电气故障时,凡属与火灾现场用电设备有关的前置控制场所,应列入保护范围;

(5)对爆炸起火的现场,不论抛出物体飞出的距离有多远,也应把抛出物着地点列入保护范围,同时把爆炸场所破坏或影响到的建筑物等列入现场保护范围。

2.现场保护中应注意的问题

(1)封闭火灾现场的,公安机关消防机构应在火灾现场对封闭的范围、时间和要求等予以公告,采用设立警戒线或者封闭现场出入口等方法,禁止无关人员进入。情况特殊确需进入现场的,应经火灾现场勘验负责人批准,并在限定区域内活动。对位于人员密集地区的火灾现场应进行围挡。

(2)火灾现场勘验负责人应根据勘验需要和进展情况,调整现场保护范围,经勘验不需要继续保护的部分,应及时决定解除封闭并通知现场保卫人员和火灾当事人。

(3)火灾现场保卫人员应对可能受到自然或者其他外界因素破坏的现场痕迹、物品等采取相应措施进行保护。在火灾现场移动重要物品,应先征得公安机关现场勘验人员同意并采用照相或者录像等方式先行固定。

(4)火灾现场有垮塌、掉落的危险,对火灾现场勘验人员可能造成人身伤害时,应当对其进行加固处理或拆除,拆除前注意拍照固定记录。

(5)勘验人员进入火灾现场之前,单位保卫人员应当查明以下危害火调人员自身安全的险情,及时予以排除:

1)是否存在建筑物倒塌的可能;

2)是否存在高空坠落物;

3)电气设备、金属物体是否带电;

4)有无可燃、有毒气体泄漏,是否存在放射性物质和传染性疾病、生化性危害等;

5)现场周围是否存在运行时可能引发建筑物倒塌的机械设备;

6)其他可能危害火灾事故调查人员人身安全的隐患。

四、协助准备勘验器材

除公安消防火调人员携带的有关勘验装备外,单位常常还需配备铁锹、撬杠、铁锨、水桶、扫把、照明灯具以及切割工具等。当公安消防火调人员要对现场进行挖掘勘验时,保卫人员应及时通知单位,准备人员参与协助。

五、总结火灾教训,督促整改火灾隐患,处理火灾肇事者

在公安消防部门火灾原因查清之后,单位应本着三不放过的原则,即对火灾肇事者不处理不放过、对火灾调查中暴露的火灾隐患不整改不放过、对干部群众未受到教育未吸取教训不放过的原则,应当由主管消防安全工作的领导负责,组织有关人员参加全面分析火灾事故的形成原因。如果直接原因与生产工艺有关,还应吸收设计、生产技术部门的有关工程技术人员参加,以便科学地总结事故中单位在导致火灾发生的直接因素、间接因素和基础因素。间接因素主要有技术因素、教育因素、身体因素等几种。基础因素一般包括消防安全教育差、安全标准不明确、操作规程不规范、消防安全制度不落实、劳动纪律不严格等。在对发生火灾的因素进行分析之后,应当从中找出导致火灾的主要教训和隐患,从而有针对性地研究制定出今后的改进措施和对策。

为了教育火灾肇事者本人和职工群众,应当根据公安消防机构出具的火灾原因认定书和火灾事故调查报告对有关责任者进行追查处理。对构成犯罪和违反消防安全管理行为的,分别由司法机关和公安消防机构依据有关法律进行处理。对那些尚不够追究刑事责任和消防行政处罚责任的,应分别由监察机关、单位的上级主管部门和单位,按照干部和职工的管理权限,酌情给予警告、记过、记大过、降级、撤职、开除留用或开除等处分。

第四节　火灾直接经济损失统计

火灾损失统计分为火灾宏观统计与火灾微观统计。火灾宏观统计，即火灾统计，是指公安机关消防机构运用定量、定性统计分析的方法，调查和研究火灾损失、规律、特征的一项行政执法活动。火灾微观统计，即统计火灾损失，是指公安机关消防机构根据火灾受损单位或个人的申报和调查核实情况，按照国家有关火灾损失统计规定对火灾直接经济损失和人员伤亡情况进行的数据核实、统计活动。严格意义上来说，火灾损失应包括火灾直接经济损失和火灾间接经济损失，由于火灾间接经济损失涉及面非常广泛，对火灾造成的间接损失及影响的理解也不尽相同，故国家未作统一规定，这里所讲的火灾损失仅指火灾直接经济损失。

企业保卫人员统计火灾损失主要是指按照公安机关消防机构发放的"火灾直接财产损失申报表"的内容和要求，如实填报。

一、火灾损失统计的基本概念

1.名词定义

（1）火灾损失：火灾导致的火灾直接经济损失和人身伤亡。

（2）火灾直接经济损失：火灾导致的火灾直接财产损失、火灾现场处置费用、人身伤亡所支出的费用之和。

（3）火灾直接财产损失：财产（不包括货币、票据、有价证券等）在火灾中直接被烧毁、烧损、烟熏、砸压、辐射以及在灭火抢险中因破拆、水渍、碰撞等所造成的损失。

（4）火灾现场处置费用：灭火救援费（包括：灭火剂等消耗材料费、水带等消防器材损耗费、消防装备损坏损毁费、现场清障调用大型设备及人力费）及灾后现场清理费。

（5）人身伤亡：在火灾扑灭之日起 7 日内，人员因火灾或灭火救援中的烧灼、烟熏、砸压、辐射、碰撞、坠落、爆炸、触电等原因导致的死亡、重伤和轻伤。

（6）重置价值：重新建造或重新购置财产所需的全部费用。

（7）成新率：反映灾前建筑、设备等财产的新旧程度，即灾前财产的现行价值与其全新状态重置价值的比率。

（8）烧损率：财产在火灾中直接被烧毁、烧损、烟熏、砸压、辐射、爆炸以及在灭火抢险中因破拆、水渍、碰撞等所造成的外观、结构、使用功能、精确度等损伤的程度。用百分比（％）表示。

（9）残值：财产因火灾受损剩余的残存价值。

(10)文物建筑重建费：文物建筑在火灾中受损后，基于原来的建筑形制（包括原址）、结构、材料、工艺技术等进行重建所需的费用。

2.火灾损失统计程序

(1)受损单位或个人申报。火灾发生后，火灾事故调查人员应当在到场后及时向受损单位或个人发放"火灾直接财产损失申报统计表"，讲清填报的内容和要求（只填写表中受损单位或个人填写的部分），告知受灾单位或个人应当于火灾扑灭之日起7日内如实申报直接财产损失并附有效证明材料（购物发票、进库单、出库单、调拨单）。

1)受损单位为多个单位或个人的，分别发放"火灾直接财产损失申报统计表"（见表11-1）。

2)受损单位或者个人向公安机关消防机构申报的"火灾直接财产损失申报统计表"，应当签名或者盖章。

(2)消防监督机构统计。火灾事故调查人员收到火灾损失申报后，按《火灾统计管理规定》《火灾损失统计方法》等有关法律法规进行统计并填写"火灾直接财产损失申报统计表"中公安机关消防机构统计的内容，统计人和审核人应当分别签名。

1)受损单位为多个单位或个人的，要分别核算、综合统计。

2)"火灾直接财产损失统计表"中，建构筑物及装修损失和设备及其他财产损失栏填写"火灾直接财产损失申报统计表"中的统计结果，文物建筑损失栏按有关规定统计，直接财产损失栏为各项损失合计的总和，用大写数字填写。人员伤亡情况以检验鉴定机构出具的尸体检验、人身伤害医学鉴定、诊断证明为准。

3)对于当事人不能出具有效证明材料的财产，经公安机关消防机构调查确实存在的，应纳入统计范围，并由证人出具书面材料。不能调查核实的，不纳入统计范围。

4)"火灾直接财产损失申报统计表"经消防机构核查统计后不送达火灾当事人，仅作为统计资料存卷备查。对于有关当事人之间因经济赔偿引起的民事诉讼对火灾损失要求认定的，根据谁主张、谁举证的原则，由主张一方当事人向人民法院提出申请、经由司法部门认可的价格鉴定机构核查认定，才能作为法庭证据，进入诉讼程序。

3.统计分类

火灾直接经济损失包括火灾直接财产损失、火灾现场处置费用、人身伤亡所支出的费用。各种类别的划分分类见表11-1，其中各类别的界定范围见表11-2。

表 11-1　火灾直接经济损失统计分类

大 类	中 类	小 类
火灾直接财产损失	建筑类损失	建筑构件损失
		设施设备损失
		房屋装修损失
	装置装备及设备损失	—
	家庭物品类损失	家电家具等物品损失
		衣物杂品损失
	汽车类损失	
	产品类损失	
	商品类损失	
	保护类财产损失	文物建筑损失
		珍贵文物损失
		保护动植物损失
	其他财产损失	贵重物品损失
		图书期刊损失
		低值易耗品损失
		城市绿化损失
		农村堆垛损失
火灾现场处置费用	灭火救援费	灭火剂等消耗材料费
		水带等消防器材损耗费
		消防装备损坏损毁费
		清障调用大型设备及人力费
	灾后现场清理费	—
人身伤亡所支出的费用	医疗费（含护理费用）	—
	丧葬及抚恤费	—
	补助及救济费	—
	歇工工资	—

注："—"表示此项无要求。

表 11-2 火灾直接经济损失分类界定范围

损失类别	界定范围
建筑构件损失	在建、在用建筑的建筑构件损失,如梁、柱、楼板、墙体、门、窗等损失 不包括古建筑损失
设施设备损失	工业、民用建筑中供水、供电、供暖、空气调节、通信、消防等设施设备损失
房屋装修损失	工业、民用建筑中室内外装修损失
装置装备及设备损失	各种生产线、机械设备、特种设备(如:场(厂)内专用车辆、吊车等)、化工装置、各种储罐、电子设备、医疗设备、机电设备、大型农机具、轨道车等损失 不包括家用电器和汽车损失
家庭物品类损失	家电家具等物品、衣物杂品等损失 不包括家庭住宅、家用汽车、家庭贵重物品、农村家庭小粮仓及秸秆堆垛财产损失。家庭住宅损失按建筑类损失统计,家用汽车损失按汽车类损失统计,家庭贵重物品损失按贵重物品类损失统计,农村家庭小粮仓及秸秆堆垛损失按农村堆垛损失统计
家电家具等物品损失	家用电器、家具、乐器、健身器械等较大件的家庭财产损失 不包括红木家具、乐器收藏品等贵重物品损失。红木家具等物品损失归贵重物品类损失
衣物杂品损失	家庭中使用的衣裤鞋帽、炊具餐具、挂件摆件、文具玩具、粮油食品、化妆品、床上用品等家庭日常生活用品的损失
汽车类损失	除场(厂)内专用车辆及吊车之外的所有汽车、电动汽车等损失,如轿车、客车、货车等损失 汽车制造厂成品车按产品类损失统计
产品类损失	农业类(养殖、种植、畜牧、林木、草原等)和工业类(重工业、轻工业、化工工业、手工业等)在生产过程中的成品、半成品、在产品、原材料等财产(含企业库存)以及汽车制造厂成品车等损失 不包括建筑产品,建筑产品按建筑类损失统计
商品类损失	商业流通领域的物品(含商业库存)损失。包括零售百货、装修材料、原材料、燃料、4S店仓储车辆等损失 不包括商品房损失

续 表

损失类别	界定范围
文物建筑损失	被县、市级以上人民政府(含县、市级)列为文物保护单位的古建筑,古建筑组、群,纪念建筑等损失
珍贵文物损失	文化部《文物藏品定级标准》规定的三级以上(含三级)可移动的珍贵文物等损失
保护动植物损失	国家级保护的动物、植物等损失
贵重物品损失	古玩等收藏品、金银制品、珠宝、红木家具、美术工艺品等贵重物品损失
图书期刊损失	图书、期刊、资料等损失
低值易耗品损失	不能作为固定资产的各种用具物品,如工具、管理用具、玻璃器皿、劳动保护用品,以及在经营过程中周转使用的容器等损失
城市绿化损失	城市中的苗圃、草圃、花圃等苗木及公园、道路绿化用树木、花草等财产损失
农村堆垛损失	农村家庭小粮仓及存放的麦秸、高粱秸、玉米秸等秸秆堆垛火灾损失
灭火剂等消耗材料费	公安消防队、政府专职消防队、单位专职消防队和志愿消防队在灭火救援过程中使用的灭火剂、水、汽油、柴油、电池用电量等消耗的材料费用
水带等消防器材损耗费	公安消防队、政府专职消防队、单位专职消防队和志愿消防队在灭火救援过程中使用的水带、手套等器材损毁费用
消防装备损坏损毁费	现场用的各种消防车辆、水泵及其他装备因灭火救援造成的损毁损坏的费用
清障用大型设备及人力费	现场因抢险调用清障车、吊装车等设备费用以及雇佣人力清障搬运等费用
灾后现场清理费	对火灾扑灭后的现场进行清理的全部费用,包括人工、设备租赁折损等费用
人身伤亡所支出的费用	因火灾引起的人身伤亡后所支出的医疗费(含护理费用)、丧葬及抚恤费、补助及救济费、歇工工资等

续 表

损失类别	界定范围
医疗费 (含护理费用)	统计之日前的医疗费和统计之日后估算的医疗费
丧葬及抚恤费	丧葬补助金、供养亲属抚恤金和一次性死亡补助金
补助及救济费	一次性伤残补助金、伤残津贴、一次性医疗补助金、伤残就业补助金和伤者医疗的交通食宿费
歇工工资	统计之日前的歇工工资和统计之日后估算的歇工工资

注:低值易耗品的特征是单位价值较低,使用期限相对于固定资产较短,易损耗。

二、火灾直接财产损失的统计

火灾直接财产损失指财产(不包括货币、票据、有价证券等)在火灾中直接被烧毁、烧损、烟熏、砸压、辐射以及在灭火抢险中因破拆、水渍、碰撞等所造成的损失。

统计火灾直接财产损失时,可根据现场损失物情况划分不同单元,选择相应的统计技术方法进行计算。

对损失价值相对较小的,或统计成本大于损失的,或杂乱零散无法区分的损失物,可不分类别、不分件数进行总体估算。

对文物建筑、珍贵文物、国家保护动植物、私人珍藏品等真伪鉴别难度较大、损失价值计算较难的以及社会影响大的火灾,可组织专家组或委托专业部门对其损失进行评估;亦可用文字描述的方式统计损失物的名称、类型、数量等。

下列火灾不计入统计范围:

(1)破坏性试验中引起试验体的燃烧;

(2)机电设备内部故障未产生外部明火的燃烧;

(3)飞机因飞行事故导致本身的燃烧;

(4)机动车在通行过程中因车辆碰撞、刮擦、翻覆直接导致燃烧的。

对火灾直接财产损失的统计应按"火灾直接财产损失申报统计表"(见表11-3)的内容填写,其主要内容如下:

(1)建筑结构。根据建筑结构可以填写混凝框架结构、混凝土框架结构 、砖混结构、砖木结构、木结构等。

(2)装修名称。按装修的程度可以填写精装修、简易装修、局部装修等。

(3)烧损面积。它包括过火面积、烟熏面积、水渍面积。

(4)建造时价格。它是指该建筑建造时的实际价格,包括材料价格、人工价格、管理费用的总和。

表 11-3 火灾直接财产损失申报统计表

受损单位(个人)：＿＿×××＿＿　　　　地址：××县(区)××路××号

		以下由受损单位(个人)填写				以下由公安机关消防机构填写			
建构筑物及装修	序号	建筑结构及装修名称	烧损面积 m²	建造时价格 元	已使用时间 年	折旧 年	烧损率 /(%)	烧损面积 m²	重置价值或修复费 元
	1	砖混住宅							
	2	住宅装修							
	申报损失小计： 元					统计损失小计： 元			

		以下由受损单位(个人)填写				以下由公安机关消防机构填写				
设备及其他财产	序号	名称	数量	购进时单价 元	已使用时间 年	折旧年限 年	烧损率 /(%)	重置价值/元 单价	重置价值/元 数量	统计损失 元
	1	办公设备								
	2	复印机								
	3	拖挂货车								
	申报损失小计： 元					统计损失小计： 元				

申报损失总计： 元	统计损失总计： 元
受损单位(个人)填表人(签名)： 申报日期:年 月 日 受损单位(个人)联系人： 联系电话：	统计单位:××县公安消防大队 统计人(签名)：×××　年 月 日 审批人(签名)：×××　年 月 日

说明:1.受损单位(个人)应当于火灾扑灭之日起 7 个工作日内向火灾发生地的县级公安机关消防机构如实申报火灾直接财产损失,并附有效证明材料。一个单位(个人)一表。单位需在表上加盖公章。

2.需要文字说明的事项可附页载明。

(5)已使用年限。它是指整个建筑的已使用年限,其中涉及装修的按实际装修使用的年限计算。

(6)设备。主要是企业生产设备如机床、吊车、锅炉等,按名称、数量、购进时单价、已使用年限填写。

(7)其他财产。它是指单位的办公设备、生活设备等。对于个人是指家用电器、家具、衣服等生活用品。对于小件物品可分类统计。

三、火灾现场处置费用的统计

灭火救援费用只统计公安消防队、政府专职消防队、单位专职消防队和志愿消防队在灭火救援中的灭火剂等消耗材料费、水带等消防器材损耗费、消防装备损坏损毁费和清障调用大型设备及人力费。按照各种消防车(船、泵)的损耗费、燃料费用(含非消防部门)、各种消防器材及个人装备的损耗费用、各种灭火剂和物资的损耗费用、清理火灾现场的费用之和计算。

(1)各种消防车(船、泵)的损耗费。按照重置完全价值(元)/规定的总工作时间(h)×灭火(含途中行驶)工作时间(h)计算。

(2)燃料费用。按燃料价格(元/L)×发动机单位时间耗油量(L/h)×发动机工作时间(小时)计算。

(3)各种消防器材及个人装备的损耗费用。以每台消防车出一个车次,所耗费用平均按250元计算。

(4)各种灭火剂和物资的损耗费用。按照实际消耗数量和购进价格计算费用。灭火中耗用的水,城镇自来水按水厂成本价格计算;天然水不计算费用。

(5)清理火灾现场的费用。清理火灾现场所用人力、财力和物力的费用,按照清理火场的实际费用计算。灾后现场清理费只统计灾后第一次清理现场的费用。

四、人身伤亡所支出的费用的统计

自火灾扑灭之日起7日内,因火灾或灭火救援中的烧灼、烟熏、砸压、辐射、碰撞、坠落、爆炸、触电等原因导致的死亡、重伤和轻伤人数应作为人身伤亡统计范围。应依据医疗机构出具的死亡证明书、检验鉴定机构出具的尸体检验、人身伤害医学鉴定结果等,进行统计。重伤、轻伤应依据最高人民法院、最高人民检察院、公安部、国家安全部、司法部2013年8月30日联合发布、2014年1月1日施行的《人体损伤程度鉴定标准》进行判定。其中,重伤是指使人肢体残废、毁人容貌、丧失听觉、丧失视觉、丧失其他器官功能或者其他对于人身健康有重大伤害的损伤,包括重伤一级和重伤二级。轻伤是指使人肢体或者容貌损害,听觉、视觉或者其他器官功能部分障碍或者其他对于人身健康有中度伤害的损伤,包括轻伤一级和轻伤二级。

人身伤亡所支出的费用包括医疗费用(含护理费)、丧葬及抚恤费用、补助及救济费用、歇工工资。

1.医疗费

计算医疗费分为两部分:第一部分是(统计之日算起)已发生的医疗费,第二部分是未发生的以后还会发生的医疗费。第一部分好统计,第二部分用已发生的日均医疗费乘以以后还需要治疗的天数,这部分是估算。公式如下:

$$M = M_b + M_b/PD_c$$

式中,M 为被伤害从业人员的医疗费,万元;M_b 为事故调查终结日前的医疗费,万元;P 为事故发生之日至事故调查终结日的天数,日;D_c 为延续医疗天数,日。延续医疗天数指事故调查终结日后还须继续医治的时间,一般不超过 12 个月;伤情严重或情况特殊,经设区的市级劳动能力鉴定委员会确认,可以适当延长,但延长不得超过 12 个月。延续医疗天数由生产经营单位劳资、安全、工会等按医生诊断意见确定延长日期。

注:上述公式是测算一名被伤害从业人员的医疗费,一次事故中多名被伤害从业人员的医疗费应累计计算。

2.生活护理费用

首先,经有关部门审定确定护理费支付时间和停发时间,再按表 11-4 护理等级标准统计支付生活护理费。

表 11-4　护理费等级标准

护理等级	护理费用
生活完全不能自理	上年度月平均工资的 50%
生活大部分不能自理	上年度月平均工资的 40%
生活部分不能自理	上年度月平均工资的 30%

3.丧葬及抚恤费用

丧葬及抚恤费用包括丧葬补助金、供养亲属抚恤金和一次性工亡补助金。按表 11-5 给出的标准分项支付。

表 11−5　丧葬及抚恤金支付标准

支付项目	支付标准
丧葬补助金	6 个月的统筹地区上年度职工月平均工资
供养亲属抚恤金	配偶每月 40%
	其他亲属每人每月 30%
	孤寡老人或者孤儿每人每月在上述标准的基础上增加 10%
一次性工亡补助金	全国上一年度城镇居民人均可支配收入的 20 倍

注：死亡人员供养未成年直系亲属抚恤费累计统计到 16 周岁（普通中学在校生累计到 18 周岁），工亡人员供养成年直系亲属抚恤费累计统计到我国人口的平均寿命 73 周岁。

统筹地区也叫统筹单位。根据国发[1998]44 号文件规定，原则上确定地级以上行政区（包括地、市、州、盟）为统筹单位，达到一定人口数的县（市）也可以作为统筹单位。所有单位和职工都要按照属地原则参加所在统筹地区的基本医疗保险，执行统一政策，实行基本医疗保险基金的统一筹集、管理和使用。铁路、电力、远洋运输等跨地区、生产流动性比较大的企业及职工，可以以相对集中的方式异地参加统筹地区的基本医疗保险。北京、天津、上海、重庆 4 个直辖市原则上在全市范围内实行统筹。

4.补助及救济费用

补助及救济费用包括一次性伤残补助金、伤残津贴、一次性医疗补助金、伤残就业补助金和伤者医疗的交通食宿费。按表 11−6 计算一次性伤残补助金（一级至十级伤残）的支付。按表 11−7 计算伤残津贴（一级至六级伤残）的支付。

表 11−6　一次性伤残补助金等级标准

因工致残等级	一次性伤残补助金
一　级	24 个月的本人工资
二　级	22 个月的本人工资
三　级	20 个月的本人工资
四　级	18 个月的本人工资
五　级	16 个月的本人工资
六　级	14 个月的本人工资
七　级	12 个月的本人工资

续 表

因工致残等级	一次性伤残补助金
八 级	10 个月的本人工资
九 级	8 个月的本人工资
十 级	6 个月的本人工资

表 11-7 伤残津贴等级标准

因工致残等级	伤残津贴
一 级	本人工资的 90%
二 级	本人工资的 85%
三 级	本人工资的 80%
四 级	本人工资的 75%
五 级	本人工资的 70%
六 级	本人工资的 60%

（1）一次性医疗补助金和伤残就业补助金（五至十级伤残），根据各省、自治区、直辖市人民政府规定的具体标准统计；

（2）伤者医疗的交通食宿费，住院伙食补助费由所在单位按照本单位因公出差伙食补助标准的 70% 统计；受伤者到统筹地区以外就医的，其交通、食宿费用按所在单位从业人员因公出差标准统计；

（3）分期支付的补助及救济费用，按审定支出的费用，从开始支付日期累积到停发日期。

5.歇工工资

计算歇工工资也是算两部分，已歇工日和还需要歇的工日乘以日工资。歇工工资计算公式：

$$L = L_q(D_a + D_k)$$

式中，L 为被伤害从业人员的歇工工资，元；L_q 为被伤害从业人员日工资，元；D_a 为事故调查终结日前的歇工日，日；D_k 为延续歇工日，日。延续歇工日指事故调查终结后被伤害从业人员还须继续歇工的时间，一般不超过 12 个月；伤情严重或者情况特殊，经设区的市级劳动能力鉴定委员会确认，可以适当延长，但延长不得超过

12 个月。延续歇工日由生产经营单位劳资、安全、工会等按医生诊断意见确定延长日期。

注：上述公式是测算一名被伤害从业人员的歇工工资，一次事故中多名被伤害从业人员的歇工工资应累计计算。

6.补充新职工的培训费用

技术工人的培训费用每人按 2 000 元计算，技术人员的培训费用每人按 1 万元计算。补充其他人员的培训费用，视补充人员情况参照上述两类人员酌定。

7.火灾直接经济损失的汇总

上述各项火灾直接经济损失内容初步统计完成后，涉事单位或个人要按照公安消防机构的要求填写"火灾直接财产损失申报统计表"，并按时限要求向公安消防机构申报。对于火灾现场处置费用、人员伤亡支出费用和补充新职工的培训费用可按统计结果书面报告即可。申报内容要求准确、真实，填写清楚、工整，牵涉到商品流通领域的还要求附上采购发票、进出库票据等证明材料。对受伤正在治疗的人员，应按照医生的诊断和治疗方案，估算出后续费用先行申报。最后由公安消防机构统一汇总，存档备查。

思 考 题

1.火灾调查的目的是什么？

2.火灾调查的主要任务是什么？

3.火灾调查的基本原则是什么？

4.火灾事故处理的"三不放过"指什么？

5.火灾调查询问的对象包括哪些？

6.对最先发现起火的人和最先报警的人应询问哪些内容？

7.单位保卫人员在火灾调查中的作用有哪些？

8.什么是火灾直接经济损失？

9."火灾直接财产损失申报统计表"都有哪些主要内容？

10.火灾直接经济损失和火灾直接财产损失内容有何不同？

参 考 文 献

[1] 中国消防协会. 建(构)物消防员:中级技能[M]. 北京:中国科学技术出版社,2011.

[2] 公安部消防局. 防火手册[M]. 上海:上海科技出版社,1995.

[3] 周详. 火灾事故调查技术[M]. 西安:陕西科学技术出版社,2014.

[4] 和丽秋. 消防燃烧学[M]. 北京:机械工业出版社,2014.

[5] 郭宏宝. 气溶胶灭火技术[M]. 北京:化学工业出版社,2005.

[6] 何慈让,李进兴. 高层建筑实用消防管理[M]. 西安:陕西人民教育出版社,2011.